高等院校通识课系列“新形态”规划教材

计算思维与人工智能实践教程

主　编　吕格莉　刘卫国

本书资源使用说明

北京邮电大学出版社
·北京·

内容简介

本书是与编者编写的《计算思维与人工智能》(以下简称“主教材”)配套的教学参考书。第 1 部分为实验指导，与课堂教学内容相对应，设置了 16 个实验，每个实验既有操作引导，又有问题思考，以帮助读者举一反三，拓展思路，加深对理论知识的理解，提高操作应用能力。第 2 部分为习题选解，编写了丰富的习题并给出参考答案，以帮助读者复习和巩固课程内容。第 3 部分为学习指南，包括操作系统应用、办公软件应用、数据库应用和 Python 程序设计进阶，是主教材相关章节的补充与拓展，以满足读者进一步学习的需要。

本书内容实用，重视操作能力和综合应用能力的培养，可作为高等学校“大学计算机”或“人工智能通识课”课程的教学实践用书，也可供专业技术人员阅读参考。

图书在版编目(CIP)数据

计算思维与人工智能实践教程 / 吕格莉，刘卫国主编. -- 北京 ：北京邮电大学出版社，2025. -- ISBN 978-7-5635-7522-0

Ⅰ. O241；TP18

中国国家版本馆 CIP 数据核字第 2025S18G87 号

策划编辑：韩　霞　　**责任编辑**：韩　霞　　**封面设计**：广信达雅

出版发行：北京邮电大学出版社
社　　址：北京市海淀区西土城路 10 号(100876)
电话传真：010-82333010　62282185(发行部)　010-82333009　62283578(传真)
网　　址：www. buptpress3. com
电子信箱：buptpress3@163. com
经　　销：各地新华书店
印　　刷：鸿博睿特(天津)印刷科技有限公司
开　　本：787 mm×1 092 mm　1/16
印　　张：14
字　　数：345 千字
版　　次：2025 年 4 月第 1 版
印　　次：2025 年 4 月第 1 次印刷

ISBN 978-7-5635-7522-0　　定价：42.80 元

前言

“大学计算机”课程作为高等学校计算机基础教育的起点，承担着普及信息技术知识、提升大学生计算思维能力和信息技术应用水平的重要任务。作为大学新生的入门课程，上机实践是其很重要的环节。本书是与编者编写的《计算思维与人工智能》配套的教学参考书。

本书结合“大学计算机”课程的特点和教学需要，根据主教材的内容体系进行组织与编排。全书包括实验指导、习题选解和学习指南三部分。

第 1 部分为实验指导，与课程教学内容相对应，共设置了 16 个实验，以帮助读者加深对理论知识的理解，提高操作应用与问题求解能力。实验设计做到循序渐进、由浅入深，每个实验都有具体的目标要求，读者通过这些实验的上机操作，能够更好地理解利用计算机进行问题求解的方法。每个实验既有操作引导，又有问题思考，以帮助读者举一反三、拓展思路，培养创新思维能力。

第 2 部分为习题选解，以课程学习为线索，编写了丰富的习题并给出了参考答案，旨在帮助读者通过习题练习，复习和掌握课程内容，进一步理解基本概念，掌握基础知识。考虑到习题的多样性，读者应在阅读主教材的基础上来做题，通过做题达到强化、巩固和提高的目的。在使用题解时，应重点理解和掌握与题目相关的知识点，而不要死记答案。

第 3 部分为学习指南，是主教材相关章节的补充与拓展，以满足读者进一步学习的需要。本部分的第 1 章是操作系统应用，介绍 Windows 10 的操作。第 2 章是办公软件应用，介绍 WPS Office 的应用。由于办公软件仍是部分高校的教学内容，因此第 2 章内容既可以供教师课堂讲授，也可以让学生自学，章末的 6 个操作练习可以作为配套的实验内容。第 3 章是数据库应用，以二维码形式呈现，介绍 Access 2016 的操作，其中“SQL 查询”是主教材内容的扩展。第 4 章是 Python 程序设计进阶，是主教材第 2 章中“基于 Python 语言的程序实现”的延伸，可供感兴趣的读者阅读参考。

本书由吕格莉、刘卫国任主编，参加编写的人员还有严晖、曹岳辉、刘丽敏、何小贤、康松林等。此外，苏文章、杨玉梅构思并设计了全套书在线课程教学资源的结构与配置，赵梅、张展华编辑了教学资源的内容，范如婷、邓凡、马双武审查了全书配套的在线课程教学资源，李敏提供了版式和装帧设计方案。在本书的编写过程中，得到了许多教师的大力支持和协助，在此表示诚挚的感谢。

由于编者水平所限，书中难免存在不足之处，恳请广大读者批评指正。

编　者

2024 年 9 月

目 录 CONTENTS

第1部分 实验指导

实验指导部分与课堂教学紧密配合，该部分共设计了16个实验，旨在帮助读者通过上机实践熟悉计算系统的基本原理与基本方法，掌握程序设计的基本知识，从而提高对程序的理解能力。为了达到理想的实验效果，希望读者在实验之前认真准备，根据实验目的和实验内容，预习实验中要用到的概念与操作方法，做到心中有数，做好上机准备；实验过程中积极思考，归纳各种方法的共同规律，分析操作结果及各种提示信息的含义；实验后认真总结本次实验有哪些收获，还存在哪些问题。

实验1 运算与表达式

1. 实验目的

①熟悉 Python 程序的运行环境与运行方式。

②掌握 Python 语言的基本数据类型。

③掌握 Python 语言的算术运算规则及表达式的书写方法。

2. 实验内容

(1)Python 开发环境的使用

①启动图形用户界面形式的 Python 解释器，在命令和程序两种方式下执行下列语句。

```
a=2
b="1234"
c=a+int(b)%10
print(a,'\t',b,'\t',c)
```

然后回答以下问题。

a. 在 Python 语言中如何表示字符串？

b. “\t”是什么字符？有何作用？

c. int()函数的作用是什么？

d. %是什么运算符？有何作用？

②先导入 math 模块，再查看该模块的帮助信息，具体语句如下。

```
>>>import math
>>>dir(math)
>>>help(math)
```

根据语句执行结果，写出 math 模块包含的函数，并说明 log()、log10()、log1p()、log2()等函数的作用。

(2)执行语句再回答问题

先执行如下语句。

```
>>>a=list(range(15))
>>>b=tuple(range(1,15))
```

然后完成操作并回答问题。

①显示变量 a、b 的值，并说出变量 a、b 的数据类型。

②range()函数的作用是什么？ range(15)与 range(1,15)有何区别？

③生成由 100 以内的奇数构成的列表 c，写出语句并验证。

(3)编程求表达式的值

①求下列数学表达式的值。

a. $\frac{4}{3}\pi^3$　　b. $\frac{2}{1-\sqrt{7i}}$(其中 i 为虚数单位)

②已知 $x=12, y=10^{-5}$，求下列数学表达式的值。

a. $1+\frac{x}{3!}-\frac{y}{5!}$　　b. $\frac{2\ln|x-y|}{e^{x+y}-\tan y}$

(4)程序填空

①计算并输出 π^2。

```
import math
p=________
print(p)
```

②从键盘输入一个整数 n，输出其十位上的数字 b。例如，输入 $n=537$，则 $b=3$。

```
n=int(input("n="))
b=________
print("b=",b)
```

(5)程序改错

下面的程序用于求一元二次方程 $2x^2+5x-3=0$ 的根，其中有 4 处错误，请帮助改正。

```
a, b, c=2, 5,-3
import math
q=b*b-4a*c
q_sr=sqrt(q)
x1=(-b+q_sr) / 2*a
x2=(-b-q_sr) / 2*a
print(x1, x2)
```

3. 实验思考

①在 Python 环境下求 $\sqrt{2}\times\sqrt{2}$ 的值，并与 2 进行比较，观察它们的值是否相等；或者观察 $\sqrt{2}\times\sqrt{2}-2$ 的值是不是 0。这说明什么问题？

②有学生为了求 e^2(e 是自然对数的底)采用了以下 4 种方法，请分析它们之间的区别，说明哪种方法更合理。

方法一：

```
>>>e=2.71828
>>>e**2            #或 e*e
7.3890461584
```

方法二：

```
>>>e=2.71828
>>>pow(e,2)
7.3890461584
```

方法三：

```
>>>e=2.71828
>>>import math
>>>math.pow(e,2)
7.3890461584
```

方法四：

```
>>>import math
>>>math.exp(2)
7.38905609893065
```

③设 $x=\sqrt[3]{5}$，$y=6!$，求下列数学表达式的值。

a. $\dfrac{\sin x+\cos y}{x^2+y^2}+\dfrac{x^y}{xy}$　　　　b. $e^{\frac{\pi}{2}x}+\dfrac{\lg|x-y|}{x+y}$

实验 2 实现选择判断

1. 实验目的

①理解选择结构的概念。

②能够使用 if 语句实现选择判断。

2. 实验内容

(1)程序阅读

①以下两个程序的执行结果有何不同?

程序一:

```
x, y=10, 20
if x>y:
    x, y=y, x
print(x, y)
```

程序二:

```
x, y=10, 20
if x>y:
    x, y=y, x
    print(x, y)
```

②若从键盘输入 55,写出以下程序的执行结果。

```
a=int(input())
if a>40:
    print("a1=",a)
    if a<50:
        print("a2=",a)
if a>30:
    print("a3=",a)
```

③分析以下程序的输出结果,说明出现该结果的原因以及应该如何修改程序。

```
x=2.1
y=2.0
if x-y==0.1:
    print("Equal")
else:
    print("Not Equal")
```

(2)程序填空

①判断一个整数是否能被 3 或 7 整除，若能被 3 或 7 整除，则输出“Yes”，否则输出“No”。

```
m=int(input())
if ________:
    print("Yes")
else:
    print("No")
```

②输入 a、b、c 3 个值，输出其中的最大值。

```
a=int(input('输入第一个数:'))
b=int(input('输入第二个数:'))
c=int(input('输入第三个数:'))
__________
if b>max_num:
    max_num=b
if c>max_num:
    max_num=c
print(max_num)
```

③实现一个简单的出租车计费系统，当输入行程的总里程时，输出乘客应付的车费(车费保留一位小数)。计费标准为 3 km 以内，按起步价 10 元计费；超过 3 km，超出部分按 1.2 元/km 计费；超过 10 km，超出部分按 1.5 元/km 计费。

```
km=float(input("请输入总里程:"))
if km<=0:
    print("数据输入错误，请重新输入")
else:
    if km<=3:
        cost=10
    elif km<=10:
        cost=__________
    else:
        cost=18.4+(km-10)*1.5
    print("需要支付车费", __________, "元")
```

3. 实验思考

①程序填空。输入整数 x、y、z，若 $x^3+y^3+z^3>1\ 000$，则输出 $x^3+y^3+z^3-1\ 000$ 的值，否则输出 3 个数之和。

```
x, y, z=eval(input("please input three numbers:"))
t=__________
```

```
if t >1000:
    print(t-1000)
else:
    print(x+y+z)
```

②输入一个整数,若为奇数,则输出其平方根,否则输出其立方根。分别用单分支、双分支 if 语句编写程序。

实验 3 控制重复操作

1. 实验目的

①理解循环结构的概念。

②掌握循环的实现方法。

2. 实验内容

(1)程序阅读

①写出下列程序的运行结果。

```
i=1
while i+1:
    if i>4:
        print(i)
        i+=1
        break
    print(i)
    i+=2
```

②写出下列程序的运行结果。

```
s=0
for i in range(1, 13):
    if i%2==1:
        continue
    if i%9==0:
        break
    s=s+i
print(s)
```

③下面是判断变量 n 是不是素数的程序。

```
n=int(input("输入整数:"))
if n<2:
```

```
    print(n, "不是素数")
for i in range(2,n):
    if n%i==0:
        print("这个数不是素数")
        break                                  #执行 break 语句退出循环
    else:
        print("这个数是素数")
```

先后两次运行程序的结果如下。

```
输入整数:12↙
这个数不是素数
输入整数:15↙
这个数是素数
这个数不是素数
```

显然第二次的结果不正确,请修改程序中的错误。

(2)程序填空

①使用两种不同的方法计算 100 以内所有奇数的和。

方法一:

```
MySum=0
for i in range(101):
    if ________:
        MySum+=i
print(MySum)
```

方法二:

```
lst=[i for i in ________]
print(sum(lst))
```

②从键盘输入 5 组数,每组有 6 个数,求出各组中元素绝对值之和的最大者和最小者。

```
max1=min1=0
for i in range(1, 6):
    MySum=0
    for j in range(1, 7):
        x=int(input())
        MySum+=________
    if MySum>max1:
        ________
    if i==1 or MySum<min1:
        min1=MySum
print(max1, min1)
```

完成以下问题。

a. 在空白处填上适当内容，使程序能实现所要求的功能。

b. 将第一句 max1＝min1＝0 中的 0 改为 100，即用 100 作为两个变量的初值行不行？为什么？

c. 将第三句 MySum＝0 移到第二句行不行？为什么？

d. 简要说出 for i in range(1，6)循环和 for j in range(1，7)循环的作用。

3. 实验思考

①程序填空。输入一个整数，让它反向输出。

```
n=int(input('n='))
total=0
while n>0:
    total=total*10+n%10
    __________                                   #去掉 n 的最低位数字
print(total)
```

②有数列$\frac{2}{1},\frac{3}{2},\frac{5}{3},\frac{8}{5},\frac{13}{8},\cdots$，求该数列前 20 项之和。

实验 4 Matplotlib 绘 图

1. 实验目的

①熟悉 NumPy、Matplotlib 等第三方库的安装方法。

②掌握 NumPy、Matplotlib 的基本操作。

2. 实验内容

(1)第三方库的安装方法

练习 NumPy、Matplotlib 的安装方法，安装成功后导入这些库。

(2)程序填空

①绘制一个单位圆。

```
import numpy as np
import matplotlib.pyplot as plt
t=np.linspace(0, 2*np.pi, 1000)
x=np.sin(t)
y=np.cos(t)
__________
plt.axis('equal')
plt.show()
```

②绘制 5 个同心圆。

```
import numpy as np
import matplotlib.pyplot as plt
t=np.linspace(0, 2*np.pi, 1000)
for r in __________:
        x=r*np.sin(t)
        y=r*np.cos(t)
        plt.plot(x, y)
plt.axis('equal')
plt.show()
```

③分别绘制曲线 $y_1=3x+5$ 和 $y_2=x^2$,并标注两曲线的交点。

```
import numpy as np
import matplotlib.pyplot as plt
x=np.linspace(-5, 5, 1000)
y1=3*x+5
y2=x*x
plt.plot(x, y1, 'b', x, y2, 'g', linewidth=1)            #绘制两条曲线
for k in np.arange(len(x)):
    if np.__________ <0.02:                               #判断交点
        plt.plot(x[k], y1[k], 'ro')                       #标注交点
plt.grid                                                  #加网格线
plt.show()
```

④绘制二次函数 $f(x)=2x^2+3x+4$ 的图形,同时画出用梯形法求定积分时的各个梯形(假设积分区间为[-5,5])。

```
def Quadratic(x):                                         #定义二次函数
    return 2*x**2+3*x+4
import numpy as np
import matplotlib.pyplot as plt
x=np.linspace(-5, 5, 30)                                  #将积分区间 30 等分
y=Quadratic(x)
plt.plot(x, y)                                            #绘制函数曲线
plt.plot(__________, color="b")                           #绘制 x 轴
for i in range(len(x)):
    plt.plot([x[i], x[i]], [0, y[i]])                     #绘制梯形的上底和下底
for i in range(__________):
    plt.plot([x[i], x[i+1]], [y[i], y[i+1]])              #把梯形的斜腰连起来
plt.show()
```

程序运行后得到如图 1-4-1 所示的图形。

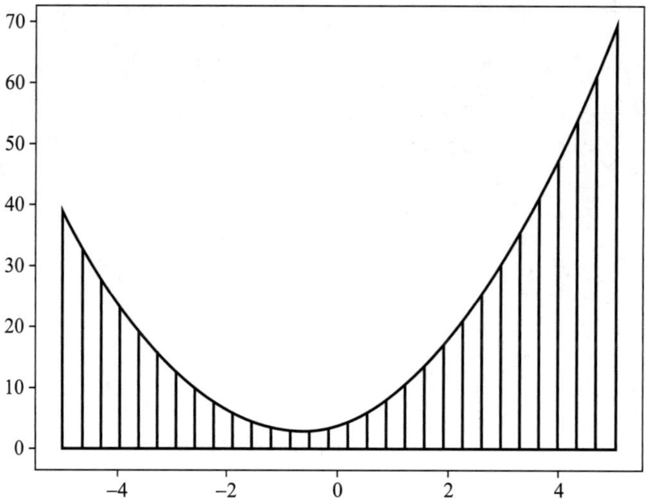

图 1-4-1　用梯形法求定积分示意图

完成以下问题。

a. 在空白处填上适当内容，使程序能实现所要求的功能。

b. 修改程序，实现用不同的颜色填充各个梯形。

提示：利用 Matplotlib 的 fill() 函数绘图，利用 random 模块的 random() 函数表示 RGB 颜色分量。例如，通过以下程序用随机颜色绘制正八边形。

```
import numpy as np
import matplotlib.pyplot as plt
import random as rnd
t=np.arange(0,2*np.pi, 2*np.pi / 8)       #取正八边形坐标点
x=np.sin(t)
y=np.cos(t)
plt.fill(x, y, color=[rnd.random(), rnd.random(), rnd.random()])      #填充颜色
plt.axis('equal')
plt.show()
```

⑤在 xOy 平面内选择区域$[-5,5]\times[-5,5]$，并绘制平面 $z=6$。

```
import numpy as np
from matplotlib import pyplot as plt
from mpl_toolkits.mplot3d import Axes3D
fig=plt.figure()
ax=Axes3D(fig, auto_add_to_figure=False)
fig.add_axes(ax)
x=np.arange(-5, 5, 0.4)
y=np.arange(-5, 5, 0.4)
X, Y=np.meshgrid(x, y)
```

```
Z1=np.ones([np.size(X,0), np.size(X,1)])          #产生和 X 同样大小的全 1 数组
Z=__________
ax.plot_surface(X, Y, Z, cmap='rainbow')          #设置 rainbow(彩虹)色图
plt.show()
```

3. 实验思考

①以下程序是利用极坐标绘制函数 polar()绘制单位圆，修改程序，实现绘制 5 个同心圆。

```
import numpy as np
import matplotlib.pyplot as plt
plt.axes(projection='polar')                      #创建极坐标轴对象
theta=np.arange(0, 2*np.pi, 0.01)
rho=np.ones(len(theta))
plt.polar(theta, rho, 'r-')
plt.show()
```

②分别绘制正弦曲线和余弦曲线，并标注两曲线的交点。

实验 5　常 用 算 法

1. 实验目的

①掌握求解一元方程根的迭代算法。

②掌握排序算法。

③掌握绘制科赫曲线的方法及递归算法。

2. 实验内容

(1)程序填空

①利用简单迭代公式 $x_n=(3-2x_{n-1}^2)/5$ 求一元二次方程 $2x^2+5x-3=0$ 的根，直到满足 $|x_n-x_{n-1}|\leqslant 10^{-6}$ 为止，x 初值取 1.5。

```
a, b, c=2, 5, -3
x0, x1=0, 1.5
import math
while math.fabs(x1-x0)>__________:
    x0=x1
    x1=(3-2*x0*x0) / 5
print(x1)
```

②编写将向量 $\boldsymbol{x}$ 的元素按从小到大排序的函数，然后调用该函数实现排序。

```
def mysort(x):
    y=[]
    for k in range(len(x)):
        m=__________            #求最小元素
        y.__________            #添加最小元素
        ind=x.index(m)          #求最小元素第一次出现的下标
        x.pop(ind)              #删除最小元素,或者使用语句 del x[ind]
    return y
m=mysort([32,-54,2,4,-54,32,0,-43])
print(m)
```

(2)绘制科赫曲线

科赫曲线是典型的分形曲线,由瑞典数学家科赫(Koch)于 1904 年提出。科赫曲线的构造过程是:取一条直线段 L_0,将其三等分,保留两端的线段,将中间的一段用以该线段为边的等边三角形的另外两边代替,得到 L_1,如图 1-5-1 所示;再对 L_1 中的 4 条线段都按上述方式进行修改,得到 L_2;如此继续下去,进行 n 次修改后得到曲线 L_n,当 $n\to\infty$ 时,得到一条连续曲线 L,这条曲线 L 就称为科赫曲线。

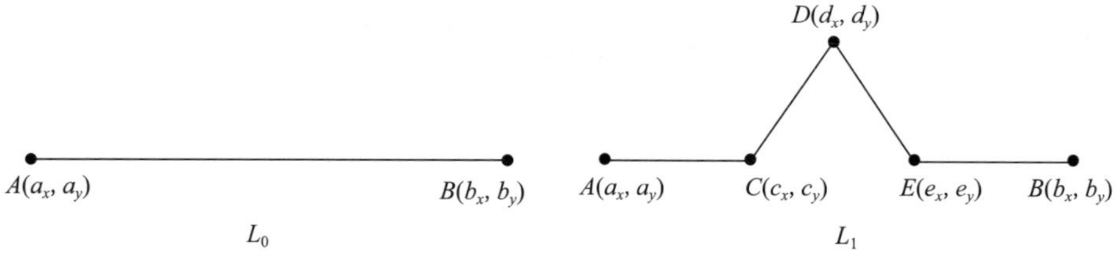

图 1-5-1　科赫曲线构造过程

科赫曲线的构造规则是将每条直线段用一条折线替代,通常称为该分形曲线的生成元,分形曲线的基本特征完全由生成元决定。给定不同的生成元,就可以生成各种不同的分形曲线。分形曲线的构造过程是反复用一个生成元来取代每一条直线段,因而分形曲线的每一部分都和它本身的形状相同,这就是自相似性,这是分形最为重要的特点。分形曲线的构造过程也决定了制作该曲线可以用递归方法,即函数自己调用自己的过程。

对于给定的初始直线 L_0,设有 $A(a_x,a_y)$、$B(b_x,b_y)$,按照科赫曲线的构成原理计算出 C、D、E 各点的坐标如下。

C 点坐标:$c_x=a_x+(b_x-a_x)/3$,$c_y=a_y+(b_y-a_y)/3$。

D 点坐标:$d_x=(a_x+b_x)/2+\sqrt{3}(a_y-b_y)/6$,$d_y=(a_y+b_y)/2+\sqrt{3}(b_x-a_x)/6$。

E 点坐标:$e_x=b_x-(b_x-a_x)/3$,$e_y=b_y-(b_y-a_y)/3$。

定义对直线 L_0 进行替换的函数 koch(),然后利用函数的递归调用(在函数实现过程中又调用了该函数自身),分别对 AC、CD、DE、EB 线段调用 koch()函数,通过递归来实现“无穷”替换。因为不能像数学家设想的那样运算至无穷,所以应根据要显示的最小长度来作为递归的终止条件。

程序如下。

```
def koch(ax, ay, bx, by, depth):
    if depth<1:
       plt.plot([ax, bx], [ay, by], 'k', linewidth=0.5)
    else:
       cx=ax+(bx-ax)/3                        #计算替换点坐标
       cy=ay+(by-ay)/3
       dx=(ax+bx)/2+sqrt(3)*(ay-by)/6
       dy=(ay+by)/2+sqrt(3)*(bx-ax)/6
       ex=bx-(bx-ax)/3
       ey=by-(by-ay)/3
       koch(ax, ay, cx, cy, depth-1)    #递归调用
       koch(cx, cy, dx, dy, depth-1)
       koch(dx, dy, ex, ey, depth-1)
       koch(ex, ey, bx, by, depth-1)
from math import*
import matplotlib.pyplot as plt
depth=4
koch(20, 40, 480, 40, depth)
plt.axis('equal')
plt.show()
```

程序运行结果如图 1-5-2 所示，改变 depth 的值可以获得不同细腻程度的科赫雪花曲线。

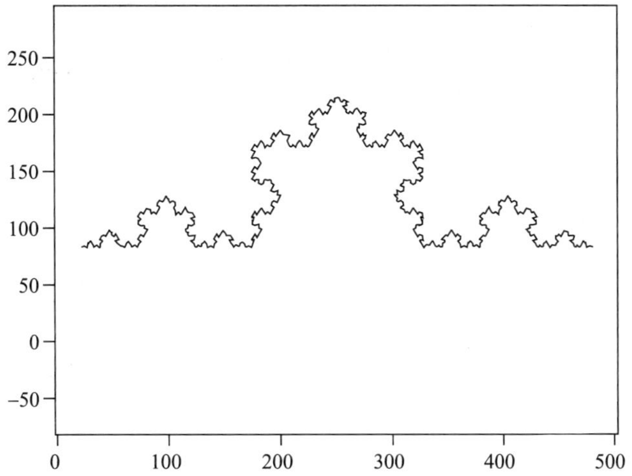

图 1-5-2 科赫曲线

在程序中 3 次调用 koch()函数，分别绘制三角形 3 条边的科赫曲线，形成科赫雪花曲线的效果。将程序最后 4 句改为以下 6 条语句，得到的程序运行结果如图 1-5-3 所示。

```
depth=4
koch(180, 10, 64.5, 210, depth)
koch(64.5, 210, 295.5, 210, depth)
koch(295.5, 210, 180, 10, depth)
plt.axis('equal')
plt.show()
```

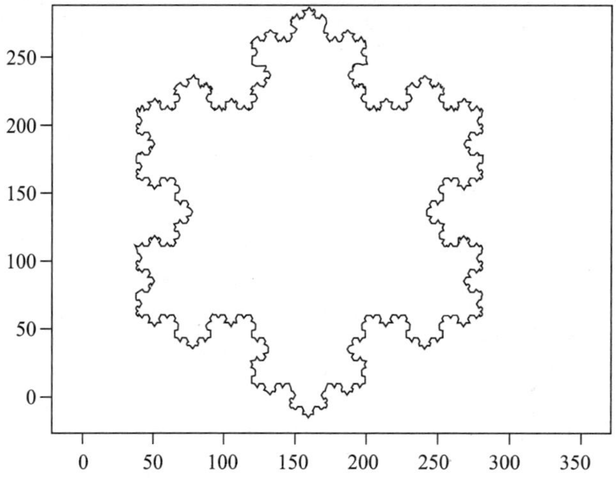

图 1-5-3　科赫雪花曲线

3. 实验思考

①在求解一元方程根的迭代算法程序中，修改迭代的初值，程序运行过程会有什么变化？

②编写将向量 x 的元素按从大到小排序的程序。

③运行科赫曲线程序，发现随着 depth 值的增大，可以获得更加细腻的科赫曲线，但程序运行时间也在增加，请据此总结函数递归调用的优缺点。

④查找其他分形曲线的构成规则，并利用 Python 实现。

实验 6　数制转换与信息编码

1. 实验目的

①掌握数制的特点和数制转换方法。

②理解有符号数和无符号数的运算规则。

③掌握字符数据的编码方法。

④掌握多媒体数据的编码方法。

2. 实验内容

(1)数制转换

①$(178)_{10}=(________)_2=(________)_8=(________)_{16}$。

②$(110100101)_2$＝(________)$_{10}$。

③已知在某进制下，等式 312＋1231＝2203 成立，则该进制是________进制。

④已知在某进制下，等式 25×4＝94 成立，则在该进制下，77＋55＝________。

(2)有符号数和无符号数的运算

可以使用 NumPy 库中的 uint8(无符号 8 位二进制整数)或 int8(有符号 8 位二进制整数)数据类型来处理 1 字节整数。例如：

```
>>>np.array(71, dtype=np.int8)+np.array(65, dtype=np.int8)   #71+65 产生溢出
-120
```

分别计算 1 字节无符号数 226＋60 和 1 字节有符号数 25＋110，分析为什么会出现这样的结果。

(3)程序填空

①将十进制数分别显示为二进制数、八进制数、十六进制数。

```
dx=int(input("输入十进制数:"))
print(bin(dx),'', ________(dx),'', ________(dx))
```

程序运行结果如下：

```
输入十进制数:124
0b1111100    0o174    0x7c
```

提示：函数 int(x, base＝10)用于将一个字符串或数字转换为整型，其中，x 为字符串或数字，base 为进制数(默认为十进制)。

②将二进制数转换为八进制数。

二进制整数转换为八进制整数采用的方法是"3 位变 1 位"。例如，二进制数 1101110001，可以分组成 001 101 110 001，将每 3 位二进制数转换为 1 位八进制数，结果为 1561。

```
binaryN=input("输入二进制数:")                    #输入二进制字符串
#如果二进制字符串长度不是 3 的倍数，则在前面补 0
while len(binaryN)%3!=0:
    binaryN='0'+binaryN
octalN="0o"                                        #初始化八进制字符串
oct_digit={'000': '0', '001': '1', '010': '2', '011': '3', '100': '4', '101': '5', '110':
'6', '111': '7'}
#每 3 位二进制字符转换为 1 位八进制字符
for i in range(0, len(binaryN), 3):
    chunk=binaryN[i:i+3]                           #取 3 位二进制数
    oct_digit1=oct_digit[chunk]                    #查找对应的八进制数
    octalN+=oct_digit1
print("八进制数:", octalN)
```

程序运行结果如下：

```
输入二进制数:1101110001
八进制数: 0o1561
```

③要求使用手机录一段 3 min 时长的语音，保存为文件 a. mp3，分别剪辑该文件的 15～31.5 s 和 115～121 s 的声音数据，拼接后保存到文件 b. mp3 中。

```
from pydub import AudioSegment                              #先安装 pydub 库
s=AudioSegment.from_file("a.mp3", format="mp3")             #打开 a.mp3 文件数据到 s
s1=s[15000:31500]              #截取 s 的 15~31.5s 的音频数据到 s1
s2=_________                   #截取 s 的 115~121s 的音频数据到 s2
uns=s1+s2                      #拼接 s1 与 s2 到 uns
outfile=uns.export("b.mp3", format="mp3")                   #输出到 b.mp3 文件
outfile.close()                #关闭音频文件
```

④将一张白底彩色照片变成红底。

```
from PIL import Image                              #先安装 Pillow 库
p=Image.open('photo.jpg')
w, h=p.size                                        #w、h 分别用于存储图像的宽度和高度
for x in range(w):
    for y in range(h):
        r, g, b=p.getpixel((x, y))                 #取出(x,y)处的颜色
        if (r>240 and g>240 and b>240):            #判断像素的颜色是不是白色
            p.putpixel((x,y), _________)           #修改(x,y)处的颜色为红色，即(250,0,0)
p.save('newPhoto.jpg')                             #保存图像
p.show()                                           #显示图像
```

3. 实验思考

①如何将二进制数转换为十六进制数，将十进制数转换为十六进制数？
②如何将小写字母转换为对应的大写字母？
③编写 Python 程序，将一段音频重复播放 5 遍。

实验 7 文件与文件操作

1. 实验目的

①理解文件的概念。
②熟悉文件操作的基本方法。

2. 实验内容

(1)创建文本文件

启动 Windows 记事本，输入以下内容，并以 myfile1. txt 文件名保存至 C:\123。

```
Python is very useful.
Programming in Python is very easy.
```

(2)文件复制

将 C:\123\myfile1.txt 复制到 F:\新建文件夹,分别利用 shutil 模块和 Python 文件操作实现。

①shutil 模块提供了一些用于文件操作的函数,其中的 copy()函数用于实现文件的复制,move()函数用于实现文件的移动。

```
import os
import os.path
from shutil import copy
dest_dir='F:\\新建文件夹'                 #目标文件夹
if not os.path.isdir(dest_dir):          #如果目标文件夹不存在,则创建该文件夹
    os.makedirs(dest_dir)
file_path='C:\\123\\myfile1.txt'         #源文件
copy(file_path, dest_dir)                #文件复制
```

②通过使用 Python 文件的读写函数来实现文件的复制。

```
src=open("C:\\123\\myfile1.txt", "r+")
des=open("F:\\新建文件夹\\myfile1.txt", "w+")
str1=src.readlines()                     #读取源文件的内容
des.writelines(str1)                     #写入目标文件
src.close()
des.close()
```

(3)提取两个文本文档中相同的内容

文本文件 C:\123\A.txt 的内容如下。

```
430103200301162731
430104200521160351
430103200205261521
43010320001105853x
430103200212305321
```

文本文件 C:\123\B.txt 的内容如下。

```
430103200301162731
4301042006121656982
43010320001105853x
430103201009074321
```

把两个文件中相同的部分提取出来并写入文件 C:\123\C.txt 中。

```
fa=open('C:\\123\\A.txt')                        #默认以读方式打开
a=fa.readlines()                                 #读取文件内容
fb=open('C:\\123\\B.txt')
b=fb.readlines()
c=[s for s in a if s in b]                       #取两个文件共同的内容
fc=open('C:\\123\\C.txt', 'w')
fc.writelines(c)
fa.close()
fb.close()
fc.close()
```

程序中的语句 c=[s for s in a if s in b]等价于以下程序段。

```
c=[]
for s in a:
    if s in b:
        c.append(s)
```

3. 实验思考

①对比分析 Windows 文件复制、Windows 命令提示符下的文件复制命令和本实验中的文件复制程序在操作上的特点。

②建立文本文件 data.txt,统计其中元音字母出现的次数。

实验 8 获取计算机的 IP 地址

1. 实验目的

①理解 IP 地址。

②掌握 IPv4 和 IPv6 的地址格式。

③掌握利用 Python 获取本机 IP 地址的方法。

2. 实验内容

(1)获取本机 IP 地址

①在 Windows 命令提示符中输入 ipconfig 命令查看本机 IP 地址。

②利用 socket 库实现获取本机 IP 地址。

```
import socket
myname=socket.getfqdn(socket.gethostname())        #获取本机计算机名
myaddr=socket.gethostbyname(myname)                #获取本机 IP 地址
print(myname)
print(myaddr)
```

③利用 subprocess 库实现获取本机的 IP 地址、MAC 地址等信息。

```
import subprocess
output=subprocess.Popen(["ipconfig","/all"],stdout=subprocess.PIPE).communicate()
[0].decode("gbk")
print(output)
```

(2)获取其他网站的 IP 地址

利用 socket 库实现获取其他网站的 IP 地址，如百度的 IP 地址。

```
import socket
myaddr=socket.gethostbyname('baidu.com')        #获取百度的 IP 地址
print(myaddr)
```

3. 实验思考

①通过 Windows 控制面板如何查看本机 IP 地址？

②利用 socket 库如何获取中南大学网站的 IP 地址？

③第②题中获取的 IP 地址属于哪一类？

实验9 电子邮件的接收

1. 实验目的

①掌握电子邮件的格式。

②了解 SMTP 和 POP3 协议。

③掌握利用 Python 接收邮件的方法。

2. 实验内容

Python 的 poplib 库实现了 POP3 协议，因此可以利用 poplib 库和 POP3 服务器进行通信，从而实现邮件接收功能，主要包括登录邮箱、查看邮件、关闭邮箱。

(1)查看邮件统计信息

以 QQ 邮箱为例，先在邮箱中依次选择“设置”和“账户”选项，再选择开启“POP3/SMTP 服务”选项，然后进行手机短信验证，并返回一个授权码。

```
import poplib
email='××@qq.com'                           #邮箱地址
password='××'                               #邮箱授权码
pop3_server='pop.qq.com'                    #POP3 服务器
#登录邮箱
server=poplib.POP3(pop3_server, 110)        #创建 POP3 对象
```

```
server.user(email)                       #身份认证
server.pass_(password)
#查看邮箱
info=server.stat()                       #获取邮件统计信息
print('邮件总数:',info[0])
print('邮件总字节数:',info[1])
#关闭邮箱
server.close()
```

程序首先创建 POP3 对象 server,此过程需要设定 POP3 服务器的地址和端口,POP3 服务器地址一般可在邮箱中找到,默认端口号为 110;然后利用 user()和 pass_()函数发送账号和密码进行登录;登录邮箱后,可以使用 stat()函数获取邮箱中邮件的统计信息,该函数返回一个元组,元组包含两个元素,第 0 号元素为邮箱中的邮件数,第 1 号元素为邮件的总字节数;最后关闭邮箱。

(2)接收邮件的原始文本

利用 poplib 库中的 retr(i)函数可以接收邮箱中的第 i 封邮件。接收邮件原始文本的程序如下。

```
import poplib
email='××@qq.com'                        #邮箱地址
password='××'                            #邮箱授权码
pop3_server='pop.qq.com'                 #POP3 服务器
#登录邮箱
server=poplib.POP3_SSL(pop3_server)      #创建 POP3 对象
server.user(email)                       #身份认证
server.pass_(password)
#获取并打印第 3 封邮件
mail=server.retr(3)
for line in mail[1]:
    print(line.decode('utf-8'))
#关闭邮箱
server.close()
```

程序利用 retr()函数获取了邮箱中的第 3 封邮件,并将其赋值给变量 mail,mail 为元组类型。其中,第 1 号元素是一个列表,存放了邮件的内容,这些内容是 bytes 类型的,所以程序利用 UTF-8 格式对其进行解码,先将其转换成字符串类型,然后再进行打印。

(3)对邮件内容进行解析

POP3 协议接收的是邮件的原始文本,为了能把 POP3 接收的文本变成可以阅读的邮件,还需要用 email 模块提供的各种类来解析原始文本,将其变成可阅读的邮件对象。因此,一般用 poplib 获取邮箱的邮件信息,用 email 解析原始文本并还原为邮件对象。

```
import poplib
from email.parser import Parser
email='××@qq.com'                                    #邮箱地址
password='××'                                        #邮箱授权码
pop3_server='pop.qq.com'                             #POP3服务器
#登录邮箱
server=poplib.POP3_SSL(pop3_server)                  #创建POP3对象
server.user(email)                                   #身份认证
server.pass_(password)
#获取并打印第3封邮件
mail=server.retr(3)                                  #获取第3封邮件
msg_content=b'\n'.join(mail[1]).decode('utf-8')      #获得邮件的原始文本
msg=Parser().parsestr(msg_content)                   #解析邮件
print('From:', msg['From'])
print('To:', msg['To'])
print('Subject:', msg['Subject'])
print('Text:', msg.get_payload())
#关闭邮箱
server.close()
```

函数 parsestr()的功能就是对邮件内容进行解析，但该函数的参数是字符串，而 mail[1]的类型为列表，列表中的每个元素为邮件中的一行，所以程序在对邮件内容进行解析之前，先利用 join()函数和 decode()函数将 mail[1]列表转换成字符串。mail[1]是 bytes 类型列表，利用\n(前面加上 b 表示\n 是 bytes 类型)对 mail[1]中各 bytes 类型的元素进行连接，再利用 decode()函数对其进行解码，形成字符串 msg_content。然后就可以利用 parsestr()函数对 msg_content 进行解析，将解析的结果赋给变量 msg。利用解析后的 msg 就可以获取邮件各部分内容，如 msg['From']用于获取发件人，get_payload()函数用于获取邮件正文。

3. 实验思考

①利用 Python 实现其他邮箱(如 163 邮箱)的邮件收发。

②查阅相关资料，了解能实现电子邮件收发的其他模块。

实验10 加密算法

1. 实验目的

①了解加密的概念。

②掌握利用 Python 语言实现移位加密和异或加密的方法。

2. 实验内容

(1)移位加密算法

移位加密就是原文中的字母按照指定的移位参数进行移位形成密文。例如，将字母移动

13 个位置，则字母 A 与 N 互换、B 与 O 互换，以此类推。本实验中，定义了 MyEncode()和 MyDecode()函数，分别实现加密和解密过程。

①移位加密过程。

```
def MyEncode():
    list_s=[]
    r_move=int(input('请输入加密移位参数(右移):'))        #输入移位的位数，即加密密钥
    s=input('请输入需要加密的字符:')                       #输入需要加密的原文
    for c in s:
        list_s.append(ord(c))                  #函数 ord()返回对应字符的 ASCII 码
    for i in list_s:
        if i==32:
            print(' ', end='')                 #处理空格
        elif 65<=i<=90:                        #对大写字母进行处理
            i+=r_move
            if i>90:
                i-=26
        elif 97<=i<=122:                       #对小写字母进行处理
            i+=r_move
            if i>122:
                i-=26
    print(chr(i), end='')                      #函数 chr()返回 ASCII 码对应的字符
```

程序中用关系表达式 65 <=i<=90 来判断 i 是不是大写字母，这是 Python 特有的表达方式，通常应写成逻辑表达式 65 <=i and i <=90。看下列语句的执行结果。

```
>>>i=ord('B')
>>>65 <=i<=90
True
>>>65 <=i and i<=90
True
>>>i=ord('2')
>>>65<=i<=90
False
>>>65<=i and i<=90
False
>>>i=ord('b')
>>>65<=i<=90
False
>>>65<=i and i<=90
False
```

②移位解密过程。

```
def MyDecode():
    l_move=int(input('请输入解密移位参数:'))          #输入移位的位数,也就是密钥
    s=input('请输入需要解密的字符:')                  #输入需要解密的密文
    list_s=[]
    for i in s:
        list_s.append(ord(i))
    for i in list_s:
        if i==32:
            print(' ',end= '')
        elif 65<=i<=90:
            i-=l_move
            if i<65:
                i+=26
        elif 97<=i<=122:
            i-=l_move
            if i<97:
                i+=26
    print(chr(i), end='')
```

③加密、解密算法的主程序。

```
answer=input('请输入所需的操作:E(加密)/D(解密):')
if answer.upper()=='E':
   MyEncode()
elif answer.upper()=='D':
   MyDecode()
else:
   print('输入错误!')
```

(2)异或加密算法

异或加密是一种很简单的对称加密算法。在二进制中,进行异或操作的两个数不相同时结果为1,相同时结果为0。异或运算具有可逆性,若a与b异或的结果为c,则b与c异或的结果为a,利用这个特点可以实现加密和解密。下面的程序中,定义crypt()函数实现加密和解密。

①加密、解密过程。

```
def crypt(source,key):
    from itertools import cycle
    result=''
    temp=cycle(key)
    for ch in source:
```

```
        result=result+chr(ord(ch)^ord(next(temp)))  #加密或解密
    return result
```

将原字符串的每个字符与密钥 key 的每一位进行异或运算后，再利用 chr()函数将其转为字符，最后返回加密的密文或解密的原文。

程序中利用了 itertools 模块的 cycle()函数，它可以重复参数的值。例如，cycle('abc')返回的结果是无限长的字符序列['a', 'b', 'c', 'a', 'b', 'c', …]，但结果以 cycle 对象形式呈现，利用 next()函数可以得到各个字符。看以下语句的执行结果。

```
>>>from itertools import cycle
>>>cycle('abc')
< itertools.cycle object at 0x00000125EC679AC0>
>>>temp=cycle('abc')
>>>next(temp)
'a'
>>>next(temp)
'b'
```

②主程序。

```
source='Central South University'              #需要加密的原文
key='123'                                      #密钥
print('Before Encrypted:'+source)              #打印原文
encrypted=crypt(source, key)                   #加密
print('After Encrypted:'+encrypted)            #打印密文
decrypted=crypt(encrypted, key)                #解密
print('After decrypted:'+decrypted)            #打印解密后的原文
```

程序的运行结果如下。

```
Before Encrypted: Central South University
After Encrypted: rW]E@R]'^GGYf_[ET@@XFJ
After decrypted: Central South University
```

3. 实验思考

①移位加密算法程序中的数字 32、97、122 如何理解？

②修改本实验的异或加密程序，使得可以从键盘输入任意加密原文和密钥。

③cycle('10')的返回值是什么？

④简析异或加密算法的基本思路。

实验11 SQL 操作

1. 实验目的

①掌握创建 Access 数据库的方法。

②掌握使用 SQL 语句进行数据定义和数据操纵的方法。

③掌握应用 SELECT 语句进行数据查询的方法。

2. 实验内容

(1)建立空的“图书管理”数据库

①在 Access 主窗口中选择“文件”→“新建”命令。

②单击“空白数据库”按钮,在“空白数据库”窗口的“文件名”文本框中输入数据库文件名,如输入“图书管理”,再单击右侧的文件夹图标,在打开的“文件新建数据库”对话框中设置存储位置(如 E:\AccessDB),单击“确定”按钮回到“空白数据库”窗口,再单击“创建”按钮。

要关闭一个已经打开的数据库文件,可以选择“文件”→“关闭”命令。要打开一个已经存储在磁盘上的数据库文件,既可以在数据库所在磁盘位置直接双击打开该文件,也可以通过选择“文件”→“打开”命令来打开。

(2)使用 SQL 语句定义 Reader 表

Reader 表的结构如下。

Reader(<u>读者编号</u>,读者姓名,单位,电话号码)

①打开“图书管理”数据库,单击“创建”标签,在“创建”选项卡的“查询”选项组中单击“查询设计”按钮,在打开的“显示表”对话框中不选择任何表,进入空白的查询设计视图。

②在“查询工具/设计”选项卡的“结果”选项组中单击“视图”下拉按钮,在下拉列表中选择“SQL 视图”命令即进入 SQL 视图窗口,并输入 SQL 语句。也可以在“查询工具/设计”选项卡的“查询类型”选项组中单击“数据定义”按钮,即打开相应的查询窗口,在窗口中输入如下 SQL 语句。

```
CREATE TABLE Reader
(读者编号 Char(6) Primary Key,
  读者姓名 Char(10),
  单位 Char(20),
  电话号码 Char(8),
)
```

③将创建的数据定义查询存盘并运行该查询。

④查看 Reader 表的结构。

(3)在 Reader 表中插入记录(内容自定)

例如,在 SQL 视图中输入并运行如下语句(插入 2 条记录)。

```
INSERT INTO Reader(读者编号,读者姓名,单位,电话号码)
  VALUES("231109","朱 ZW","法学院","82656636")
INSERT INTO Reader(读者编号,读者姓名,单位,电话号码)
  VALUES("230013","张 MS","经济学院","82656677")
```

(4)在 Reader 表中删除编号为“231109”的读者记录

在 SQL 视图中输入并运行如下语句。

```
DELETE FROM Reader WHERE 读者编号="231109"
```

(5)SQL 查询操作

①查询所有的读者信息。语句如下。

```
SELECT*FROM Reader
```

②查询姓“张”的读者的姓名和所在单位。

```
SELECT 读者姓名, 单位 FROM Reader WHERE 读者姓名 LIKE '张%'
```

③求总读者人数。语句如下。

```
SELECT Count(*) AS 人数 FROM Reader
```

3. 实验思考

对 Reader 表进行以下操作。

①将读者“张 MS”的电话号码修改为“82656688”。

②显示“经济学院”读者信息。

③统计“经济学院”读者人数。

实验 12 数 据 分 析

1. 实验目的

①掌握常用的统计分析方法。

②掌握简单的回归分析方法。

③掌握简单的数据拟合技术。

④掌握简单的文本分析方法。

2. 实验内容

(1)生成随机数序列并进行统计分析

①在 Python 中,利用 random 模块的 random()函数可以随机产生在[0,1)区间上均匀分布的实数。生成 100 个这样的随机数并组成一个列表,然后进行简单的数据统计分析。

```
from random import*                      #导入 random 模块
list_1=[]                                #建立空列表
for i in range(100):                     #循环 100 次
    x=random()                           #生成随机数,并赋值给 x
    list_1.append(x)                     #将随机数 x 添加到列表中
MySum=sum(list_1)                        #求和
MyMax=max(list_1)                        #求最大值
MyMin=min(list_1)                        #求最小值
Avg=sum(list_1) / len(list_1)            #求平均值
print("Sum=",MySum)                      #输出统计结果
print("Max=",MyMax)
print("Min=",MyMin)
print("Average=",Avg)
```

若要随机产生[a,b)范围内的实数,则可以利用 random 模块中的 uniform(a,b)函数,也可以利用 random()函数,其表达式为 a+(b−a) * random()。

②NumPy 中的 random 模块包含了很多函数和方法,可以用来产生随机数。例如,下列语句产生在[0,1)区间上均匀分布的 3 行 2 列随机数组。

```
>>>import numpy as np
>>>np.random.rand(3, 2)
array([[0.33662655, 0.42070569],
       [0.3276643, 0.77168321],
       [0.5039367, 0.36060372]])
```

生成由 100 个随机数组成的数组,然后进行统计分析。

```
import numpy as np
a= np.random.rand(1,100)
np.sum(a)            #求和
np.amax(a)           #求最大值
np.amin(a)           #求最小值
np.mean(a)           #求算术平均值
np.median(a)         #求中位数
np.prod(a)           #求积
np.std(a)            #求标准差
np.var(a)            #求方差
```

③验证随机数是否服从均匀分布。

均匀分布是指数据均匀地分布在区间内,即所生成的数据在随机数范围内的任何一段等长子区间内的个数应该大体相等。

NumPy 中的 percentile(a,q)函数用于计算百分比分位数,即在数组 a 中,至少有 q%的数据小于或等于这个值。利用这个函数,可以验证这些数据是否服从均匀分布。

```
import numpy as np
a=np.random.rand(1,100)
for i in range(1,11):
    print(np.percentile(a,i*10))
```

程序运行结果是什么？如何解读？

将生成的随机数个数增加到 1 000 个、10 000 个甚至更多，用同样的方法分析，能发现什么变化？

(2)家庭收入与储蓄规律分析

表 1-12-1 是某市家庭收入 x 与储蓄 y 之间的一组调查数据，试利用回归分析建立 x 与 y 的线性函数经验公式。

表 1-12-1　家庭收入 x 与储蓄 y　　单位：万元

x	y	x	y	x	y
0.6	0.08	2.2	0.48	3.8	0.8
1.0	0.22	2.6	0.56	4	1
1.4	0.31	3.0	0.67		
1.8	0.4	3.4	0.75		

```
import numpy as np
from sklearn.linear_model import LinearRegression                    #导入模块
X=np.array([0.6, 1.0, 1.4, 1.8, 2.2, 2.6, 3.0, 3.4, 3.8, 4]).reshape(10, 1)
                                                                     #转换成二维数组
Y=[0.08, 0.22, 0.31, 0.4, 0.48, 0.56, 0.67, 0.75, 0.8, 1]
model=LinearRegression()                                             #模型初始化
model.fit(X,Y)                                                       #拟合模型
print(model.coef_)                                                   #输出系数
print(model.intercept_)                                              #输出截距
```

根据程序运行结果写出线性函数经验公式。

(3)数据拟合

用线性拟合的方式实现上述功能，将结果进行对比。

```
import numpy as np
X=[0.6,1.0,1.4,1.8,2.2,2.6,3.0,3.4,3.8,4]
Y=[0.08,0.22,0.31,0.4,0.48,0.56,0.67,0.75,0.8,1]
z1=np.polyfit(X, Y, 1)                    #对数据进行线性拟合
print(z1)
```

(4)简单文本分析

分析《三国演义》文本中哪些人物的名字出现的次数最多，利用停用词表，将出现频率最高的前 10 个分词中与人名无关的分词自动剔除。通过对文本进行分词并统计词频，发现在出现

频率最高的前10个分词中,“却说”“二人”“不可”“荆州”4个分词与人名无关,因此将其放在停用词表中,不再进行统计。

```
import jieba
txt=open('三国演义.txt', 'r', encoding='utf-8').read()   #读入文本文件
words=jieba.lcut(txt)                                     #对文本进行分词
counts={}
stop_word=['却说', '二人', '不可', '荆州']                #设置停用词表
for word in words:                                        #对分词进行挑选
    if len(word)==1:continue                              #去掉单字符的分词
    elif word in stop_word:continue                       #略过停用词表中的词
    elif '诸葛亮'==word or '孔明曰'==word: rword='孔明'   #合并同类含义的词
    elif '关公'==word or '云长'==word: rword='关羽'
    elif '玄德'==word or '玄德曰'==word: rword='刘备'
    elif '孟德'==word: rword='曹操'
    else: rword=word
    counts[rword]=counts.get(rword,0)+1                   #词频统计
items=list(counts.items())
items.sort(key=lambda x: x[1], reverse=True)          #根据词频进行排序
for i in range(10):                                   #输出排在前列的10个分词
    word, count=items[i]
    print(word, count)
```

从程序的输出结果可以看到,停用词表中的词不再出现。当然,还可以根据需要继续扩充停用词表,以获得想要的结果。

3. 实验思考

①某市人口数量统计如表1-12-2所示,试用回归和拟合两种方法预测该市2030年的人口数量,并思考如何才能使预测的数据更加准确。

提示:除了线性回归和线性拟合,还可以使用多项式回归和多项式拟合。

表1-12-2　某市人口数量统计　　单位:万人

年份	人口	年份	人口
2006年	628.8	2014年	731.2
2008年	645.1	2016年	764.5
2010年	704.1	2018年	815.5
2012年	714.7	2020年	1 004.8

②试分析《红楼梦》的前八十回和后四十回在写作风格上是否有所不同。

实验13 数据可视化

1. 实验目的

①掌握常用图形的绘制方法。

②掌握分图的绘制方法。

③掌握词云图的绘制方法。

④学会将数据分析的结果用图形方式来表达。

2. 实验内容

(1)展示考试成绩的分布

在某次考试中,优秀、良好、中等、及格、不及格的人数分别为8、16、25、18、6,在子图中以散点图、条形图和饼图分别展示成绩的分布情况。

```
import matplotlib.pyplot as plt
X=[1, 2, 3, 4, 5]
Y=[8,16,25,18,6]                    #输入数据
p=plt.figure()                      #建立图形对象
p.add_subplot(1,3,1)                #将画布分成一行三列,添加子图 1
plt.scatter(X,Y)                    #绘制散点图
p.add_subplot(1,3,2)                #添加子图 2
plt.bar(X,Y)                        #绘制条形图
p.add_subplot(1,3,3)                #添加子图 3
plt.pie(Y)                          #绘制饼图
plt.show()
```

(2)绘制词云图

选择自己喜欢的文学作品或新闻文本,绘制词云图。

```
from wordcloud import WordCloud                 #导入模块
f=open('目标文件','r').read()                   #读入文本文件
wordcloud=WordCloud().generate(f)               #按默认属性生成词云图
wordcloud.to_file('图名')                       #保存词云图
```

请自行修改程序,选择自己喜欢的图片作为背景,并设置参数,使词云图更加美观。

(3)个人收入与其受教育年限的关系分析

2021年10月公布了当年的诺贝尔经济学奖的获奖名单,获奖的3位学者研究发现,个人收入与其受教育年限紧密相关。现有一组关于个人年收入与其受教育年限的数据如表1-13-1所示,请先进行线性回归拟合,然后绘图展示,其中样本数据用蓝色散点表示,拟合直线用红色实线表示。

表 1-13-1 个人年收入与其受教育年限的数据

受教育年限/年	收入/万元	受教育年限/年	收入/万元
9	4.5	22	15.6
12	6.7	25	19.5
15	8.0	27	21.4
19	10.6		

```
import numpy as np
import matplotlib.pyplot as plt
from sklearn.linear_model import LinearRegression
X=np.array([9,12,15,19,22,25,27]).reshape(-1, 1)          #-1 表示该维大小是自动计算的
y=np.array([4.5, 6.7, 8.0, 10.6, 15.6, 19.5, 21.4])
model=LinearRegression()                                   #创建线性回归模型
model.fit(X, y)                                            #拟合模型
slope=model.coef_[0]                                       #获取拟合直线的斜率
intercept=model.intercept_                                 #获取截距
print(slope, intercept)
X_plot=np.linspace(min(X), max(X), 100).reshape(-1, 1)
                                                           #创建用于绘图的 X 值范围
y_plot=model.predict(X_plot)                               #使用模型预测 Y 值
plt.scatter(X, y, color='b', label='Data Points')          #绘制蓝色散点图
plt.plot(X_plot, y_plot, color='r', label='Regression Line')
                                                           #绘制红色拟合直线
plt.legend()                                               #添加图例
plt.xlabel('Years of Education')                           #添加轴标签
plt.ylabel('Annual Income')
plt.show()                                                 #显示图形
```

3. 实验思考

①试对自己所在班某一门课程的成绩进行分析，将分析结果进行可视化展示。

②分别对中英文文本进行词云制作，并比较两者有什么区别。

实验14 音乐分类

1. 实验目的

①理解分类的概念及常用算法。

②掌握应用 kNN(k 近邻)算法进行分类的基本步骤。

2. 实验内容

假设要给一组 MP3 音乐分类，将其分成摇滚和民谣两类。摇滚音乐激昂、节奏快，民谣音乐舒缓、节奏慢，但是摇滚中也有可能存在舒缓、节奏慢的旋律，同理民谣中也会有激昂、节奏快的旋律。那么如何区分它们？可以根据出现的频率来区分，舒缓、慢节奏的旋律占多半的是民谣，激昂、快节奏的旋律占多半的是摇滚。假设每个 MP3 时长为 180 s，以快慢节奏时长为特征，统计数据集如表 1-14-1 所示。

表 1-14-1　MP3 音乐快慢节奏时长统计数据集　　单位：s

编号	慢节奏	快节奏	分类	编号	慢节奏	快节奏	分类
1	100	80	民谣	4	110	70	民谣
2	140	40	民谣	5	30	150	摇滚
3	20	160	摇滚				

现在有一个未知分类的 MP3 音乐，其慢节奏时长为 103 s，快节奏时长为 77 s，根据 kNN 算法用程序实现分类，判定该 MP3 音乐是民谣还是摇滚。

①导入 numpy、operator 和 tkinter 等模块。

```
import numpy as np
import operator
from tkinter import*
```

②定义训练数据集函数。训练数据存放在二维数组 group 和列表 labels 中，group 中的每个数据元素为一个列表，其中第 1 个数据表示“慢节奏”的值，第 2 个数据表示“快节奏”的值。列表 labels 中存放每个数据元素对应的标签。二维数组 group 和列表 labels 为全局变量，最后返回 group 和 labels 的值。

```
def createDataSet():
    group=np.array([[100, 80], [140, 40], [20, 160], [110, 70], [30, 150]])
    labels=['民谣', '民谣', '摇滚', '民谣', '摇滚']
    return group, labels
```

③定义命令按钮响应函数。单击命令按钮后执行 btnf()函数，在该函数内调用和执行 classify0()函数，并输出音乐分类结果。

```
def btnf():
    x=eval(var1.get())        #获取全局变量 var1 的值
    y=eval(var2.get())        #获取全局变量 var2 的值
    a=[x, y]                  #定义列表 a,获取测试数据的“慢节奏”和“快节奏”的值
    a__class=classify0(a, group, labels, 3)         #调用和执行 classify0()函数
    Message(w, text=a__class).pack()                #输出分类结果
```

④定义 kNN 分类函数。第 1 个参数表示测试数据，用一个列表表示；第 2 个参数表示训

练数据集，用一个二维数组表示；第3个参数表示训练数据集中每个数据元素所对应的分类标签，用一个列表表示；第4个参数表示kNN算法中k的取值，用一个整数表示。

```
def classify0(inX,dataSet,labels,k):
    dataSetSize=dataSet.shape[0]          #返回数组大小
    #将 inX 复制 dataSetSize 次，与训练集 dataSet 大小一致，以便与 dataSet 做减法运算
    #生成一个差值矩阵 diffMat
    diffMat=np.tile(inX, (dataSetSize, 1))-dataSet
    sqDiffMat=diffMat*diffMat              #计算测试数据和训练样本的欧式距离
    #将矩阵的每一行相加，axis 用于控制是行相加还是列相加
    sqDistances=sqDiffMat.sum(axis=1)
    distances=np.sqrt(sqDistances)         #计算距离
    #根据距离从小到大排序，返回对应的索引位置
    sortedDistIndices=distances.argsort()
    #选择距离最小的 k 个点
    #定义字典，用于存放“标签:次数”对
    classCount={}
    for i in range(k):
        voteIlabel=labels[sortedDistIndices[i]]                  #根据下标获取标签
        classCount[voteIlabel]=classCount.get(voteIlabel, 0)+1
                                                                 #累计标签出现的次数
#字典的 items()方法，返回一个包含所有(标签，次数)元组的列表
#列表按关键字 key 进行降序排列
#key 取元组中的第 2 个元素，即该标签出现的次数
    sortedClassCount=sorted(classCount.items(), key=operator.itemgetter(1), reverse=True)
    return sortedClassCount[0][0]          #返回测试数据的分类标签
```

⑤创建交互式窗口。

```
w=Tk()                                   #利用 tkinter 模块的 Tk()函数生成窗口
w.geometry('300x150')                    #设置窗口大小，宽和高分别为 300 和 150
w.title("音乐分类器")                     #设置窗口标题
Label(w, text="慢节奏").place(relx=0.15, rely=0.4)     #在窗口中添加标签“慢节奏”
Label(w, text="快节奏").place(relx=0.15, rely=0.65)    #在窗口中添加标签“快节奏”
#定义全局变量 var1、var2，分别表示接下来定义的单行文本框 1 和 2 的文本
global var1
global var2
var1=StringVar()
var2=StringVar()
#定义全局变量 group 和 labels，分别表示二维数组 group 和列表 labels
#group 存放训练数据“慢节奏”和“快节奏”的值
```

```
#labels 存放训练数据集中每一个数据元素所对应的标签
global group
global labels
#在窗口中添加单行文本框 1,文本值关联全局变量 var1
Entry1=Entry(w, textvariable=var1).place(relx=0.3, rely=0.4)
#在窗口中添加单行文本框 2,文本值关联全局变量 var2
Entry2=Entry(w, textvariable=var2).place(relx=0.3, rely=0.65)
Label(w, text="秒").place(relx=0.75, rely=0.4)     #在窗口中添加标签“秒”
Label(w, text="秒").place(relx=0.75, rely=0.65)    #在窗口中添加标签“秒”
#在窗口中添加命令按钮,其文本提示为“查询音乐类型”
#单击命令按钮时,执行 btnf()函数
btn=Button(w, text="查询音乐类型", command=btnf)
btn.pack()        #在窗口中布局命令按钮
group, labels=createDataSet()    #执行 createDataSet()函数
w.mainloop()    #执行程序循环,并进入等待和处理事件
```

⑥运行程序,然后在结果界面输入“慢节奏”和“快节奏”的秒数,并单击“查询音乐类型”命令按钮,得到如图 1-14-1 所示的音乐分类器界面。

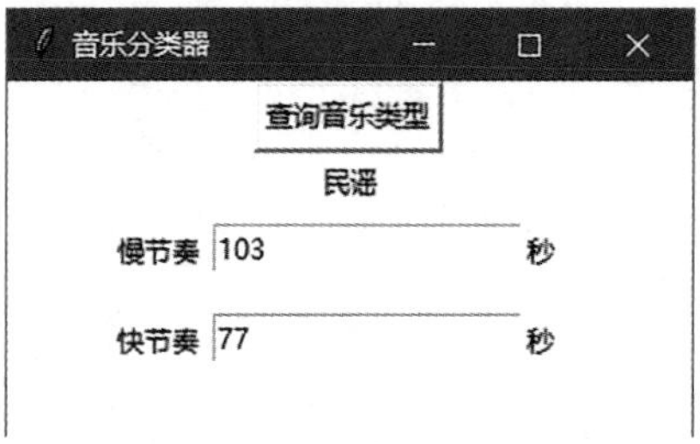

图 1-14-1　音乐分类器界面

3. 实验思考

①分别利用 sklearn 库中的 neighbors 类和 svm 类实现音乐分类。
②分析图 1-14-1 所示界面的特点,了解图形用户界面的设计方法。

实验 15　三维空间数据元素聚类

1. 实验目的

①理解聚类的概念及常用算法。
②掌握应用 k-means(k 均值)聚类算法的基本步骤。

2. 实验内容

对给定的一个三维空间数据集(共 80 个样本)的数据文件 dataset. txt,其内容如下:

1.658 985	4.285 136	1
−3.453 687	3.424 321	2
4.838 138	−1.151 539	3
⋮	⋮	⋮
4.479 332	−1.764 772	1
−4.905 566	−2.911 07	2

其中，每一个样本代表三维空间中的一个点，第 1 个数据表示这个点的 x 轴坐标，第 2 个数据表示这个点的 y 轴坐标，第 3 个数据表示这个点的 z 轴坐标。

采用 k-means 算法进行聚类，k 的取值为 3。

```
import numpy as np
from sklearn.cluster import KMeans
import matplotlib.pyplot as plt
from mpl_toolkits.mplot3d import Axes3D
file_path=("dataset.txt")                #从数据文件 dataset.txt 中读入数据
with open(file_path, 'r') as f:
    file=f.read()
dataset=file.split()                     #将读取的文件内容以空格为分隔符,拆分成一个列表
dataset=np.array(dataset)                #把列表数据转换为数组
dataset=dataset.reshape(80,3)            #将数组变换成 80×3 的数组
to_float=np.vectorize(float)             #将 dataset 数组的每个元素转换成 float 类型
data=to_float(dataset)
num_clusters=3                           #设置聚类的数量
kmeans=KMeans(n_clusters= num_clusters).fit(data)
                                         #使用 k-means 算法进行聚类
labels=kmeans.labels_                    #每个数据点的聚类标签
centroids=kmeans.cluster_centers_        #每个聚类的中心点坐标
#绘制聚类结果
fig=plt.figure()
ax=fig.add_subplot(projection='3d')
colors=['y', 'g', 'b']                   #颜色列表,每种颜色对应一个聚类
for i in range(num_clusters):
    ax.scatter(data[labels==i, 0], data[labels==i, 1], data[labels==i, 2], c=colors[i])
#绘制并标注聚类中心
    ax.scatter(centroids[:,0], centroids[:,1], centroids[:,2],c='red', marker='*',
s=300)
for i in range(num_clusters):
    ax.text(centroids[i,0], centroids[i,1], centroids[i,2], 'Cluster'+str(i+1))
plt.show()
```

3. 实验思考

假设有一个包含 100 个三维数据点的数据集，并且使用 k-means 算法将其分为 4 个聚类，问：

①kmeans. labels_属性的含义是什么？其长度为多少？取哪些整数值？

②cluster_centers_属性的含义是什么？它有多少行、多少列？

实验 16 手写数字识别

1. 实验目的

①了解加载 MNIST 数据集、训练模型及评估模型的方法。

②掌握图片灰度化、二值化及将其转换成特征向量的方法。

③掌握利用 sklearn 模块的 neighbors 类识别图片的方法和流程。

2. 实验内容

利用 sklearn 模块的 neighbors 类构建机器学习模型，使用训练好的模型对手写体数字图片进行识别。

实验分两个部分完成，第一部分是加载 MNIST 数据集(包含训练数据集和验证数据集)、训练模型、验证模型并计算精度。

①安装 torchvision 等第三方库。

②导入 torchvision 模块、sklearn 模块中的 neighbors 类、PIL 模块中的 Image 类和 numpy 模块。

```
import torchvision
from sklearn import neighbors
from PIL import Image
import numpy as np
```

③训练数据预处理。

```
#利用 torchvision 模块加载 MNIST 数据集(包含训练数据集和验证数据集)
train_dataset=torchvision.datasets.MNIST(root='./data/', train=True, download=True)
test_dataset=torchvision.datasets.MNIST(root='./data/', train=False, download=
False)
#获取 MNIST 训练集，并进行归一化，然后将(28, 28)的图片转成(1, 784)的向量
train_data=(train_dataset.data/255).view(-1, 784)
train_label=train_dataset.targets      #获取训练集所有数字的标签
#获取 MNIST 验证集，并进行归一化，然后将(28, 28)的图片转成(1, 784)的向量
test_data=(test_dataset.data/255).view(-1, 784)
test_label=test_dataset. targets      #获取验证集所有数字的标签
```

④训练和验证模型。

```
#定义训练模型,k的取值为8
model=neighbors.KNeighborsClassifier(n_neighbors=8)
#把训练集中的数据输入模型里面进行训练
model.fit(train_data, train_label)
#把验证集中的数据输入模型进行验证,并使用sklearn的score()函数计算精度
acc=model.score(test_data, test_label)
print(acc)                    #输出计算精度
```

实验第二部分是输入测试图片、输出测试图片、图片灰度化、二值化、转换成特征向量、模型识别图片中的数字并输出识别后的数字。

⑤测试数据预处理。

```
#读取所需要识别的图片,用户可以改变所需要识别的图片的具体路径
img=Image.open('5.png')
img.show()                          #显示所读取的图片
img=img.resize((28, 28))            #缩放图片,成为程序需要的大小
Img=img.convert('L')                #转换成灰度图片,模式L为灰度图片
Img.save('test1.jpg')               #保存转化为灰度图的图片
#图片二值化处理
maxvalve=235                        #自定义灰度界限
table=[]
for i in range(256):
    if i < maxvalve:
        table.append(0)
    else:
        table.append(1)
photo=Img.point(table, '1')
photo.save('test2.jpg')             #保存二值化之后的图片
```

⑥主程序。

```
img=Image.open('test2.jpg')          #读取二值化之后的图片
w, h=img.size                        #读取图片的大小
#将二值化之后的图片的所有像素写入一个TXT文档
with open("text" + ".txt", "w") as f:
    for c in range(h):
        for j in range(w):
            f.write(str(int((255 - (img.getpixel((j, c)))) / 255)))
a=np.zeros((1, 784))                 #创建一个空的1×784的向量
f=open('text.txt')                   #读取保存好的TXT文件
b=f.readline()                       #读取文件所有内容
```

```
for i in range(784):                    #把转化好的所有数字写入这个向量中
    a[0][i]=b[i]
predict=model.predict(a)                #把 1×784 的向量输入模型进行识别计算
print(predict)                          #输出识别后的数字
f.close()                               #关闭文件
```

3. 实验思考

利用 Tensorflow 框架构建卷积神经网络模型,使用训练好的模型对手写体数字图片进行识别。大致步骤如下。

①安装并导入 TensorFlow 以及其他必要的库。

②读取 MNIST 数据集并进行预处理。

③构建卷积神经网络模型,包括层数、权重、偏置、卷积核及步长、池化核及步长等。

④训练模型参数。

⑤利用训练好的模型进行图片测试。

第 2 部分 习题选解

习题选解部分以课程学习为线索，编写了丰富的习题并给出了参考答案，旨在帮助读者通过习题练习，复习和掌握课程内容，进一步理解计算机系统的基本原理、技术和方法，理解程序设计的基本概念和基础知识。考虑到习题的多样性，编者提醒读者应在阅读教材的基础上做题，通过做题达到强化、巩固和提高的目的，在使用题解时，应重点理解和掌握与题目相关的知识点，而不要死记答案。

习题 1 计算与计算思维

一、选择题

1. 我国古代最早的计算工具，也是当时世界上较为先进的计算方式之一，它是(　　)。

A. 算筹　　B. 算盘　　C. 计算尺　　D. 机械式加法器

2. 世界上第一台计算机的名称是(　　)。

A. ENIAC　　B. APPLE　　C. UNIVAC-I　　D. IBM-7000

3. 世界上公认的第一台电子计算机诞生于(　　)。

A. 1945 年　　B. 1946 年　　C. 1951 年　　D. 1958 年

4. 下列关于世界上第一台电子计算机的叙述中，错误的是(　　)。

A. 它是 1946 年在美国诞生的

B. 它的主要元件是电子管和继电器

C. 它是首次采用存储程序和程序控制概念的计算机

D. 它主要用于弹道计算

5. 下列不属于计算机特点的是(　　)。

A. 存储程序和程序控制，工作自动化　　B. 具有逻辑推理和判断能力

C. 处理速度快，存储量大　　D. 工作可靠，基本不出故障

6. 下列关于可计算性的说法中，错误的是(　　)。

A. 所有问题都是可计算的

B. 图灵机可以计算的问题是可计算的

C. 图灵机与现代计算机在功能上是相似的

D. “一个问题是可计算的”是指该问题可以使用计算机在有限的步骤内解决

7. 下列关于图灵机的说法中，正确的是（　　）。

A. 图灵机是世界上最早的电子计算机

B. 由于大量使用磁带操作，图灵机运行速度很慢

C. 图灵机只是一个理论上的计算模型

D. 图灵机曾用于火炮弹道计算

8. 图灵机由四部分组成，分别是一条无限长的纸带、一个读写头、（　　）和一个状态寄存器。

A. 一个控制器　　B. 一套控制规则表

C. 一个读写器　　D. 一个纸带机

9. 计算机的自动化操作是由它的（　　）决定的。

A. 二进制运算原理　　B. 通用分析机原理

C. 实时控制原理　　D. 存储程序工作原理

10. 冯·诺依曼对现代计算机的主要贡献是（　　）。

A. 设计了差分机　　B. 设计了分析机

C. 建立了电子计算机的理论模型　　D. 确立了电子计算机的基本体系结构

11. 1946 年首台电子数字计算机问世后，冯·诺依曼在研制 EDVAC 时，提出了两个重要的改进，它们是（　　）。

A. 采用二进制以及存储程序和程序控制的概念

B. 采用机器语言和十六进制

C. 引入 CPU 和内存储器的概念

D. 采用 ASCII 编码系统

12. 冯·诺依曼体系结构计算机的基本思想之一是（　　）。

A. 计算精度高　　B. 存储程序和程序控制

C. 处理速度快　　D. 可靠性高

13. 计算机之所以能按人们的意图自动进行工作，最直接的原因是其采用了（　　）。

A. 二进制　　B. 高速电子元件

C. 程序设计语言　　D. 存储程序和程序控制

14. 关于存储程序，下列说法中不正确的是（　　）。

A. 将“指令”和“数据”保存在存储器中，以便于计算机自动读取、自动处理

B. 因为要使计算机能够连续、自动地执行程序中的指令，所以要存储程序

C. 依据存储程序原理，计算机由四大部分构成：运算器、存储器、输入设备和输出设备

D. 冯·诺依曼体系结构计算机的本质就是存储程序、连续自动执行

15. 第一台存储程序的电子计算机是（　　）。

A. ENIAC　　B. EDVAC　　C. MARKI　　D. UNIVAC

16. 早期的计算机用来进行（　　）。

A. 科学计算　　B. 系统仿真

C. 自动控制　　D. 动画设计

17. 下列计算机应用项目中，属于科学计算应用领域的是(　　)。

A. 人机对弈　　B. 民航联网订票系统

C. 天气预报　　D. 数控机床

18. 用计算机进行资料检索工作属于计算机在(　　)领域的应用。

A. 现代科学计算　　B. 数据处理

C. 过程实时控制　　D. 人工智能

19. 计算机发展的方向是巨型化、微型化、网络化和智能化，其中巨型化是指(　　)。

A. 体积大

B. 重量重

C. 功能更强、运算速度更快、存储容量更大

D. 外部设备更多

20. 用电子管作为电子元件制成的计算机属于(　　)计算机。

A. 第一代　　B. 第二代

C. 第三代　　D. 第四代

21. 第二代计算机中使用的电子元件是(　　)。

A. 晶体管　　B. 电子管

C. 中、小规模集成电路　　D. 大规模和超大规模集成电路

22. 第三代计算机中的逻辑元件主要是(　　)。

A. 中、小规模集成电路　　B. 大规模和超大规模集成电路

C. 电子管　　D. 晶体管

23. 第四代计算机中主要使用的电子元件是(　　)。

A. 晶体管　　B. 电子管

C. 中、小规模集成电路　　D. 大规模和超大规模集成电路

24. 人们应具备的三大思维能力是指(　　)。

A. 逆向思维、演绎思维和发散思维　　B. 实证思维、逻辑思维和计算思维

C. 抽象思维、逻辑思维和形象思维　　D. 实验思维、理论思维和辩证思维

25. 2010—2015 年连续 6 届位居全球高性能计算机 TOP 500 强榜首的计算机是(　　)。

A. “银河一号”　　B. “天河一号”

C. “天河二号”　　D. “神威 · 太湖之光”

26. 2016—2017 年连续 4 届位居全球高性能计算机 TOP 500 强榜首的计算机是(　　)。

A. “银河一号”　　B. “天河一号”

C. “天河二号”　　D. “神威 · 太湖之光”

27. 国产“天河二号”电子计算机属于(　　)。

A. 工作站　　B. 微型计算机

C. 嵌入式计算机　　D. 高性能计算机

28. “神威 · 太湖之光”计算机属于(　　)。

A. 高性能计算机　　B. 第二代计算机

C. 第三代计算机　　D. 高级计算机

29. 我国第一台电子计算机诞生于(　　)年。

A. 1971　　B. 1965　　C. 1958　　D. 1946

30. 为我国国防科技作出了重大贡献并被誉为“功勋计算机”的是(　　)。

A. 大型晶体管计算机 109 乙机　　B. 大型晶体管计算机 109 丙机

C. 银河系列巨型计算机　　D. 天河系列超级计算机

31. 世界计算机科学领域的最高奖项是(　　)。

A. 诺贝尔奖　　B. 菲尔兹奖

C. 图灵奖　　D. 阿贝尔奖

32. 求解哥尼斯堡七桥问题就是(　　)的典型例子。

A. 问题抽象　　B. 计算自动化

C. 问题归纳　　D. 形象思维

二、判断题

1. 以计算机为工具实现符号变换的过程都称为计算(computing)。(　　)

2. 在计算机科学领域,计算是一种符号变换。(　　)

3. 计算机的主要特点是运算速度快、自动控制、可靠性高。(　　)

4. 计算机分为超大规模集成电路计算机、晶体管计算机、电子管计算机、真空管计算机四代。(　　)

5. 现在人们普遍使用的计算机是第五代计算机。(　　)

6. 现代计算机之所以能够自动、连续地进行数据处理,主要是因为计算机具有存储程序的功能。(　　)

7. 现代计算机采用二进制数的主要原因是二进制数易于用电路的状态表示,而且运算规则简单。(　　)

8. 第四代计算机的一个重要标志是微处理器和微型计算机的诞生。(　　)

9. 目前电子计算机仍采用冯·诺依曼体系结构。(　　)

10. 量子计算机“九章”是一台通用计算机。(　　)

11. 1958 年,中国科学院计算所研制成功我国第一台小型电子管通用计算机——103 机,标志着我国第一台电子计算机诞生。(　　)

12. “神威·太湖之光”的峰值计算速度达到每秒 12.5 亿亿次,是全球首个突破 10 亿亿次的高性能计算机。(　　)

13. 运算过程自动化是计算机的突出特点之一。(　　)

14. 图灵机由一条无限长的纸带、一个读写头、一套控制规则表及一个状态寄存器组成,其中的控制规则表相当于现在的计算机程序。(　　)

15. 可以通过改变图灵机的控制规则表来让它完成任何复杂的计算。(　　)

16. 图灵机不是一种具体的机器,而是一种思想模型。(　　)

17. 计算思维是运用计算机科学的基础概念进行问题求解、系统设计以及人类行为理解等涵盖计算机科学之广度的一系列思维活动。(　　)

18. 计算机能解决任何问题。(　　)

19. 计算思维就是要像计算机一样思考问题。（　）

20. 掌握计算思维的方法能让计算工具的使用更有技巧、更有效率。（　）

三、填空题

1. ________是一种依据一定的法则对有关符号串进行变换的过程。

2. 世界上第一台通用电子数字计算机 ENIAC 采用的主要逻辑元件是________。

3. 世界上第一台电子计算机于________年诞生。

4. 图灵在论文《论可计算数及其在判断问题中的应用》中提出了一个假设模型，证明了任意复杂的计算都能通过一个个简单的操作完成，从而从理论上证明了“无限复杂计算”的可能性，给计算机的诞生提供了理论基础。人们把这个模型称为________。

5. 计算机科学领域的最高奖项是________。

6. 1945 年，冯·诺依曼提出的计算机的________奠定了现代计算机的发展基础，至今仍然沿用。

7. 冯·诺依曼关于通用电子计算机方案的报告提出了计算机的基本工作原理应该是________和程序控制。

8. 在冯·诺依曼体系结构计算机中，数据采用________表示。

9. 第一台电子计算机在当时主要被用于________。

10. 由大规模和超大规模集成电路芯片组成的微型计算机属于现代计算机阶段的第________代。

11. 第四代计算机的重要标志是微处理器和________的诞生。

12. 第二代计算机采用的主要元件是________。

13. 第三代计算机也称________计算机时代。

14. 在我国研制的高性能计算机中，曾经连续 6 届在全球高性能计算机 500 强排行榜上夺冠的是________。

15. 计算机的发展趋势是巨型化、网络化、微型化、________。

16. 微型计算机也称________，主要特点是体积小、重量轻、功耗低、价格便宜。

17. 遵循量子力学规律进行高速运算、存储及处理量子信息的机器称为________。

18. 光子计算机用________代替电子进行数据运算、传输和存储。

19. 计算思维的本质是抽象和________。

20. 科学思维包括逻辑思维、实证思维和________思维。

▲习题 1 参考答案

习题 2 问题求解与算法基础

一、选择题

1. 用计算机解决问题的一般步骤是(　　)。

A. 分析问题、编写程序、设计算法、调试程序

B. 分析问题、调试程序、设计算法、编写程序

C. 分析问题、编写程序、调试程序、描述算法

D. 分析问题、设计算法、编写程序、调试程序

2. 在程序设计过程中,(　　)是核心。

A. 设计算法　　B. 编写程序

C. 设计用户界面　　D. 调试程序

3. 用计算机求解问题时,首先应该确定程序"做什么",然后确定程序"如何做"。"如何做"属于用计算机进行问题求解的(　　)。

A. 分析问题　　B. 设计算法　　C. 编写程序　　D. 调试程序

4. 算法必须具备输入、输出、(　　)等 5 个特性。

A. 可执行性、可移植性和可扩充性　　B. 有效性、确定性和有穷性

C. 确定性、有穷性和稳定性　　D. 易读性、稳定性和安全性

5. 对算法来说,介于自然语言和高级语言之间的文字和符号描述工具是(　　)。

A. 流程图　　B. 伪代码　　C. N-S 图　　D. 低级语言

6. 下列叙述中,正确的是(　　)。

A. 用高级语言编写的程序称为源程序

B. 计算机能直接识别并执行用汇编语言编写的程序

C. 用机器语言编写的程序执行效率最低

D. 不同型号的计算机具有相同的机器语言

7. 计算机能直接识别、执行的语言是(　　)。

A. 汇编语言　　B. 机器语言　　C. 高级语言　　D. Python 语言

8. 把用高级语言编写的源程序翻译成目标程序的程序称为(　　)。

A. 汇编程序　　B. 编辑程序　　C. 编译程序　　D. 解释程序

9. 下列说法中,正确的是(　　)。

A. 只要将用高级语言编写的源程序文件的扩展名更改为"exe",它就成为可执行文件了

B. 当代高级的计算机可以直接执行用高级语言编写的程序

C. 用高级语言编写的源程序经过编译和连接后成为可执行程序

D. 用高级语言编写的程序的可移植性和可读性都很差

10. 用机器语言编写的程序在计算机内是以(　　)形式存放的。

A. BCD 码　　B. 二进制编码　　C. ASCII 码　　D. 汉字编码

11. Python 语言属于一种(　　)。

A. 机器语言　　B. 低级语言　　C. 高级语言　　D. 汇编语言

12. 用 Python 语言编写的程序称为(　　)。

A. 可执行程序　　B. 源程序　　C. 目标程序　　D. 编译程序

13. 在 Python 语言中,可以作为源文件扩展名的是(　　)。

A. png　　B. pdf　　C. py　　D. ppt

14. 为了提高软件开发效率,开发软件时通常采用(　　)。

A. 汇编语言　　B. 机器语言　　C. 指令系统　　D. 高级语言

15. 解释程序的功能是(　　)。

A. 解释执行机器语言程序　　B. 解释执行高级语言程序

C. 将汇编语言程序解释成目标程序　　D. 将高级语言程序解释成目标程序

16. 将目标程序文件(. obj)转换成可执行文件(. exe)的程序称为(　　)。

A. 编辑程序　　B. 编译程序　　C. 连接程序　　D. 汇编程序

17. 在面向对象方法中,一个对象请求另一个对象为其服务的方式是通过(　　)发送的。

A. 调用语句　　B. 命令　　C. 口令　　D. 消息

18. 结构化程序设计的三种基本结构是(　　)。

A. 顺序、选择、循环　　B. 递归、嵌套、调用

C. 过程、子过程、主程序　　D. 顺序、转移、调用

19. 下列选项中,(　　)不是面向对象的特征。

A. 多态性　　B. 过程调用　　C. 封装性　　D. 继承性

20. 某加油站为了促销,规定每逢双休日汽油降价 0.3 元/升,否则不降价。这一问题可以用(　　)描述。

A. 数据结构　　B. 循环结构　　C. 顺序结构　　D. 选择结构

21. 设计程序计算若干个数之和,最适合用的程序结构是(　　)。

A. 循环结构　　B. 选择结构　　C. 赋值结构　　D. 顺序结构

22. Python 语言中的注释语句一般以(　　)符号开头。

A. %　　B. $　　C. #　　D. @

23. Python 语言不支持的数据类型有(　　)。

A. char　　B. int　　C. float　　D. list

24. 下列选项中,不可以用来做 Python 标识符的是(　　)。

A. for　　B. a3　　C. _a　　D. a_

25. 下列选项中,属于 Python 语言中合法的二进制整数的是(　　)。

A. 0B1010　　B. 0b1708　　C. 0B1019　　D. 0bC3F

26. Python 表达式 eval('500//10')的结果是(　　)。

A. '500/10'　　B. 500/10　　C. 50　　D. 50.0

27. 下列 Python 表达式的值不是 1 的是(　　)。

A. int(1.5)　　B. int('1')　　C. int(True)　　D. int(False)

28. 下列 Python 表达式中,不合法的是(　　)。

A. x in range(6)　　B. 3=a　　C. e>5 and f==4　　D. (x-6)>5

29. 与 Python 关系表达式 x==0 等价的表达式是(　　)。

A. x　　B. x!=true　　C. not x　　D. x!=1

30. 已知 x=43,ch='A',y=1,则 Python 表达式 x>=y and ch<'b' and y==1 的值是(　　)。

A. False　　B. True　　C. 0　　D. 2

31. 在 Python 语言中,表达式 1//2 的值是(　　)。

A. 0　　B. 0.5　　C. 1/2　　D. 报错

32. 在 Python 语言中,表达式 1234%1000//100 的值是(　　)。

A. 2　　B. 12　　C. 123　　D. 1234

33. 关于 Python 表达式 1.1-1==0.1,(　　)。

A. 结果一定是 True　　B. 结果可能是 False

C. 表达式错了　　D. 输出 1

34. 执行 Python 语句 input()+input(),若从键盘分别输入 1 和 2,则结果是(　　)。

A. 3　　B. 12　　C. '3'　　D. '12'

35. 下列运算符中,(　　)不是正确的关系运算符。

A. >　　B. <　　C. =　　D. !=

36. Python 语句 print(0xA+0xB)的输出结果是(　　)。

A. 0xA+0xB　　B. A+B　　C. 0xA0xB　　D. 21

37. 变量 x 中存放了一个两位整数,要将 x 的个位数字和十位数字交换位置,如将 13 变成 31,正确的 Python 表达式是(　　)。

A. (x%10)*10+x//10　　B. (x%10)//10+x//10

C. (x/10)%10+x//10　　D. (x%10)*10+x/10

38. 与数学表达式 $cd/2ab$ 对应的 Python 表达式中,不正确的是(　　)。

A. c*d/(2*a*b)　　B. c/2*d/a/b

C. c*d/2*a*b　　D. c*d/2/a/b

39. 在 Python 语言中,若变量 x 已经存在,则下列赋值错误的是(　　)。

A. x=y=1　　B. x+=1　　C. x,y=1,2　　D. x=(y=1)

40. 在 Python 语言中,若 x=[3,4,6,8,1,-1],则下列对元素的访问方式中错误的是(　　)。

A. x[6]　　B. x[0]　　C. x[-1]　　D. x[1:2]

41. 在 Python 语言中,已知 a="abcdefg",则 a[2]的值是(　　)。

A. b　　B. c　　C. d　　D. e

42. 已知 x=3,那么执行 Python 语句 x+=6 之后,x 的值是(　　)。

A. 9　　B. 3　　C. 6　　D. 出错

43. Python 函数 range()用于生成整数等差数列,则 range(10)生成的等差数列的公差是(　　)。

A. 3　　B. 2　　C. 1　　D. 0

44. Python 语言中常用的输入函数是(　　)。

A. in()　　B. input()　　C. scanf()　　D. print()

45. Python 语言中语句块的标记是(　　)。

A. 分号　　B. 逗号　　C. 缩进　　D. /

46. 下列关于 Python 语言缩进的描述中，错误的是（　　）。

A. Python 语言用严格的缩进表示程序的格式框架，所有代码都需要在行前至少加一个空格

B. 缩进是可以嵌套的，从而形成多层缩进

C. 缩进表达了所属关系和代码块的所属范围

D. 判断、循环、函数等都能够通过缩进包含一批语句

47. 下列程序的运行结果是（　　）。

```
i=input('请输入第一个数字:')      #输入 3
j=input('请输入第二个数字:')      #输入 3
sum=i+j
print(sum)
```

A. 3　　B. 33　　C. 6　　D. 0

48. 在 Python 语言中，关于下列 for 循环，叙述正确的是（　　）。

```
for t in range(1,21,2):
    x=int(input())
    if x<0:
        continue
    print(x)
```

A. 当 $x<0$ 时，整个循环结束

B. 当 $x\geqslant 0$ 时，什么也不输出

C. print()函数从来不会执行

D. 最多允许输出 10 个非负整数

49. 下列选项中，Python 循环体执行的次数与其他选项不同的是（　　）。

A.
```
i=0
while i<=10:
    i+=1
```

B.
```
i=10
while i>0:
    i-=1
```

C.
```
for i in range(10):
    print(i)
```

D.
```
for i in range(10,0,-1):
    print(i)
```

50. 执行 Python 语句 list(range(1,10,3))将输出结果（　　）。

A. [1,2,3,4,5,6,7,8,9,10]

B. [1,4,7]

C. [1,2,3]

D. [0,1,2,3,4,5,6,7,8,9]

51. Python 语言中关于模块的导入，不合法的语句是（　　）。

A. import 模块名

B. from 模块名 import 函数名

C. from 模块名 import *

D. import * from 模块名

52. 下列 Python 语句中，不能完成 1～10 的累加功能的是（　　）。

A.
```
Sum1=0
for i in range(10,0):
    Sum1+=i
```

B.
```
Sum1=0
for i in range(1,11):
    Sum1+=i
```

C. Sum1＝0
for i in range(10,－1,－1):
    Sum1＋＝i

D. Sum1＝0
for i in (10,9,8,7,6,5,4,3,2,1):
    Sum1＋＝i

53. 在 Python 语言中，对于列表 L＝[1,2,'Python',[1,2,3,4,5]],L[－3]的值是(　　)。

A. 1　B. 2　C. 'Python'　D. [1,2,3,4,5]

54. 在 Python 语言中，对于列表 L＝[1,2,'Python',[10,20,30,40,50]],L[－1][0]的值是(　　)。

A. 1　B. 50　C. 10　D. [10,20,30,40,50]

55. 在 Python 语言中，若 a＝"abcdefg",则 a[2:4]的值是(　　)。

A. 'bc'　B. 'bcd'　C. 'cde'　D. 'cd'

56. 在 Python 语言中，若 a＝[i＊i for i in range(10)],则 a[3]的值是(　　)。

A. 3　B. 4　C. 9　D. 16

57. 在 Python 语言中，从键盘分别输入 12、34 和 4＋5，下列程序的运行结果是(　　)。

```
x1,x2=eval(input())
x2=eval(input())
print(x1+x2)
```

A. 46　B. 21　C. 16　D. 17

58. Python 表达式 sum([12,10,12,5])－sum({12,10,12,5})的值是(　　)。

A. 12　B. 10　C. 5　D. 0

59. 已知字典 d＝{'1':10,'2':20,'3':30},则对字典 d 的正确引用是(　　)。

A. d(1)　B. d[1]　C. d['1']　D. d['one']

60. 已知字典 d＝{'1':10,'2':20,'3':30},则 d.get('three',50)的值是(　　)。

A. 10　B. 20　C. 30　D. 50

61. Python 语句 A,B ＝B,A 的作用是(　　)。

A. 交换变量 A 和 B 的值　B. 使变量 A 和 B 的值均为 A 的值

C. 使变量 A 和 B 的值均为 B 的值　D. 使变量 A 和 B 的值相等

62. 百钱买百鸡问题。公鸡一只五块钱，母鸡一只三块钱，小鸡三只一块钱，现在要用一百块钱买一百只鸡，问公鸡、母鸡、小鸡各有多少只？如果想编程解决此问题，应采用的算法是(　　)。

A. 插入法　B. 穷举法

C. 解析法　D. 查找法

二、判断题

1. 软件(software)和程序(program)并不是同一个概念。　(　　)

2. 程序设计不是简单地编写代码，而是反映利用计算机解决问题的全过程。　(　　)

3. 算法是问题求解规则的一种过程描述，而程序是这个过程描述的具体实现。　(　　)

4. 一个算法可以出现无限次执行的步骤。 ( )

5. 算法一定要用伪代码来描述。 ( )

6. 程序是为完成一项特定任务而用某种语言编写的一组指令序列。 ( )

7. 能被计算机直接识别并执行的只有机器语言。 ( )

8. 不同硬件结构的计算机具有不同的机器语言。 ( )

9. 高级语言是计算机硬件能直接识别和执行的语言。 ( )

10. 源程序通过编译程序的处理可以生成目标程序,并且可以把它保存在磁盘上。( )

11. 面向对象程序设计中,类是具有相同属性和行为的一组对象的集合。 ( )

12. 任何复杂问题的结构化算法都是由顺序、选择、循环三种结构组成的。 ( )

13. Python 语言是一种高级语言,不能被计算机直接识别,所以需要将 Python 源程序编译成目标程序。 ( )

14. Python 变量名必须以字母或下画线开头,并且区分字母大小写。 ( )

15. 在 Python 语言中可以使用 if 作为变量名。 ( )

16. Python 语句 x,y,y=2,3,4 执行后,变量 y 的值为 4。 ( )

17. [1,2,3,4,5,'five numbers']是合法的 Python 列表(list)。 ( )

18. Python 语言中的=表示等于判断,==表示赋值。 ( )

19. Python 语言中的 input()函数实现从键盘读取一行字符。 ( )

20. 利用 Python 语言中的 print()函数输出多个输出项时,默认以逗号为分隔符。( )

21. 如果仅仅是用于控制循环次数,那么使用 for i in range(20)和 for i in range(20,40)的作用是等价的。 ( )

22. Python 语言中的 while 循环语句可以执行 0 次或多次循环体,for 循环语句至少执行一次循环体。 ( )

23. def 是 Python 语言中定义函数的关键字。 ( )

24. Python 语言绘图通常用到 NumPy 和 Matplotlib 两个第三方库。 ( )

25. 穷举法是对众多可能解,按某种顺序进行逐一枚举和检验的算法。 ( )

26. 递归算法就是一种直接或间接地调用自身的算法。 ( )

三、填空题

1. 程序设计的基本步骤是:分析问题,确定数学模型;设计________,并画出流程图;编写程序代码;调试程序并分析输出结果。

2. 计算机解决问题的方法和步骤就是计算机解题的________。

3. 算法是对问题求解过程的一种描述。一个算法必须总是在执行有穷步之后结束,且每一步都可在有限时间内完成,这种性质称为算法的________性。

4. 在各种算法的描述方式中,直观性最强的描述方式是________。

5. 结构化程序设计的三种基本结构为顺序结构、选择结构和________结构。

6. 面向对象程序设计以________作为程序的主体。

7. Python 语言采用严格的________来表明程序的格式框架以及表示代码之间的包含和

层次关系。

8. Python 解释器的提示符为________。

9. Python 语言使用符号________表示注释。

10. 在 Python 语言中，用________语句导入模块。

11. 假定 x=3，y=4，z=5，执行下列 Python 程序段后，z 的值为________。

```
x=y
y=z
z=x
```

12. Python 语句 print(5 ** 2－5 * 2)的执行结果是________。

13. Python 语句 eval('2 * 3')执行后会输出________。

14. 在 Python 语言中，执行语句 import math 后，可用________表示圆周率。

15. 在 Python 语言中，若 x=[1,3,5]，则 x[1]的值为________。

16. 在 Python 语言中，表示逻辑真和逻辑假的常量分别是________和 False。

17. 若已经执行 Python 语句 import math，则表达式 math. sqrt(3 ** 2＋4 ** 2)的值是________。

18. Python 语言的复数形式为 a＋b ________。

19. x、y 都为浮点数，则可以用 abs(x－y)＜1e－10 判断 x 和 y 是否________。

20. Python 语句 pow(－3,2)的值为________。

21. Python 表达式[3] * 4 的值为________。

22. 在 Python 语言中，设有 s1=[1,2,3]，则 s1. remove(1)执行后，s1 的值为________。

23. 在 Python 语言中，设有 s=['a','b','c','d','e']，则 s[::－1]的值为________；s[－2:－1]的值为________。

24. Python 函数 sum([i for i in range(1,9) if i & 1])的值为________。

25. 循环语句 for i in range(________，－4，－2)可使循环执行 15 次。

26. 在 Python 循环语句中，________语句的作用是提前结束本次循环。

27. 下列 Python 语句的输出结果为________。

```
for i in range(1,5):
    print(i,end='')
```

28. 执行下列 Python 语句，共执行循环________次。

```
i=-1
while i<0:
    i*=i
    print(i)
```

29. lambda()函数用于创建一个________函数。

30. 迭代是一种建立在________基础上的算法。

四、阅读程序题

1. 下列程序的运行结果是(　　)。

```
a=1
a,b=2,a
print(b)
```

2. 下列程序的运行结果是(　　)。

```
a=10
b=3
print(a//b)
```

3. 下列程序运行时分别输入 20、30,则程序的运行结果是(　　)。

```
a=input('a=?')
b=input('b=?')
a,b=b,a
print(a+b)
```

4. 下列程序的运行结果是(　　)。

```
numbers=[1,2,3,4,5,6,7,8,9,10]
squared=[x**2 for x in numbers if x%2==0]
print(squared)
```

5. 下列程序的运行结果是(　　)。

```
students=[('Alice',88),('Bob',92),('Charlie',58)]
grades={name:'Pass' if score>=60 else 'Fail' for name,score in students}
for name in grades:
    print(name,grades[name])
```

6. 下列程序的运行结果是(　　)。

```
import numpy as np
a=np.arange(11)
s=sum(a[np.where(a%2==1)])
print(s)
```

7. 下列程序运行时输入 1234,则程序的运行结果是(　　)。

```
m=int(input("m="))
if m%4==2 or m%9==5:
    print("Yes")
```

```
else:
    print("No")
```

8. 下列程序执行后，a[2]的值为(　　)。

```
a=[4,3,2,5]
if a[0]>a[1]:
    a[0],a[1]=a[1],a[0]
if a[1]>a[2]:
    a[1],a[2]=a[2],a[1]
print(a)
```

9. 下列程序运行时分别输入−1、0、4，则程序运行后 y 的值分别为(　　)。

```
from math import*
x=int(input('x='))
if x<0:
    y=pow(x,2)+abs(x)+1
elif x==0:
    y=cos(x)+pow(10,x)
else:
    y=sqrt(x)+pow(2*x,1 / 3)
```

10. 下列程序的运行结果是(　　)。

```
s,m=0,1
for i in range(2,7):
    if i%2==0:
        s=s+i
    else:
        m=m*i
print(s,',',m)
```

11. 下列程序的运行结果是(　　)。

```
i=1
while i<6:
    i=i+1
else:
    i=i*3
print(i)
```

12. 下列 while 循环执行的循环次数是(　　)。

```
i=0
while i<10:
  if i<1:
    i+=1
    continue
  if i==5:break
  i+=1
```

13. 下列程序运行时输入“3,2”,则程序运行后 s 和 c 的值分别是(　　)。

```
a,b=eval(input('a,b='))
c=s=0
for i in range(0,a):
    c=c*10+b
    s=s+c
```

14. 下列程序的功能是(　　)。

```
total=0
number=1
while number<=100:
    total=total+number
    number+=1
print("total=",total)
```

15. 下列程序运行时输入 24537,则程序运行后 c 的值为(　　)。

```
n=int(input('n='))
c=0
while n!=0:
    n=n//10
    c=c+1
```

16. 下列程序的运行结果是(　　)。

```
sum=0
for i in range(10):
    if i // 3==2:
        continue
    sum=sum+i
print(sum)
```

17. 下列程序的运行结果是(　　)。

```
def factorial(n):
    if n==0:
        return 1
    else:
        return n+factorial(n-1)
print(factorial(5))
```

18. 下列程序的运行结果是(　　)。

```
def greet(name):
    return "Hello,"+name+"!"
print(greet("Charlie"))
```

19. 下列程序的功能是(　　)。

```
import numpy as np
from matplotlib import pyplot as plt
t=np.arange(0,2*np.pi,np.pi / 1000)
x=np.sin(t)
y=np.cos(t)
plt.plot(x,y)
plt.axis('equal')
plt.show()
```

20. 下列程序的功能是(　　)。

```
import numpy as np
from matplotlib import pyplot as plt
fig=plt.figure()                              #创建图形窗口对象
ax=plt.axes(projection='3d')                  #创建三维坐标轴对象
x=np.linspace(-2,2,100)
X,Y=np.meshgrid(x,x)
Z=X*np.exp(-(X*X+Y*Y))
ax.plot_surface(X,Y,Z,cmap='rainbow')         #绘制曲面图并设置 rainbow 色图
plt.show()
```

▲习题 2 参考答案

习题3 数据表示与编码

一、选择题

1. 若某种进位计数制中使用 r 个符号 0,1,2,…,$r-1$,则称 r 为该进位计数制的(　　)。

A. 位权　　B. 基数　　C. 数码　　D. 进位

2. 十进制数 73 转换成二进制数是(　　)。

A. 1001001　　B. 1010011　　C. 0110101　　D. 1101011

3. 二进制数 1110111.11 转换成十六进制数是(　　)。

A. 77.C　　B. 77.3　　C. E7.C　　D. E7.3

4. 十进制数 1 385 转换成十六进制数是(　　)。

A. 586　　B. 569　　C. D85　　D. D55

5. 十六进制数 FF.1 转换成十进制数是(　　)。

A. 255.062 5　　B. 255.125　　C. 127.062 5　　D. 127.125

6. 十六进制数 4DE.7 转换成二进制数是(　　)。

A. 10011011110.111　　B. 10011011110.1110

C. 100011011110.1110　　D. 10011011110.0111

7. 下列叙述中,正确的是(　　)。

A. 十进制数 101 的值大于二进制数 1000001 的值

B. 所有十进制小数都能准确地转换成有限位的二进制小数

C. 十进制数 55 的值小于八进制数 66 的值

D. 二进制数的乘法规则比十进制数的复杂

8. 字长为 7 位的无符号二进制整数能表示的十进制整数的数值范围是(　　)。

A. 0～128　　B. 0～255　　C. 0～127　　D. 1～127

9. 有一个数值 152,它与十六进制数 6A 相等,那么该数值是(　　)。

A. 二进制数　　B. 八进制数　　C. 十进制数　　D. 四进制数

10. 将二进制数 101101101101.11 转换成八进制数是(　　)。

A. 5555.6　　B. 5555.4　　C. 5055.6　　D. 5105.4

11. 已知 a=00101010B 和 b=40D,下列 Python 关系式中成立的是(　　)。

A. a>b　　B. a=b　　C. a<b　　D. 不能比较

12. $(2\ 004)_{10}+(32)_{16}$的结果是(　　)。

A. $(2\ 036)_{10}$　　B. $(2\ 054)_{10}$　　C. $(4006)_8$　　D. $(2036)_{16}$

13. 执行二进制算术加运算 11001001+00100111,其运算结果是(　　)。

A. 11101111　　B. 11110000　　C. 00000001　　D. 10100010

14. 两个二进制数 10000 与 1101 进行算术减运算,即 10000−1101=(　　)。

A. 11　　B. 111　　C. 101　　D. 100

15. 二进制数 1110×1101 的运算结果是(　　)。

A. 10110110　　B. 00110110　　C. 01111110　　D. 10011010

16. 已知某进制表达式 7×12=106 成立,则该进制数 35 的十进制数为(　　)。

A. 26　　B. 29　　C. 35　　D. 53

17. 二进制数 10101010 与 01001010 进行逻辑或运算,其结果是(　　)。

A. 11110100　　B. 11101010　　C. 10001010　　D. 11100000

18. 十进制数−48 用 8 位补码表示为(　　)。

A. 10110000　　B. 11010000　　C. 11110000　　D. 11001111

19. 某数 80H 所表示的真值是−128,则该数为(　　)形式。

A. 原码　　B. 反码　　C. 补码　　D. 数码

20. 已知$[x]_{补}=10110111$,$[y]_{补}=10110110$,则$[x+y]_{补}$的结果是(　　)。

A. 溢出　　B. 01101010　　C. 01001010　　D. 11001010

21. 在机器数的三种表示形式中,符号位可以和数值位一起参加运算的是(　　)。

A. 原码　　B. 补码　　C. 反码　　D. 都可以

22. 下列数中最小的数是(　　)。

A. $[10010101]_{原}$　　B. $[10010101]_{反}$　　C. $[10010101]_{补}$　　D. $[00010101]_{原}$

23. 用机器码表示十进制数 0,编码唯一的是(　　)。

A. 原码　　B. 反码　　C. 补码　　D. 以上都是

24. 浮点数之所以能表示很大或很小的数,是因为使用了(　　)。

A. 较多的字节　　B. 较长的尾数　　C. 阶码　　D. 符号位

25. 计算机中有两类数据:数字和字符,它们最终都要转换成二进制代码进行存储和处理。对于人们习惯的十进制数字,通常用(　　)进行转换。

A. BCD 码　　B. ASCII 码　　C. 电报码　　D. 十六进制码

26. 一个字符的标准 ASCII 码用(　　)位二进制数表示。

A. 8　　B. 7　　C. 6　　D. 4

27. 一个非零无符号二进制整数后加两个零形成一个新的数,新数是原数的(　　)。

A. 4 倍　　B. 2 倍　　C. $\frac{1}{4}$　　D. $\frac{1}{2}$

28. 在标准 ASCII 编码表中,数字、小写英文字母和大写英文字母的前后次序是(　　)。

A. 数字、小写英文字母、大写英文字母　　B. 小写英文字母、大写英文字母、数字

C. 数字、大写英文字母、小写英文字母　　D. 大写英文字母、小写英文字母、数字

29. 已知英文字母 m 的 ASCII 码值为 109,那么英文字母 p 的 ASCII 码值是(　　)。

A. 112　　B. 113　　C. 111　　D. 114

30. 如果 8 的 ASCII 码值(十进制)为 56,则 4 的 ASCII 码值(十进制)为(　　)。

A. 4　　B. 8　　C. 52　　D. 60

31. 存储一个汉字的机内码需 2 个字节,其前后 2 个字节的最高位二进制值分别是(　　)。

A. 1 和 0　　B. 0 和 1　　C. 1 和 1　　D. 0 和 0

32. 1 MB 的存储空间能存储(　　)个汉字的国标码(GB/T 2312—1980)。

A. 1 000×512　　B. 1 024×500　　C. 1 024×256　　D. 1 024×512

33. 要存放10个24×24点阵的汉字字模，需要(　　)存储空间。

A. 72 B　　B. 320 B　　C. 720 B　　D. 72 KB

34. 在下列各点阵的汉字字库中，汉字字形显示得最清晰的是(　　)。

A. 16×16点阵　　B. 24×24点阵

C. 32×32点阵　　D. 48×48点阵

35. 声音信息在计算机内的表现形式是(　　)。

A. 二进制数字　　B. 调制　　C. 模拟　　D. 模拟与数字

36. 通常，图像的数字化过程分为(　　)。

A. 采样、编码、量化　　B. 编码、采样、量化

C. 量化、采样、编码　　D. 采样、量化、编码

37. 若对音频信号以10 kHz的采样频率、16位的量化位数进行数字化，则每分钟双声道数字化声音信号产生的数据量约为(　　)。

A. 1.2 MB　　B. 1.6 MB　　C. 2.4 MB　　D. 4.8 MB

38. 对声音波形采样时，采样频率越高，声音文件的数据量(　　)。

A. 越小　　B. 越大　　C. 不变　　D. 无法确定

39. 以“wav”为扩展名的文件通常是(　　)。

A. 文本文件　　B. 音频信号文件

C. 图像文件　　D. 视频信号文件

40. 图像的颜色深度越大，则(　　)。

A. 图像的尺寸越大　　B. 图像的颜色越丰富、越逼真

C. 每像素点的数据量越小　　D. 图像的分辨率越高

41. 某图像的像素大小为256×256，图像深度为8位，则该图像文件大小(　　)。

A. 刚好为65.536 KB　　B. 刚好为64 KB

C. 比64 KB略大　　D. 约为128 KB

42. 以“jpg”为扩展名的文件通常是(　　)。

A. 文件文本　　B. 音频信号文件　　C. 图像文件　　D. 视频信号文件

43. 对一个图形来说，用位图格式文件存储比用矢量格式文件存储所占用的空间(　　)。

A. 更小　　B. 更大　　C. 相同　　D. 无法确定

44. 屏幕上每个像素都用一个或多个二进制位描述其颜色信息，对于256种灰度等级的图像，每个像素用(　　)个二进制位描述其颜色信息。

A. 1　　B. 4　　C. 8　　D. 24

45. 互联网上传输图像，最常用的图像存储格式是(　　)。

A. WAV　　B. BMP　　C. MID　　D. GIF

46. 在Python语言中，已知数字0x2d，则该数以0b为前缀表示的数为(　　)。

A. 33　　B. 45　　C. 55　　D. 101101

47. 在Python语言中，对于二进制、八进制、十进制、十六进制的表示方法，下列说法中不正确的是(　　)。

A. 以0b开头表示的是二进制　　B. 以0o开头表示的是八进制

C. 以0x开头表示的是十六进制　　D. 以0i开头表示的是十进制

48. 在 Python 语言中，6&3 的值是（　　）。

A. 2　　B. 3　　C. 6　　D. 1

49. 在 Python 语言中，5|3 的值是（　　）。

A. 5　　B. 3　　C. 7　　D. 1

50. 在 Python 语言中，利用 int()函数可以将字符串转换为数值，下列关于 int()函数的使用中正确的是（　　）。

A. int("0b10000",10)　　B. int("16",10)

C. int("0o020",10)　　D. int("0x10",10)

51. 在 Python 语言中，bin(53)的结果是（　　）。

A. '0b110101'　　B. '0b110010'

C. '0b110001'　　D. '0b111010'

52. 在 Python 语言中，将变量 s 中的大写字母转换成小写字母，可以通过表达式（　　）实现。

A. chr(ord('s'))＋ord('A')－ord('a'))　　B. chr(ord(s)＋ord('a')－ord('A'))

C. chr(ord(s)＋ord('A')－ord('a'))　　D. chr(ord('s')＋ord('a')－ord('A'))

二、判断题

1. 二进制数 100110.101 转换成十进制数是 38.625。（　　）
2. 八进制数 126 对应的十进制数是 86。（　　）
3. 已知一个十六进制数为 8AE6，其二进制表示为 1000101011100110。（　　）
4. 执行二进制数算术加法运算 10101010＋00101010，其结果是 11010010。（　　）
5. 152 是某种数制的一个数，若它的值与十六进制数 6A 相等，则该数必须是十进制数。（　　）
6. 数值 $(1a)_{16}$ 或 1aH 在 Python 语言中可表示为 0x1a。（　　）
7. 在计算机中，为了表示数的符号，用 0 表示正号，1 表示负号。（　　）
8. 正数的原码、反码和补码的表示形式都相同。（　　）
9. 负数的补码是对该数的原码除符号位外各位取反后在末位加 1。（　　）
10. 定点数是指小数点隐含在某一固定位置上，而浮点数是指小数点位置可以任意浮动。（　　）
11. 最常用的 BCD 码用 4 位二进制数表示 1 位十进制数。（　　）
12. 按字符的 ASCII 码值比较，A 比 a 大。（　　）
13. 若已知 H 的 ASCII 码值为 48H，则可以推断出 J 的 ASCII 码值为 50H。（　　）
14. 在计算机内部用于存储、交换、处理的汉字编码称为机内码。（　　）
15. 汉字处理系统中的字库文件用来解决输出时转换为显示或打印字模的问题。（　　）
16. 数字化声音的质量主要取决于采样频率和样本位数，也与声音通道的个数有关。（　　）
17. 声音的采样频率越大，得到的声音的质量一定越好。（　　）
18. 计算机图像都是由一些排成行列的点（像素）组成的，通常称为位图或点阵图。（　　）

19. 对图像来说，颜色深度决定了该图像可以使用的颜色数目。（　　）

20. pydub库是一个用于处理音频的Python语言第三方库，通过简单的函数能实现丰富的音频编辑功能。（　　）

三、填空题

1. 在计算机内部，数字和符号都用________表示。

2. 八进制整数从右数第三位的位权是________。

3. $(A8)_{16}=(\_\_\_\_\_\_\_\_)_{10}$。

4. $(63.375)_{10}=(\_\_\_\_\_\_\_\_)_{2}$。

5. $(11100101)_{2}=(\_\_\_\_\_\_\_\_)_{16}$。

6. $(111111.011)_{2}=(\_\_\_\_\_\_\_\_)_{8}$。

7. 已知在某种进位计数制中，2×6=14，根据这个运算规则，7×16的结果是________。

8. 利用Python语言的内置函数________，可以把任意进制的数转换成十进制数。

9. 利用Python语言的内置函数________，可以把十进制整数转换成十六进制字符串。

10. 机器数的最高位(最左边一位)通常被定义为________位。

11. 在计算机系统中对有符号的数，通常采用原码、反码和________表示。

12. 设机器字长为8位，十进制数−7的补码是________。

13. 补码相对于原码和反码的好处之一是对0的编码是唯一的，其次是对加法和减法运算都可以用________实现。

14. 在计算机中，对既有整数部分又有小数部分的实数，使用________表示。

15. 十进制数369所对应的8421 BCD码为________。

16. 西文字符普遍采用ASCII码表示，________位二进制数表示ASCII码基本集的128个字符。

17. 已知字母A～Z的ASCII码是$(41)_{16}$～$(5A)_{16}$，则ASCII码0100 0111 0100 0101存储的是字母________。

18. Python表达式chr(ord('a')−32)的值为________。

19. 利用Python语言的内置函数________，可以把Unicode编码转换成字符。

20. 每个汉字的机内码需要用________字节来表示。

21. 存储一个32×32点阵汉字字模信息所占空间为________字节。

22. 多媒体信息的数字化要经过三步处理，即采样、量化和________。

23. 为了保证数字化后的声音能还原成原来的声音，采样频率不应低于声音信号最高频率的________。

24. 一段采样频率是44 100 Hz，采样精度为16位，5 min单声道声音的数据量是________MB。

25. 图像的分辨率一般是指在每个单位长度上包含的________的个数。

26. 一幅像素大小为1 920×1 080、颜色深度为32位的真彩色图像的数据量是________KB。

四、阅读程序题

1.若下列程序运行时输入 0o12,则程序的输出结果是(　　)。

```
s=input('s=')
n=int(s,8)
n=n+2
print(n,hex(n))
```

2.下列程序的功能是(　　)。

```
c=input("请输入一个小写字母:")
d=ord(c)-32
o=chr(d)
print("对应的字母:",o)
```

3.若下列程序运行时输入 20,则程序的输出结果是(　　)。

```
n=int(input('n='))
b=''
while n>0:
    b=str(n%2)+b
    n=n//2
print(b)
```

4.若下列程序运行时输入 abcde,则程序的输出结果是(　　)。

```
etext=""
ptext=input()
for char in ptext:
    echar=chr(ord(char)+1)
    etext+=echar
print(etext)
```

5.下列程序的功能是(　　)。

```
from pydub import AudioSegment
s=AudioSegment.from_file("a.mp3",format="mp3")
s1=s[1000:6000]
s2=s[10000:15000]
s3=s1+s2
outfile=s3.export("b.mp3",format="mp3")
outfile.close()
```

6. 下列程序的功能是(　　)。

```
from PIL import Image
p=Image.open('photo.jpg')
w,h=p.size
for x in range(0,w):
    for y in range(0,h):
        r,g,b=p.getpixel((x,y))
        if (g<50 and r<50 and b<50):
            p.putpixel((x,y),(255,0,0))
p.save('photo1.jpg')
p.show()
```

▲习题3参考答案

习题4 计算机系统

一、选择题

1. 一个完整的计算机系统应该包括(　　)。

A. 主机、键盘和显示器　　B. 硬件系统和软件系统

C. 主机和它的外部设备　　D. 系统软件和应用软件

2. 关于硬件系统和软件系统的概念,下列叙述中不正确的是(　　)。

A. 计算机硬件系统的基本功能是接收程序,并在程序控制下完成计算任务

B. 软件系统使硬件功能得以充分发挥,并为用户提供一个操作方便的环境

C. 没有装配软件系统的计算机不能做任何工作,没有实际的使用价值

D. 一台计算机只要装入系统软件,即可进行文字处理或数据处理工作

3. 计算机的硬件主要包括运算器、(　　)、存储器、输入设备、输出设备。

A. 控制器　　B. 显示器　　C. 磁盘驱动器　　D. 打印机

4. 运算器的功能是(　　)。

A. 只进行逻辑运算　　B. 可以进行算术运算或逻辑运算

C. 只进行算术运算　　D. 进行初等函数的计算

5. 控制器的功能是(　　)。

A. 指挥、协调计算机各部件工作　　B. 进行算术运算和逻辑运算

C. 存储数据和程序　　D. 控制数据的输入和输出

6. CPU 由运算器和(　　)组成。

A. 控制器　B. 存储器　C. 寄存器　D. 编辑器

7. 下列叙述中，正确的是(　　)。

A. CPU 能直接读取硬盘上的数据　B. CPU 能直接与内存储器交换数据

C. CPU 由存储器和控制器组成　D. CPU 主要用来存储程序和数据

8. 计算机的内存储器由(　　)组成。

A. RAM　B. ROM

C. RAM 和硬盘　D. RAM 和 ROM

9. 下列叙述中，错误的是(　　)。

A. 内存储器一般由 ROM 和 RAM 组成

B. RAM 中存储的数据一旦断电就全部丢失

C. U 盘的存取速度比硬盘的存取速度快

D. 存储在 ROM 中的数据可以永久保存，断电后也不会丢失

10. cache 的中文名称是(　　)。

A. 缓冲器　B. 只读存储器

C. 高速缓冲存储器　D. 可编程只读存储器

11. 在现代的 CPU 芯片中又集成了 cache，其作用是(　　)。

A. 扩大内存储器的容量

B. 解决 CPU 与 RAM 之间的速度不匹配问题

C. 解决 CPU 与打印机之间的速度不匹配问题

D. 保存当前的状态信息

12. 下列各存储器中，存取速度最快的是(　　)。

A. CD-ROM　B. 内存储器　C. U 盘　D. 硬盘

13. 在计算机中，衡量存储器空间大小的基本单位是(　　)。

A. 字节(byte)　B. 二进制位(bit)　C. 字(word)　D. 半字

14. 计算机软件由(　　)组成。

A. 系统软件和应用软件　B. 编辑软件和应用软件

C. 数据库软件和工具软件　D. 程序和相应文档

15. 在计算机系统软件中，最核心的软件是(　　)。

A. 数据库系统　B. 程序语言处理系统

C. 操作系统　D. 系统维护工具

16. 高级语言的编译程序属于(　　)。

A. 专用软件　B. 应用软件

C. 通用软件　D. 系统软件

17. 一条计算机指令包括两个部分，它们分别是(　　)。

A. 源操作数和目标操作数　B. 操作码和操作数

C. 数据和文字　D. ASCII 码和汉字机内码

18. 计算机内所有的指令构成了(　　)。

A. 计算机的指令系统　B. 计算机的控制系统

C. 计算机的操作系统　　D. 计算机的操作规范

19. WPS Office 软件属于(　　)。

A. 管理软件　　B. 网络软件　　C. 应用软件　　D. 系统软件

20. 计算机的 CPU 每执行(　　)就完成一步基本操作。

A. 一条语句　　B. 一条指令　　C. 一个程序　　D. 一套软件

21. 人们针对某一任务而为计算机编制的指令序列称为(　　)。

A. 软件　　B. 程序　　C. 命令　　D. 文件系统

22. 在微型计算机中,1 GB 的准确值等于(　　)。

A. 1 024×1 024 B　　B. 1 024 KB

C. 1 024 MB　　D. 1 000×1 000 KB

23. 下列不是度量存储器容量的单位的是(　　)。

A. KB　　B. MB　　C. GHz　　D. GB

24. 计算机存储器中,1 B 由(　　)个二进制位组成。

A. 4　　B. 8　　C. 16　　D. 32

25. 微型计算机的内存储器(　　)。

A. 按二进制位编址　　B. 按字节编址

C. 按字长编址　　D. 按十进制位编址

26. 用 GHz 来衡量计算机的性能,它指的是计算机的(　　)。

A. CPU 的主频　　B. 存储容量

C. 字长　　D. CPU 的运算速度

27. 一台微型计算机性能的好坏,主要取决于(　　)。

A. 内存储器的容量大小　　B. CPU 的性能好坏

C. 显示器的分辨率高低　　D. 硬盘的容量大小

28. 用 MIPS 来衡量计算机的性能,它指的是计算机的(　　)。

A. 传输速率　　B. 存储容量　　C. 字长　　D. 运算速度

29. 字长是 CPU 的主要性能指标之一,它表示(　　)。

A. CPU 一次能处理的二进制数据的位数

B. 最长的十进制整数的位数

C. 最大的有效数字位数

D. 有效数字位数

30. 键盘属于(　　)。

A. 输出设备　　B. 存储设备

C. 输入设备　　D. 控制设备

31. 显示器分辨率一般用(　　)表示。

A. 能显示多少个字符　　B. 能显示的信息量

C. 横向像素×纵向像素　　D. 能显示的颜色数

32. 为了提高屏幕输出图像的质量,可进行(　　)处理。

A. 提高显示器的分辨率　　B. 在显示属性中改变颜色数

C. 减少程序的运行　　D. 增加系统的内存

33. 微型计算机总线由三部分组成，它包括(　　)。

A. 数据总线、传输总线和通信总线　　B. 地址总线、逻辑总线和信号总线

C. 控制总线、地址总线和运算总线　　D. 数据总线、地址总线和控制总线

二、判断题

1. 计算机系统由 CPU、存储器、输入设备和输出设备组成。(　　)

2. 计算机区别于其他计算工具的本质特点是存储程序。(　　)

3. CPU 的中文名称是中央处理器。(　　)

4. 运算器是完成算术运算和逻辑操作的核心处理部件，通常称为 CPU。(　　)

5. 内存储器按工作方式可分为随机存取存储器、只读存储器两类。(　　)

6. 半导体动态 RAM 存储的信息是易失的，而静态 RAM 存储的信息即使切断电源也不会丢失。(　　)

7. cache 用于在 CPU 与内存储器之间进行数据交换时的缓冲，其特点是速度快，但容量小。(　　)

8. 外存储器用于存储当前不参与运行或需要长久保存的程序和数据，其特点是存储容量大、价格低，但与内存储器相比，其存取速度较慢。(　　)

9. 任何程序都必须加载到硬盘中才能被 CPU 执行。(　　)

10. 就存取速度而言，内存储器比硬盘快，硬盘比 U 盘快。(　　)

11. 内存储器是主机的一部分，可与 CPU 直接互换信息，存取时间快，但价钱较高。(　　)

12. 在计算机中，1 000 KB=1 MB。(　　)

13. 由于某种原因，计算机突然“死机”，重新启动后硬盘中的信息将全部消失。(　　)

14. 键盘是输入设备，但显示器上所显示的内容既有计算机运行的结果，也有用户从键盘输入的内容，所以显示器既是输入设备，又是输出设备。(　　)

15. 鼠标既是输入设备，又是输出设备。(　　)

16. 打印机是输入设备。(　　)

17. 微处理器的主频(时钟频率)越高，运算速度越快。(　　)

18. 字长是衡量计算机精度和运算速度的主要技术指标之一。(　　)

19. 根据传递信息的种类不同，微型计算机系统总线可分为地址总线、控制总线和数据总线。(　　)

20. MIPS 可以用作存储容量单位。(　　)

21. 使用 Python 语言编写的程序是系统软件。(　　)

22. WPS Office 是国产办公软件套装，属于应用软件。(　　)

三、填空题

1. 计算机系统由________和________两大部分组成。

2. 计算机硬件的五大基本部件包括运算器、________、存储器、输入设备、输出设备。

3. 计算机内进行算术运算与逻辑运算的功能部件是________。

4. 在微型计算机中，只能从 ROM ________信息，不能向其写入信息。

5. 存储器被划分成许多存储单元，每个存储单元都被赋予一个唯一的编号，这个编号称为存储单元的________。

6. 计算机内存储器分为 ROM 和 RAM，其中存放在________上的信息将随着断电而消失，因此在关机前，应把信息先存到外存储器上。

7. 在微型计算机中，通常采用层次结构的存储体系的层级为：寄存器、________、内存储器和外存储器。

8. 内存储器与外部设备之间的数据传送操作称为________操作。

9. 输入设备的作用是从外界将数据、程序输入到计算机________中，而输出设备的作用是将操作结果转换成外界能使用的数字、文字、图形和声音等。

10. 计算机工作时，有两种信息在执行指令的过程中流动：________和控制流。

11. 输入设备、输出设备和外存储器合称为________。

12. 根据软件的功能，软件可分为________和应用软件两大类。

13. 系统软件通常包括________、语言处理程序、数据库管理系统和支撑软件。

14. 以二进制编码表示的指令称为机器指令，它通常包括两个部分，________表示计算机执行什么操作，操作数表示参加操作的数的本身或操作数的地址。

15. 指令的执行过程包括________、分析指令和执行指令。

16. 总线包括数据总线、________总线、控制总线三种。

17. CPU 与其他部件之间交换数据是通过________总线实现的。

四、阅读程序题

1. 下列程序的功能是(　　)。

```
import psutil
m=psutil.virtual_memory()
f=m.free
print(int(f/1024/1024),"MB")
```

2. 下列程序的功能是(　　)。

```
import psutil
d=psutil.disk_usage("D:\\")
dused=int(d.used/2**30)
print(dused,"GB")
```

▲习题 4 参考答案

习题5 操作系统基础

一、选择题

1. 操作系统是一种(　　)。

A. 使计算机便于操作的硬件

B. 计算机的操作规范

C. 便于操作的计算机系统

D. 管理各类计算机系统资源,为用户提供友好界面的一组管理程序

2. 操作系统的四个基本功能是(　　)。

A. 运算器管理、控制器管理、内存储器管理和外存储器管理

B. 处理器管理、主机管理、文件管理和外部设备管理

C. 用户管理、主机管理、程序管理和设备管理

D. 处理器管理、存储管理、文件管理和设备管理

3. 按照操作系统的分类,UNIX 属于(　　)操作系统。

A. 批处理　　B. 实时　　C. 分时　　D. 多道批处理

4. 操作系统将 CPU 的时间划分成时间片,将其轮流分配给各终端用户,使终端用户单独分享 CPU 的时间片,有独占计算机的感觉,这种操作系统称为(　　)。

A. 实时操作系统　　B. 批处理操作系统

C. 分时操作系统　　D. 分布式操作系统

5. 操作系统中的文件管理系统为用户提供的功能是(　　)。

A. 按文件作者存取文件　　B. 按文件名管理文件

C. 按文件创建日期存取文件　　D. 按文件大小存取文件

6. 下列说法中,正确的是(　　)。

A. 一个进程会伴随着其程序执行的结束而消亡

B. 一段程序会伴随着其程序执行的结束而消亡

C. 任何程序在执行未结束时都不允许被强行终止

D. 任何程序在执行未结束时都可以被强行终止

7. 计算机操作系统的最基本特征是(　　)。

A. 并发和共享　　B. 共享和虚拟　　C. 虚拟和异步　　D. 异步和并发

8. 下列关于操作系统的描述中,正确的是(　　)。

A. 操作系统中只有程序,没有数据

B. 操作系统提供的人机交互接口其他软件无法使用

C. 操作系统是一种最重要的应用程序

D. 一台计算机可以安装多个操作系统

9. 下列不是虚拟化技术的优势的是(　　)。

A. 提高资源的利用率　　B. 提供相互隔离的安全、高效的执行环境

C. 方便管理和升级资源　　D. 性能低

10. 允许多个用户以交互方式使用计算机的操作系统称为(　　)。
A. 批处理操作系统　　B. 分时操作系统
C. 实时操作系统　　D. 微机操作系统
11. 进程是(　　)。
A. 与程序等效的概念　　B. 并发环境中程序的执行过程
C. 一个系统软件　　D. 存放在内存中的程序
12. 当(　　)时,进程从运行状态转变为就绪状态。
A. 进程被调度程序选中　　B. 时间片用完
C. 等待某一事件　　D. 等待的事件发生
13. 打开的文件使用完毕后,应该进行(　　)操作。
A. 备份　　B. 重命名　　C. 关闭　　D. 删除
14. 能够实现对内存和外存统一管理,为用户提供一种宏观上比实际内存容量大得多的存储技术是(　　)。
A. 覆盖技术　　B. 交换技术　　C. 物理扩充　　D. 虚拟存储技术
15. 以“txt”为扩展名的文件通常是(　　)。
A. 文本文件　　B. 音频信号文件　　C. 图像文件　　D. 视频信号文件
16. Windows 操作系统是计算机系统中的(　　)。
A. 主要硬件　　B. 系统软件　　C. 工具软件　　D. 应用软件
17. 当一个应用程序窗口被最小化后,此程序将(　　)。
A. 被终止执行　　B. 被立即关闭
C. 被暂停执行　　D. 被转入后台执行
18. 在 Windows 操作系统中,不能修改文件属性为(　　)的文件。
A. 系统　　B. 隐藏　　C. 只读　　D. 存档
19. 文件名中小数点后面的内容称为(　　)。
A. 文件扩展名　　B. 文件后缀　　C. 文件代码　　D. 文件类型
20. 选择“清空回收站”命令可以将回收站中的全部文件(　　)。
A. 恢复　　B. 移动　　C. 删除　　D. 复制
21. Windows 操作系统的“开始”菜单中包括了 Windows 操作系统的(　　)。
A. 主要功能　　B. 全部功能　　C. 部分功能　　D. 初始化功能
22. 将光标定位在窗口标题栏上并拖动鼠标,可以(　　)。
A. 改变该窗口的上边缘,从而改变窗口大小
B. 移动该窗口
C. 放大该窗口
D. 缩小该窗口
23. 在 Windows 操作系统中,通常把整个显示屏幕称为(　　)。
A. 窗口　　B. 桌面　　C. 图标　　D. 资源管理器
24. 在 Windows 操作系统中,双击操作通常是指(　　)。
A. 双击鼠标左键　　B. 双击鼠标右键
C. 同时双击鼠标左右键　　D. 按两下空格键

25. 如果要进入安全模式，应在启动 Windows 操作系统时按(　　)功能键。

A. F8　　B. DEL　　C. F5　　D. F4

26. 用户当前正在执行的窗口称为(　　)。

A. 活动窗口　　B. 前端窗口　　C. 数据输入窗口　　D. 当前窗口

27. 关闭运行 Windows 操作系统的计算机之前应先(　　)。

A. 关闭所有已打开的程序　　B. 关闭 Windows 操作系统

C. 断开服务器的连接　　D. 直接关闭电源

28. 磁盘文件调入内存后可以直接执行的文件的扩展名是(　　)。

A. exe　　B. txt　　C. docx　　D. bmp

29. 磁盘上的文件有以下几种属性：档案、只读、隐含、系统。一般情况下，用户存入磁盘的文件均属于(　　)。

A. 档案文件属性　　B. 只读文件属性

C. 系统文件属性　　D. 隐含文件属性

30. 文件系统采用多级目录结构，对于不同用户的文件，其文件名(　　)。

A. 应该相同　　B. 应该不同

C. 可以相同，也可以不同　　D. 受系统约束

31. 剪贴板是在(　　)中开辟的一个特殊存储区域。

A. 硬盘　　B. 外存　　C. 内存　　D. 窗口

32. Windows 操作系统桌面上的“我的电脑”或“此电脑”图标是(　　)。

A. 用来暂存用户删除的文件和文件夹的

B. 用来管理计算机资源的

C. 用来管理网络资源的

D. 用来使网络中的计算机和办公室中的文件保持同步的

33. 利用 Alt+(　　)组合键，可以直接在窗口之间进行切换。

A. Esc　　B. Ctrl　　C. Tab　　D. Shift

34. 文件夹中可以包含(　　)。

A. 文件　　B. 文件、文件夹

C. 文件、快捷方式　　D. 文件、文件夹、快捷方式

35. 任务栏的位置是可以改变的，通过拖动任务栏可以将它移动到(　　)。

A. 桌面横向中部　　B. 桌面纵向中部

C. 任意位置　　D. 桌面四个边缘位置

36. 搜索文件时，若用户输入 *.*，则将搜索(　　)。

A. 所有含有 * 的文件　　B. 所有扩展名中含有 * 的文件

C. 所有文件　　D. 以上全不对

37. 选定多个连续文件或文件夹的操作为：先单击第一项，然后按住(　　)键，再单击最后一项。

A. Alt　　B. Ctrl　　C. Shift　　D. Delete

38. 格式化 U 盘，即(　　)。

A. 删除 U 盘上的原有信息，建立一种系统能识别的格式

B. 可删除原有信息，也可不删除原有信息

C. 保留 U 盘上的原有信息，对剩余空间格式化

D. 删除原有部分信息，保留原有部分信息

39. “即插即用”的含义是（　　）。

A. 不需要 BIOS(基本输入输出系统)支持即可使用硬件

B. 在 Windows 操作系统中所能使用的硬件

C. 安装在计算机上的不需要配置任何驱动程序就可以使用的硬件

D. 硬件安装在计算机上后，系统会自动识别并完成驱动程序的安装和配置

40. 如果用户在一段时间内（　　），Windows 操作系统将启动屏幕保护程序。

A. 没有按键盘　　B. 没有移动鼠标

C. 既没有按键盘，也没有移动鼠标　　D. 没有使用打印机

41. 在资源管理器中要同时选定不相邻的多个文件，需要按住（　　）键并逐个单击文件。

A. Shift　　B. Ctrl　　C. Alt　　D. F8

42. 打开（　　），可以查看本机的 CPU 型号。

A. 资源管理器　　B. 任务管理器　　C. 帮助　　D. 设备管理器

43. 删除已经安装的应用程序的方法是（　　）。

A. 选定应用程序所在的文件夹，按 Delete 键删除

B. 选定应用程序所在的文件夹，按 Shift＋Delete 组合键

C. 选定应用程序所在的文件夹，用鼠标拖动到回收站

D. 使用控制面板中的卸载程序进行删除

44. 快捷方式和文件本身的关系是（　　）。

A. 没有明显的关系　　B. 快捷方式是文件的备份

C. 快捷方式其实就是文件本身　　D. 快捷方式与文件原位置建立了一个链接关系

45. 在 Windows 操作系统中，“路径”是指（　　）。

A. 程序的执行过程　　B. 用户操作步骤

C. 文件在磁盘中的文件夹位置　　D. 文件在哪个磁盘上

46. 下列有关汉字输入方法的叙述中，只有（　　）是正确的。

A. 汉字的内码与输入码有关　　B. 不能在“画图”程序中输入汉字

C. 不同字体的汉字，其内码也不同　　D. 汉字没有全角、半角之分

47. 下列选项中，正确的文件标识符是（　　）。

A. 文件名＋盘符＋路径　　B. 盘符＋文件名＋路径

C. 路径＋文件名＋盘符　　D. 盘符＋路径＋文件名

48. 按（　　）组合键可以打开任务管理器。

A. Ctrl＋Shift　　B. Ctrl＋Shift＋Esc　　C. Ctrl＋Esc　　D. Alt＋Tab

49. 下列各项中，不是操作系统的是（　　）。

A. Linux　　B. UNIX　　C. Android　　D. WPS Office

50. 微型计算机上广泛使用的 Windows 操作系统是（　　）。

A. 批处理操作系统　　B. 实时操作系统

C. 单任务操作系统　　D. 多任务操作系统

二、判断题

1. 操作系统是计算机和用户的接口。 ( )
2. 计算机启动成功后，操作系统的所有程序模块全部进入内存。 ( )
3. 实时操作系统能及时响应外部事件的请求，在规定时间内完成对该事件的处理。 ( )
4. 一个进程被唤醒意味着该进程重新占用了 CPU。 ( )
5. 当多道程序同时运行时，用户通过操作系统能够控制每一道程序的运行进度。 ( )
6. 时间片轮转算法特别适合分时操作系统使用。 ( )
7. 并发性是指若干事件在同一时间内发生。 ( )
8. 进程的异步性是指各进程向前推进的速度是不可预知的，往往是走走停停。 ( )
9. 进程是静态的，而程序是动态的。 ( )
10. 内存中进程的数量越多，越能提高系统的并发度和效率。 ( )
11. 操作系统通过文件系统提供文件的存储、检索、更新、共享和保护等功能。 ( )
12. 如果要取消所有已选择的文件和文件夹，只要在非文件名的空白区单击即可。( )
13. 在资源管理器中删除的文件或文件夹都可以通过回收站进行恢复。 ( )
14. 在窗口的工具栏中，每一个按钮都代表一条命令。 ( )
15. 在 Windows 操作系统中，用户可以对磁盘进行快速格式化，但是被格式化的磁盘必须是以前做过格式化的磁盘。 ( )
16. 格式化操作不会破坏磁盘的信息。 ( )
17. 内存容量不够时，可以通过增大硬盘容量来解决。 ( )
18. Windows 操作系统窗口的“最大化”和“最小化”按钮以及“关闭”按钮位于每个窗口的左上角。 ( )
19. 从启动 Windows 操作系统到退出 Windows 操作系统，随时可以使用剪贴板。( )
20. 在文件夹下面还可以建立子文件夹。 ( )
21. 在 Windows 操作系统中，文档窗口没有菜单栏，它与其所用的应用程序窗口合用菜单栏。 ( )
22. 一旦屏幕保护程序开始，原来在屏幕上的当前窗口就被关闭了。 ( )
23. 只有在硬盘上才能建立子文件夹和子文件夹下的子文件夹。 ( )
24. 记事本具有文档格式处理功能。 ( )
25. Windows 操作系统的桌面外观可以进行更改。 ( )
26. Windows 操作系统的文件系统采用网状目录结构。 ( )
27. 屏幕保护程序是当用户在一段时间内没有使用键盘和鼠标的情况下，用来保护显示内容的应用程序。 ( )
28. 放在回收站中的文件不占用磁盘空间。 ( )
29. 键盘上的 Ctrl 键是控制键，它必须与其他键同时使用才起作用。 ( )
30. 在 Windows 操作系统的各应用程序间复制信息是通过剪贴板来完成的。 ( )
31. 在 Windows 操作系统中有两种窗口：应用程序窗口和文档窗口，它们都有各自的菜单栏，所以可以用各自的命令进行操作。 ( )
32. 复选框的意思是可以复选，即勾选任何一项都不影响其他项的勾选。 ( )
33. 用户在使用文件时，一般是按照文件名进行存取的。 ( )

34. 在 Windows 操作系统中,利用安全模式可以解决启动时的一些问题。 ( )

35. 只有对活动窗口才能进行移动、改变大小等操作。 ( )

36. 操作系统长时间使用之后,会留下许多垃圾文件,使系统变得臃肿,运行速度降低。 ( )

37. 文档窗口最大化后将占满整个桌面。 ( )

38. 从磁盘根目录开始到文件所在目录的路径,称为相对路径。 ( )

39. 当一个文件更名后,文件的内容部分会发生改变。 ( )

40. 在文件系统中,文件路径中文件夹和文件名之间的分隔符是\。 ( )

41. 从回收站中,既可以恢复从硬盘上删除的文件或文件夹,也可以恢复从 U 盘上删除的文件或文件夹。 ( )

42. 控制面板是用来进行系统管理和系统环境设置的一个工具集。 ( )

43. 可以设置启动 Windows 操作系统后自动加载指定程序。 ( )

44. Windows 操作系统的"开始"菜单不能进行自定义。 ( )

45. 在 Windows 操作系统中,在任何地方右击对象都可弹出快捷菜单,这些快捷菜单的内容是相同的。 ( )

46. 在多级目录结构中,不允许文件同名。 ( )

47. Windows 操作系统的计算器可以用来进行十六进制数的运算。 ( )

48. 进程是执行中的程序。 ( )

49. 通过 Windows 操作系统的控制面板,可以添加新硬件,也可以卸载或安装程序。 ( )

50. Windows 操作系统提供了多种应用程序启动方式。 ( )

51. 如果需要经常运行一个应用程序,则可以在 Windows 操作系统的桌面上创建快捷图标,以便随时访问。 ( )

52. 华为鸿蒙系统是一种面向全场景的分布式操作系统。 ( )

53. 删除 Windows 操作系统桌面上的某个应用程序的快捷图标,意味着该应用程序连同其图标一起被删除了。 ( )

54. 虚拟内存实际上是硬盘上的一片存储区域。 ( )

55. 删除程序时,可以在控制面板中的"卸载或更改程序"里选择对应的程序进行卸载,最好不要直接从文件夹里删除。 ( )

三、填空题

1. ________是为了控制和管理计算机的各种资源,以充分发挥计算机系统的工作效率和方便用户使用计算机而配置的一种系统软件。

2. 操作系统具有________管理、存储管理、文件管理和设备管理等功能。

3. 在操作系统中,________是指计算机系统中两个或两个以上的事件或活动在同一时刻发生。

4. ________和共享是操作系统的两个最基本的特征,二者之间互为条件。

5. 操作系统目前有五大类型:批处理操作系统、分时操作系统、________操作系统、网络操作系统和分布式操作系统。

6. ________是按一定形式组织的一个完整的、有名称的信息集合,是计算机系统中数据组织的基本存储单位。

7. Windows 操作系统中查看和管理进程的工具是________。

8. ________是在 Windows 操作系统中预留出来的一段内存区域，用来存放 Windows 应用程序间要交换的数据，使用它可以将数据从一个应用程序复制到另一个应用程序中。

9. ________是 Windows 操作系统中的一个系统文件夹，主要用来存放用户临时删除的文档资料，存放在那里的文件可以恢复。

10. 用“记事本”所创建的文件的默认扩展名为________。

11. Windows 操作系统中的图形用户界面(GUI)使用________显示正在运行的应用程序。

12. Windows 操作系统是一种________软件，负责实现计算机各类资源的管理功能。

13. 操作系统具有存储管理功能，它可以自动“扩充”内存，为用户提供一个容量比实际内存大得多的________存储器。

14. 为了支持多任务处理，操作系统的处理器调度程序使用________技术把 CPU 分配给各个任务，使多个任务宏观上可以“同时”执行。

15. ________处理操作系统可以让多个 CPU 同时工作，提高计算机系统的效率。

16. 操作系统将 CPU 时间划分成许多小片，轮流为多个程序服务，这些小片称为________。

17. 进程的三个基本状态是就绪、________ 和阻塞。

18. 在 Windows 操作系统中，常见的三种文件系统是 FAT32、________和 exFAT。

19. 文件路径分为________路径和相对路径。

20. 在操作系统中，处理器资源的分配以________为基本单位。

21. Android 系统是一种基于 Linux 操作系统内核的________系统。

22. 在 Windows 操作系统中，? 代表________个任意字符。

23. 存储管理将逻辑地址转换为________的过程称为地址映射。

24. 在存储管理技术中，________存储管理可以扩充内存容量。

25. 从当前文件夹开始的文件路径称为________路径。

26. 操作系统支持的两种设备分配算法有________算法和优先级高者优先算法。

27. 根据设备的共享属性，可将设备分为独占设备、共享设备和________设备。

四、阅读程序题

1. 下列程序的功能是(　　)。

```
from subprocess import Popen
Popen('notepad.exe')
```

2. 下列程序的功能是(　　)。

```
import psutil
for p in psutil.process_iter():
    if p.name()=='notepad.exe':
            p.terminate()
```

3. 下列程序的功能是(　　)。

```
a=1
print("a=",a)
del a
```

4. 下列程序的功能是(　　)。

```
import os
path='D:\\mydir'
os.mkdir(path)
```

5. 若文件 a.txt 中的内容为 12345,则下列程序的运行结果是(　　)。

```
infile=open('a.txt')
data=infile.read()
print(data)
infile.close()
```

6. 运行下列程序时输入 abcde,则文件 b.txt 中的内容是(　　)。

```
outfile=open('b.txt',"w")
data=input()
outfile.write(data)
outfile.close()
```

▲习题 5 参考答案

习题 6 网络应用与网络安全

一、选择题

1. 计算机网络是计算机技术和(　　)相结合的产物。

A. 网络技术　　B. 通信技术　　C. 人工智能技术　　D. 管理技术

2. 计算机网络的目标是实现(　　)。

A. 数据处理　　B. 文献检索

C. 资源共享和信息传输　　D. 信息传输

3. 计算机网络的最大优点是(　　)。

A. 增大容量　　B. 资源共享　　C. 节省人力　　D. 网页浏览

4. 实现计算机网络需要硬件和软件，其中负责管理整个网络资源、协调各种操作的软件称为（　　）。

A. 网络应用软件　　B. 通信协议软件　　C. OSI　　D. 网络操作系统

5. 计算机网络中不可或缺的硬件设备是（　　）。

A. 通信设备　　B. 复制设备　　C. 扫描设备　　D. 打印设备

6. 在计算机网络中，英文缩写 WAN 的中文名是（　　）。

A. 局域网　　B. 无线网　　C. 广域网　　D. 城域网

7. 一个网吧将其所有的计算机连成网络，这种网络属于（　　）。

A. 广域网　　B. 城域网　　C. 局域网　　D. 吧网

8. 下列关于 OSI 参考模型的描述中，不正确的是（　　）。

A. 各厂商按该标准来生产相关设备

B. 表达为 7 层的参考模型

C. 底层是应用层，可满足用户的不同需求

D. 目的是实现开放系统互联

9. 在网络体系结构 OSI 参考模型中，顶层为（　　）。

A. 物理层　　B. 数据链路层　　C. 网络层　　D. 应用层

10. 星形拓扑结构的局域网，其中心点可能是（　　），通过它将各主机集中到一起。

A. 交换机　　B. 工作站　　C. 服务器　　D. 电源

11. 计算机网络中，若所有的计算机都连接到一个中心节点上，当一个网络节点传输数据时，首先传输到中心节点上，然后由中心节点转发到目的节点，这种连接结构称为（　　）。

A. 总线拓扑结构　　B. 环形拓扑结构　　C. 星形拓扑结构　　D. 网状拓扑结构

12. 各种网络传输介质（　　）。

A. 具有相同的传输速率和相同的传输距离

B. 具有不同的传输速率和不同的传输距离

C. 具有相同的传输速率和不同的传输距离

D. 具有不同的传输速率和相同的传输距离

13. 双绞线传输距离一般是（　　）。

A. 100 m 左右　　B. 1 000 m 左右　　C. 100～1 000 m　　D. 10 m 左右

14. 在下列网络传输介质中，抗干扰能力最好的是（　　）。

A. 光纤　　B. 同轴电缆　　C. 双绞线　　D. 电话线

15. 局域网不采用（　　）作为传输介质。

A. 光纤　　B. 双绞线　　C. 电话线　　D. 无线电波

16. 一台微型计算机要与局域网连接，本机必须安装的硬件是（　　）。

A. 集线器　　B. 网关　　C. 网卡　　D. 路由器

17. 网络协议是（　　）。

A. 网络用户使用网络资源时必须遵守的规定

B. 网络计算机之间进行通信的规则

C. 网络操作系统

D. 用于编写通信软件的程序设计语言

18. 网络协议的三要素是(　　)。

A. 语法、语义和体系结构　　B. 硬件、软件和数据

C. 语法、语义和同步　　D. 体系结构、层次和语法

19. IP 地址是(　　)。

A. 接入互联网的计算机地址编号　　B. 互联网中网络资源的地理位置

C. 互联网中的子网地址　　D. 接入互联网的局域网编号

20. C 类网 IP 地址的特征是(　　)。

A. 最高位是 0　　B. 最高两位是 10

C. 最高三位是 110　　D. 最高四位是 1110

21. 下列选项中,合法的 IP 地址是(　　)。

A. 190.220.5　　B. 206.53.3.78

C. 206.53.312.78　　D. 123,43,82,220

22. IP 地址 195.98.0.120 属于(　　)地址。

A. A 类　　B. B 类　　C. C 类　　D. D 类

23. 下列选项中,合法的 IPv6 地址是(　　)。

A. 192.168.0.1　　B. C:38:101

C. 2022::16af:ceda　　D. ff06::0:::c4

24. 下列有关 IPv6 地址的描述中,不正确的是(　　)。

A. 有 32 个十六进制位　　B. 有 128 个二进制位

C. 零压缩法的目的是缩减长度　　D. 零压缩法可以用 1 次或 2 次

25. 下列有关 IPv6 地址的描述中,正确的是(　　)。

A. 用点分十进制形式表示

B. 有 128 个二进制位

C. 用冒号分隔的四组十六进制数表示

D. AD80:ABAA:0000:00C2 是合法的 IPv6 地址

26. 下列上网方式中,采用无线网络传输技术的是(　　)。

A. ADSL　　B. Wi-Fi　　C. 拨号接入　　D. 以上都是

27. 关于移动互联网接入技术,错误的是(　　)。

A. Wi-Fi 是目前应用广泛的无线局域网标准

B. 蓝牙技术是一种无线广域网标准

C. 5G 蜂窝技术是新一代无线广域网接入技术

D. 微波也是一种无线接入方式

28. 电子邮件服务采用的通信协议是(　　)。

A. HTTP　　B. FTP　　C. SMTP　　D. DNS

29. Web 浏览器是(　　)。

A. 一种操作系统　　B. TCP/IP 中的协议

C. 浏览 Web 的客户端　　D. 远程登录的程序

30. Internet 实现了分布在世界各地的各类网络的互联,其最基础和最核心的协议是(　　)。

A. HTTP　　B. TCP/IP　　C. HTML　　D. FTP

31. TCP/IP 参考模型由(　　)层构成。

A. 3　　B. 4　　C. 5　　D. 7

32. HTTP 是(　　)。

A. 网址　　B. 域名　　C. 高级语言　　D. 超文本传送协议

33. 计算机网络的无线传输一般采用(　　)。

A. 可见光　　B. 紫外线　　C. 微波　　D. 以上都不是

34. 在互联网中,用于实现域名和 IP 地址转换的是(　　)。

A. SMTP　　B. DNS　　C. FTP　　D. TCP

35. 在 Internet 上浏览时,浏览器和 Web 服务器之间传输网页使用的协议是(　　)。

A. HTTP　　B. IP　　C. FTP　　D. TCP

36. 根据 Internet 中的域名代码规定,域名中的(　　)表示教育机构网站。

A. . net　　B. . com　　C. . edu　　D. . org

37. 下列关于域名的描述中,不正确的说法是(　　)。

A. 域名是一种字符型的主机命名机制　　B. 域名解析的目的是将 IP 地址转换为域名

C. 顶级域名在最右端　　D. 顶级域名可以是机构名

38. 网络术语中,英文缩写 ISP 指的是(　　)。

A. 电子邮局　　B. 电信局

C. 因特网服务提供方　　D. 供他人浏览的网页

39. 下列英文缩写和中文名字的对照中,错误的是(　　)。

A. URL——统一资源定位符　　B. ISP——因特网服务提供方

C. LAN——局域网　　D. HTTP——文件传输协议

40. 要想把个人计算机用电话拨号方式接入 Internet,除性能合适的计算机外,硬件上还应配置一个(　　)。

A. 连接器　　B. 调制解调器　　C. 电话　　D. 网关

41. 计算机感染病毒的可能途径之一是(　　)。

A. 从键盘输入数据　　B. 通过电源线

C. 所使用的光盘表面不清洁　　D. 随意打开不明来历的电子邮件

42. 计算机病毒是指能够侵入计算机系统并在计算机系统中潜伏、传播,破坏系统正常工作的一种具有繁殖能力的(　　)。

A. 流行性感冒病毒　　B. 特殊程序　　C. 特殊微生物　　D. 源程序

43. 计算机病毒的特点有(　　)。

A. 隐蔽性、可激发性、破坏性　　B. 隐蔽性、破坏性、易读性

C. 潜伏性、可激发性、易读性　　D. 传染性、潜伏性、隐蔽性、破坏性

44. 下列关于计算机病毒的叙述中,错误的是(　　)。

A. 计算机病毒具有潜伏性

B. 计算机病毒具有传染性

C. 感染过计算机病毒的计算机具有对该病毒的免疫性

D. 计算机病毒是一个特殊的寄生程序

45. 木马程序一般是指潜藏在用户计算机中带有恶意性质的(　　)。

A. 远程控制软件　　B. 计算机操作系统
C. 游戏软件　　D. 视频播放器

46. 下列关于木马的说法中,错误的是(　　)。
A. 木马不会主动传播　　B. 木马通常没有既定的攻击目标
C. 木马更多的目的是偷窃　　D. 木马有特定的图标

47. 下列关于木马的说法中,错误的是(　　)。
A. WPS文档也会感染木马
B. 尽量访问知名网站,能减小感染木马的概率
C. 只要不访问互联网,就能避免受到木马侵害
D. 杀毒软件对防止木马病毒泛滥具有重要作用

48. 木马与病毒的最大区别是(　　)。
A. 木马不破坏文件,而病毒会破坏文件
B. 木马无法自我复制,而病毒能够自我复制
C. 木马无法使数据丢失,而病毒会使数据丢失
D. 木马不具有潜伏性,而病毒具有潜伏性

49. 下列关于防火墙的描述中,错误的是(　　)。
A. 防火墙是内部网络和外部网络之间的监控系统
B. 防火墙用于监控进出网络的数据流和来访者
C. 防火墙能记录通过防火墙的信息内容和活动
D. 防火墙能检查内部计算机是否被已知病毒感染,并清除该病毒

50. 下列关于云计算的说法中,不正确的是(　　)。
A. 云计算是一种分布式计算
B. 云计算以软件、平台、基础设施等服务的方式提供
C. "云"是互联网上提供服务的资源
D. 云计算等价于虚拟的数据中心

51. 云计算有多种层次的服务类型,其中"软件即服务"对应(　　)。
A. 应用层　　B. 平台层　　C. 基础设施层　　D. 虚拟化层

52. 下列关于物联网的描述中,正确的是(　　)。
A. 物联网完全独立于现有互联网
B. 物联网中的"物"指客观世界中的物品,包括人、商品、地理环境等
C. 物联网是新的物流技术
D. 物联网是比互联网更安全、更可靠的网络,黑客无法入侵

53. 区块链技术中的非对称加密技术需要(　　)和私钥成对出现。
A. 公钥　　B. 密码　　C. 解密密码　　D. 加密密码

54. 区块链是一种"特殊"的分布式存储,下列不是其特性的是(　　)。
A. 没有中心节点,每个节点都是平等的(P2P)
B. 数据由系统所有参与者来集体维护
C. 节点无须同步数据
D. 每个节点都保存数据副本

二、判断题

1. 按覆盖的地理范围区分，计算机网络分为局域网、城域网和广域网。（　　）
2. OSI 的中文含义是开放系统互联参考模型。（　　）
3. 星形拓扑结构具有一个中心节点，所有其他节点都直接连接到这个中心节点。（　　）
4. 局域网的信息传送速率比广域网高，所以其传送的误码率也比广域网高。（　　）
5. 为了能在网络上正确地传送信息，人们制定了一整套关于传输顺序、格式、内容和方式的约定，称为通信协议。（　　）
6. 计算机通信协议中的 TCP 称为传输控制协议。（　　）
7. 网络中的传输介质分为有线传输介质和无线传输介质两类。（　　）
8. 局域网的传输介质一般采用双绞线或无线电波。（　　）
9. 任何连入局域网的计算机或服务器相互通信时都必须在主机上装入网卡。（　　）
10. IPv4 地址包括网络标识和主机标识两个部分。（　　）
11. MAC 地址也称为物理地址，是生产厂家嵌在网卡上的独一无二的编号。（　　）
12. 互联网中最基本的 IPv4 地址分为 A、B、C 三类，其中 C 类网络地址占 3 字节。（　　）
13. IPv6 的地址与 IPv4 不同，IPv6 采用 128 位地址长度，提供的 IP 地址的个数远超 IPv4。（　　）
14. 在域名的组织域代码中，org 代表商业机构。（　　）
15. 在域名地址 www.sina.com.cn 中，www 称为顶级域名。（　　）
16. 通过主机域名和 IP 地址都可以实现对服务器的访问。（　　）
17. 互联网上有许多不同的复杂网络和不同类型的计算机，它们之间互相通信的基础是 TCP/IP。（　　）
18. DNS 将域名解析成对应的数字型 IP 地址。（　　）
19. Web 是一种基于超文本文件的网络服务。（　　）
20. 在互联网上，每一个电子邮件用户所拥有的电子邮件地址称为 E-mail 地址，它具有如下统一格式：用户名@主机域名。（　　）
21. 电子邮件中插入的附件可以是任意类型的文件。（　　）
22. 当个人计算机以拨号方式接入互联网时，必须使用 modem。（　　）
23. 计算机病毒是一种人为制造的程序或指令集合。（　　）
24. 计算机病毒的特性有传染性、破坏性、潜伏性、隐蔽性。（　　）
25. 对待计算机病毒必须以预防为主。（　　）
26. 木马就是冒充合法程序却危害计算机安全的非法后门程序。（　　）
27. 计算机黑客的攻击都是具有破坏性的。（　　）
28. 网络防火墙能防止所有的网络攻击，保障网络安全。（　　）
29. 云计算就是一种提供资源的网络，用户以可扩展的方式获得所需的资源。（　　）
30. 物联网是一种把物品与互联网相连接，以实现智能化识别、定位、跟踪、监控和管理的网络。（　　）
31. 物联网是在互联网基础上的延伸和拓展。（　　）
32. 物联网架构的感知层主要用于完成数据采集工作，网络层通过各种通信网络设施和通

信协议来完成数据传输工作，应用层主要用于完成数据的分析、处理、存储。（　　）

33. 区块链技术利用块链式数据结构来验证和存储数据，利用分布式节点共识算法来生成和更新数据。（　　）

34. 区块链是一种去中心化的分布式共享记账技术，它要做的事情就是让参与的各方能够在技术层面建立信任关系。（　　）

三、填空题

1. 计算机网络的基本功能是________和数据通信。

2. 计算机网络按地理位置分类，可以分为________、城域网和广域网。

3. 覆盖一个国家、地区或几个洲的计算机网络称为________。

4. OSI 参考模型分为 7 层，分别是物理层、数据链路层、________、传输层、会话层、表示层和应用层。

5. TCP/IP 参考模型分为 4 层，分别是网络接口层、网络层、________和应用层。

6. 互联网上的计算机使用的是________协议。

7. 构成网络协议的三要素是语义、语法、________。

8. TCP/IP 参考模型的________对应着 OSI 参考模型的物理层和数据链路层。

9. 局域网的拓扑结构主要有总线、________、环形、树形和网状。

10. 常见的有线传输介质有同轴电缆、________、光纤等。

11. Wi-Fi 能够将计算机、手机等终端设备以________方式互相连接。

12. 无线局域网的英文缩写为________，是一种以无线电波或者红外线作为信号传输介质的技术。

13. 路由器的主要作用是连接不同的子网，它工作在 OSI 参考模型的________层。

14. IPv4 地址由________位二进制数组成。

15. IPv6 地址由________位二进制数组成。

16. 学校计算机机房中某台计算机的 IP 地址为 192.168.0.27，此地址为________类地址。

17. IP 地址 131.98.20.36 属于________类地址。

18. DNS 提供将________转换成对应 IP 地址的服务。

19. 超文本标记语言的英文缩写是________。

20. 用于将 Web 服务器的文档传送给浏览器的协议是________。

21. 互联网广泛使用的电子邮件传输协议是________。

22. 计算机病毒本质上是人为设计的、可执行的、具有破坏性的________。

23. 所谓的木马，是指那些冒充合法程序并以危害计算机安全为目的的非法后门________。

24. ________是隔离本地网络与外界网络之间的一道防御系统，在内部网和外部网之间、专用网和公共网之间构造保护屏障。

25. 广义上说，云计算是与信息技术、软件、互联网相关的一种________。

26. 物联网的英文缩写是________。

27. 区块链是一种以密码学方式保证的不可篡改和不可伪造的________账本。

四、阅读程序题

1. 下列程序的功能是（　　）。

```
import socket
hostname=socket.gethostname()
print(hostname)
```

2. 下列程序的功能是(　　)。

```
import socket
myip=socket.gethostbyname(socket.gethostname())
print(myip)
```

3. 下列程序的功能是(　　)。

```
import socket
hostip=socket.gethostbyname('www.baidu.com')
print(hostip)
```

4. 下列程序的运行结果是(　　)。

```
def check(digits):
    weights=[1,3]*6
    result=[int(digit)*weight for digit,weight in zip(digits,weights)]
    total=sum(result)
    checkN=10-total %10
    return checkN
prefix="696609011820"
print("EAN:",prefix+str(check(prefix)))
```

▲习题 6 参考答案

习题 7　数据管理与数据分析

一、选择题

1. 数据处理经历了由低级到高级的发展过程，大致可分为三个阶段，现在处于(　　)阶段。

A. 无管理　　B. 文件系统　　C. 数据库系统　　D. 人工管理

2. 下列有关对数据的解释中，错误的是(　　)。

A. 数据是信息的载体　　B. 数据是信息的表现形式

C. 数据是由 0～9 组成的符号序列　　D. 数据与信息在概念上是有区别的

3. 数据库是按一定的结构和规则组织起来的(　　)的集合。

A. 相关数据　　B. 无关数据　　C. 杂乱无章的数据　D. 排列整齐的数据

4. 下列选项中,不属于数据库特点的是(　　)。

A. 数据共享　　B. 数据完整性　　C. 数据冗余度高　　D. 数据独立性高

5. 数据库系统的应用使数据与程序之间的关系具有(　　)。

A. 数据与程序无关性　　B. 更强的依赖性

C. 程序调用数据更加方便的特性　　D. 较高的独立性

6. 数据库系统能够减少数据冗余,提高数据独立性,并集中检查(　　)。

A. 数据完整性　　B. 数据层次性　　C. 数据操作性　　D. 数据兼容性

7. 数据库系统与文件系统最主要的区别是(　　)。

A. 数据库系统复杂,而文件系统简单

B. 文件系统不能解决数据冗余和数据独立性的问题,而数据库系统可以解决

C. 文件系统只能管理程序文件,而数据库系统能够管理各种类型的文件

D. 文件系统管理的数据量较少,而数据库系统可以管理庞大的数据

8. 数据库系统的核心是(　　)。

A. 用户　　B. 数据　　C. 数据库管理系统　D. 硬件

9. 数据库(DB)、数据库系统(DBS)、数据库管理系统(DBMS)三者之间的关系是(　　)。

A. DBS 包括 DB 和 DBMS　　B. DBMS 包括 DB 和 DBS

C. DB 包括 DBS 和 DBMS　　D. DBS 就是 DB,也就是 DBMS

10. 数据库中存储的是(　　)。

A. 数据　　B. 数据模型

C. 数据之间的联系　　D. 数据以及数据之间的联系

11. 数据模型按不同的应用层次分为三种类型,它们是(　　)模型、逻辑模型和物理模型。

A. 概念　　B. 关系　　C. 用户　　D. 层次

12. 反映现实世界中的实体及实体间联系的数据模型是(　　)。

A. 关系模型　　B. 层次模型　　C. 网状模型　　D. E-R 模型

13. 数据库设计中,用 E-R 图来描述信息结构但不涉及信息在计算机中的表示,它是数据库设计的(　　)阶段。

A. 需求分析　　B. 概念设计　　C. 逻辑设计　　D. 物理设计

14. 下列关于 E-R 模型的叙述中,不正确的是(　　)。

A. 在 E-R 模型中,实体类型用矩形表示,属性用椭圆表示,联系类型用菱形表示

B. 实体类型之间的联系通常可以分为 1∶1、1∶n 和 m∶n 三类

C. E-R 模型独立于具体的数据库管理系统

D. E-R 模型只能用于关系数据库

15. 如果一个工人可管理多个设施,而一个设施只被一个工人管理,则“工人”实体集与“设施”实体集之间存在(　　)联系。

A. 多对多　　B. 网状　　C. 一对一　　D. 一对多

16. 一辆汽车由多个零部件组成,且相同的零部件可适用于不同型号的汽车,则“汽车”实体集与“零部件”实体集之间的联系是(　　)。

A. 多对多　　B. 一对多　　C. 多对一　　D. 一对一

17. 常用的逻辑模型不包括(　　)。

A. 网状模型　　B. 链状模型　　C. 层次模型　　D. 关系模型

18. 用表格来表示实体之间联系的模型称为(　　)。

A. 层次模型　　B. 关系模型　　C. 网状模型　　D. 运算模型

19. 在数据库设计中用关系模型来表示实体与实体之间的联系，关系模型的数据结构是(　　)。

A. 层次结构　　B. 网状结构　　C. 二维表结构　　D. 封装结构

20. 下列说法中，不属于数据模型所描述的内容的是(　　)。

A. 数据操作　　B. 数据结构　　C. 数据查询　　D. 数据约束

21. 将 E-R 图转换到关系模式时，实体与联系都可以表示成(　　)。

A. 属性　　B. 关系　　C. 键　　D. 域

22. (　　)是数据库的核心与基础，它存放着数据库中的全部数据信息。

A. 报表　　B. 查询　　C. 窗体　　D. 表

23. 下列对关系的描述中，(　　)是错误的。

A. 关系是元组的集合

B. 关系的每一个属性都必须是不可再分的数据项

C. 关系的属性名可以相同

D. 关系采用主键来标识元组

24. 关系中的每一行称为一个(　　)。

A. 元组　　B. 字段　　C. 属性　　D. 关键字

25. 一个关系相当于一个二维表，二维表中的各列相当于该关系的(　　)。

A. 元组　　B. 属性　　C. 数据项　　D. 表结构

26. 对关系数据库的检索操作可由三种基本关系运算组合而成，这三种基本关系运算不包括(　　)。

A. 投影　　B. 选择　　C. 连接　　D. 比较

27. 从关系中挑选出指定的属性组成新关系的运算称为(　　)。

A. 选择运算　　B. 投影运算　　C. 连接运算　　D. 交运算

28. 如果要改变一个关系中属性的排列顺序，应使用的关系运算是(　　)。

A. 选择　　B. 投影　　C. 连接　　D. 重建

29. 从两个关系的笛卡儿积中选择满足一定条件的元组组成新的表的运算称为(　　)。

A. 选择运算　　B. 投影运算　　C. 连接运算　　D. 交运算

30. 关系 R 和关系 S 做的关系运算"差"($R-S$)是指(　　)。

A. $R-S$ 包含了所有属于 R 但不属于 S 的元组

B. $R-S$ 包含了所有属于 S 但不属于 R 的元组

C. $R-S$ 包含了所有分属于 R 和 S 的元组

D. $R-S$ 包含了所有同属于 R 和 S 的元组

31. 在数据库中能够唯一标识一个元组的属性或属性组合称为(　　)。

A. 记录　　B. 字段　　C. 域　　D. 关键字

32. 在一个数据表中最多可以设置(　　)个主关键字(主键)。

A. 1　　B. 2　　C. 3　　D. 小于或等于字段数目

33. 关系模式的任何属性(　　)。

A. 不可再分　　B. 可再分

C. 命名在该关系模式中可以不唯一　　D. 类型相同

34. 在由(学号,姓名,性别,出生日期)属性组成的关系中,能够充当关键字的是(　　)。

A. 学号　　B. 姓名　　C. 性别　　D. 出生日期

35. 在关系数据库中,用(　　)来表示两个表之间的联系。

A. 关键字　　B. 外键　　C. 相关性　　D. 实体

36. 下列对关系性质的描述中,(　　)是错误的。

A. 每一个属性都必须不可分割

B. 不允许出现相同的属性名

C. 每一列的数据项必须是同一类型的数据

D. 元组的次序不能改变

37. 下列不属于关系的完整性的是(　　)。

A. 实体完整性　　B. 系统完整性

C. 参照完整性　　D. 用户自定义完整性

38. 对学生关系中的"性别"属性限定取值为"男"或"女",这是一种(　　)。

A. 实体完整性　　B. 参照完整性

C. 信息完整性　　D. 用户自定义完整性

39. SQL 是(　　)操作语言。

A. 层次数据库　　B. 网络数据库

C. 关系数据库　　D. 非数据库

40. SQL 集数据查询、数据定义、数据操纵和数据控制功能于一体,语句 INSERT、DELETE、UPDATE 实现(　　)功能。

A. 数据查询　　B. 数据定义　　C. 数据操纵　　D. 数据控制

41. SELECT 是 SQL 中的(　　)。

A. 插入语句　　B. 查询语句　　C. 删除语句　　D. 修改语句

42. SQL 中,删除表中数据的命令是(　　)。

A. DELETE　　B. DROP　　C. UPDATE　　D. INSERT

43. 利用(　　)可以向建立的 Student 表中添加一条学生信息。

A. INSERT INTO Student VALUES("1104211601","王 WQ","男","计算机科学与技术")

B. UPDATE INTO Student VALUES("1104211601","王 WQ","男","计算机科学与技术")

C. ADD Student VALUES("1104211601","王 WQ","男","计算机科学与技术")

D. UPDATE Student VALUES("1104211601","王 WQ","男","计算机科学与技术")

44. 使用 SELECT 语句查询"数据科学与大数据技术"专业所有学生的信息,正确的语句是(　　)。

A. SELECT FROM Student WHERE 专业名称="数据科学与大数据技术"

B. SELECT Student WHERE 专业名称="数据科学与大数据技术"

C. SELECT * Student WHERE 专业名称="数据科学与大数据技术"

D. SELECT * FROM Student WHERE 专业名称="数据科学与大数据技术"

45. 要计算学生成绩的中值,应该调用 NumPy 库中的(　　)函数。

A. average()　　B. mean()　　C. median()　　D. cov()

46. 要对学生成绩进行排序,可以调用 NumPy 库中的(　　)函数。

A. average()　　B. sort()　　C. sorted()　　D. cov()

47. 在 Python 语言中,要对中文文本进行分词处理时,需要导入的模块是(　　)。

A. math　　B. Numpy　　C. WordCloud　　D. jieba

48. Python 字典的 get()方法常用于词频统计,下列语句执行后 my_dict['age']的值是(　　)。

```
>>>my_dict={'name':'Kevin','age':20}
>>>my_dict['age']=my_dict.get('age',0)+10
```

A. 20　　B. 30　　C. 10　　D. 0

49. 当使用 Matplotlib 模块时,要在 2 行 2 列栅格的左下角进行绘图,正确的函数是(　　)。

A. p. add_subplot(2,2,1)　　B. p. add_subplot(2,2,2)

C. p. add_subplot(2,2,3)　　D. p. add_subplot(2,2,4)

50. 当使用 Matplotlib 模块时,若要绘制折线图,正确的函数是(　　)。

A. scatter(x,y)　　B. plot(x,y)　　C. pie(x,y)　　D. bar(x,y)

51. 大数据(　　)不仅能提高数据质量、降低数据计算的复杂度,还能降低数据规模、提升数据处理的准确性。

A. 预处理技术　　B. 分析与挖掘技术　　C. 采集技术　　D. 存储技术

52. 大数据(　　)是指通过物联传感、社交网络等方式获得各种类型海量数据的技术。

A. 预处理技术　　B. 分析技术　　C. 采集技术　　D. 存储技术

53. 在大数据的预处理阶段,主要完成对已接收数据的抽取、(　　)、集成、规约等操作。

A. 反馈　　B. 分析　　C. 清洗　　D. 存储

54. 以下(　　)不是大数据常用框架平台。

A. Hadoop　　B. Spark　　C. Storm　　D. SQL Server

二、判断题

1. 数据是信息的载体,信息是加工处理后有意义的数据。　　(　　)

2. 人工管理数据方式具有数据能共享、数据具有独立性等特点。　　(　　)

3. 用文件的方式管理数据,可以使得数据充分共享。　　(　　)

4. 数据库系统是存储、管理、处理和维护数据的软件系统,它由数据库、数据库管理系统、开发工具和应用程序等软件、数据库管理员组成。　　(　　)

5. 数据库管理系统不是数据库系统组成中必需的。　　(　　)

6. 数据模型是反映客观事物及客观事物间联系的数据组织的结构和形式。　　(　　)

7. 概念模型是按用户的观点来对数据和信息建模,主要用于数据库设计,是现实世界到信息世界的第一层抽象。　　(　　)

8. E-R 模型是一种概念模型的表示方法。　　(　　)

9. 用树形结构来表示实体及其之间联系的模型称为层次模型。 ( )

10. 用二维表格表示实体及其之间联系的模型称为关系模型。 ( )

11. 关系数据库系统采用关系模型作为数据的组织方式。 ( )

12. 关系中能够作为关键字的属性或属性组合是唯一的。 ( )

13. 在关系数据库中,用外部关键字表示两个表间的联系。 ( )

14. 在同一个关系中可以出现相同的属性名,即允许有相同的字段名。 ( )

15. 在一个关系中,元组的先后顺序影响数据的实际含义。 ( )

16. 实体完整性是指关系中的每一个实体都是可区分的。 ( )

17. 参照完整性就是在输入、删除或更新记录时,为维持表之间数据的引用必须遵循的规则。 ( )

18. 从指定的关系中找出满足给定条件的元组的操作称为投影,投影的条件以逻辑表达式给出。 ( )

19. 关系运算包括选择、投影、连接,这三种运算不能同时使用。 ( )

20. 利用 SQL 可以独立完成数据库的全部操作。 ( )

21. GaussDB 是华为公司自主研发的分布式关系型数据库。 ( )

22. 在数据科学中,数据分析的基本流程是问题描述、数据采集、数据分析与建模、数据可视化、总结及成果应用。 ( )

23. 在 Python 中,大部分常用可视化图表都可以通过第三方库 Matplotlib 进行绘制。 ( )

24. 通过回归分析,可以获得目标变量与自变量之间的因果关系。 ( )

25. 通过回归分析建立的数学模型可以对新的自变量所对应的目标变量进行预测。 ( )

26. 所有的文本分析都需要先进行分词。 ( )

27. 可以用 Python 的第三方库 WordCloud 绘制词云图来直观展现高频词。 ( )

28. 大数据的概念与海量数据差不多,都是指数据的量特别巨大。 ( )

29. Hadoop 框架能够实现对大数据的分布式存储和处理。 ( )

三、填空题

1. 数据的管理方式大致经历了人工管理、________和数据库管理三个阶段。

2. 按照数据格式进行分类,数据有结构化、非结构化和________三类。

3. ________是存储在计算机内的、有组织的、可共享的数据集合。

4. 数据库系统的核心是________。

5. 数据库中的概念模型主要用于________设计,它是现实世界到信息世界的第一层抽象。

6. 在数据库中,客观存在并可相互区别的事物称为________。

7. E-R 模型提供了用图形表示实体型、属性和联系的方法,即用矩形表示实体型,用椭圆表示属性,用________表示联系。

8. 学生社团可以接纳多名学生参加,但每名学生只能参加一个社团,从社团到学生之间的联系类型是________。

9. 数据库管理系统常见的逻辑数据模型有层次模型、网状模型和________共三种。

10. 在关系模型中,把数据看成一个二维表,每一个二维表称为一个________。

11. 在关系模型中，数据完整性包含________、参照完整性、用户自定义完整性。

12. 在一个二维表中，从第二行起的每一行称为一个________，它对应存储文件中的一个具体记录。

13. 关系的每一列是记录中的一个数据项，表示实体的一个________。

14. 在某数据库中，“学生”实体具有属性“学号”“姓名”“性别”“所属专业”，请写出该关系模式：________。

15. 如果关系中的某个属性或属性组合是另一个关系的关键字，则称这样的属性或属性组合为________。

16. 从关系模式中指定若干个属性组成新的关系称为________。

17. 从指定的关系中找出满足给定条件的元组的关系运算称为________。

18. 两个 n 元关系 R 和 S 做“并”运算后，结果是一个________元关系。

19. 设 $A=\{(a,b,c),(a,b,d)\}$，$B=\{(a,b,d),(a,b,f),(a,b,g)\}$，则 $A\cap B=$________。

20. 对关系进行选择、投影或连接运算之后，运算的结果仍然是一个________。

21. SQL 通常称为________。

22. 当需要对文本进行分词时，可以调用 jieba 库的________函数。

23. 在 Python 语言中，可以通过第三方库 WordCloud 来绘制________。

24. NoSQL 数据库是一种________数据库。

四、阅读程序题

1. 下列程序的运行结果是(　　)。

```
import numpy as np
a=np.array([159,76,84,90,76,81,75,95,86,68])
b=np.amax(a)
c=np.amin(a)
print(b,c)
```

2. 下列程序的运行结果是(　　)。

```
import numpy as np
a=np.array([5,6,4,10,1,1,15,12])
d=np.mean(a)
e=np.median(a)
print(d,e)
```

3. 下列程序的运行结果是(　　)。

```
import numpy as np
a=np.array([59,63,84,90,76,81,75,95,86,68])
f=np.sort(a)
print(f)
```

4. 下列程序的运行结果是(　　)。

```
languages=['Python','C','C++','Java','C','Python']
counts={}
for language in languages:
    counts[language]=counts.get(language,0)+1
for language in counts:
    print(language,counts[language])
```

5. 下列程序的功能是(　　)。

```
import numpy as np
import matplotlib.pyplot as plt
X=np.array([15,20,25,35,45])
Y=[99,110,173,224,245]
plt.scatter(X,Y,color='red')
plt.show()
```

6. 下列程序的功能是(　　)。

```
import numpy as np
import matplotlib.pyplot as plt
X=np.array([15,20,25,35,45])
Y=[99,110,173,224,245]
plt.plot(X,Y,color='b')
plt.show()
```

7. 下列程序的功能是(　　)。

```
import matplotlib.pyplot as plt
Y=[24,28,29,32]
labels=['First','Second','Third','Fourth']
plt.pie(Y,labels=labels)
plt.show()
```

8. 下列程序的功能是(　　)。

```
import numpy as np
from sklearn.linear_model import LinearRegression
X=np.array([15,20,25,35,45]).reshape(5,1)
Y=[99,110,173,224,245]
model=LinearRegression()
model.fit(X,Y)
newy=np.array([[30]])
newx=model.predict(newy)
print(newx)
```

9. 下列程序的功能是(　　)。

```
from wordcloud import WordCloud
f=open('a.txt','r').read()
wordcloud=WordCloud().generate(f)
wordcloud.to_file('b.png')
```

▲习题7参考答案

习题8 人工智能基础与应用

一、选择题

1. AI是(　　)的英文缩写。

A. automatic intelligence　　B. artificial intelligence

C. automatic information　　D. artificial information

2. 人工智能的目的是让机器能够(　　)。

A. 具有完全的智能　　B. 和人一样考虑问题

C. 完全代替人　　D. 模拟、延伸和扩展人的智能

3. 人工智能的概念诞生于(　　)。

A. 达特茅斯　　B. 伦敦　　C. 纽约　　D. 洛杉矶

4. 下列不属于人工智能的三大主要学派的是(　　)。

A. 符号主义　　B. 连接主义　　C. 建构主义　　D. 行为主义

5. 下列是图灵测试内容的是(　　)。

A. 当机器与人对话,两者相互询问,人分不清机器是人还是机器,说明它通过了图灵测试

B. 当机器骗过测试者,使得询问者分不清是人还是机器时,说明它通过了图灵测试

C. 当人与人对话,其中一人的智力超过另一人时,说明智者通过了图灵测试

D. 两机对话,其中一机的智力超过另一机时,说明智者机器通过了图灵测试

6. 人类智能的特性表现在(　　)。

A. 聪明、灵活、学习、运用

B. 能感知客观世界的信息,并能通过思维对获得的知识进行加工和处理,通过学习积累知识和适应环境变化,能对外界的刺激作出反应并传递信息

C. 感觉、适应、学习、创新

D. 能捕捉外界环境信息,并能利用外界的有利因素,传递外界信息,综合外界信息进行创新思维

7. 专家系统是一个复杂的智能软件,它处理的对象是用符号表示的知识,处理的过程是(　　)的过程。

A. 思考　　B. 回溯　　C. 推理　　D. 递归

8. 1997年5月12日,“深蓝”超级计算机战胜了国际象棋冠军卡斯帕罗夫,这是(　　)的里程碑。

A. 人工思维　　B. 机器思维　　C. 人工智能　　D. 机器智能

9. 自然语言理解是人工智能的重要应用领域,下列选项中,(　　)不是它要实现的目标。

A. 理解别人讲的话　　B. 对自然语言进行分析概括

C. 自动程序设计　　D. 机器翻译

10. 下列不属于计算机人工智能应用的是(　　)。

A. 语音识别　　B. 手写识别　　C. 自动翻译　　D. 自动感应门

11. 在人工智能中研究计算机如何自动获取知识,实现自我完善,这门研究分支学科称为(　　)。

A. 专家系统　　B. 机器学习　　C. 神经网络　　D. 模式识别

12. 下列说法中,正确的是(　　)。

A. 机器学习的目的在于从数据中发现有用的信息

B. 机器学习的主要任务是从数据中发现潜在的规律,从而能更好地辅助决策或实现机器自动行动

C. 机器学习只是对计算机仿真方法产生的数据进行模式的发掘

D. 机器学习就是用可视化方法展示数据中的多维度信息

13. 机器学习是指通过(　　)在机器上训练模型,并利用模型进行分析决策与行为预测的过程。

A. 数据　　B. 算法　　C. 算力　　D. 数据和算法

14. 将数据通过机器学习算法进行处理,这个过程在机器学习中称为(　　)。

A. 训练　　B. 模拟　　C. 预测　　D. 测试

15. 支持向量机是一种(　　)学习算法。

A. 无监督　　B. 监督　　C. 半监督　　D. 智能

16. 聚类算法是一种(　　)学习算法。

A. 无监督　　B. 监督　　C. 半监督　　D. 智能

17. 下列不属于人工智能应用领域的是(　　)。

A. 人工神经网络　　B. 自动控制　　C. 自然语言处理　　D. 专家系统

18. 专家系统是以(　　)为基础,以推理为核心的系统。

A. 专家　　B. 软件　　C. 知识　　D. 解决问题

19. 机器翻译属于(　　)领域的应用。

A. 自然语言处理　　B. 机器学习　　C. 专家系统　　D. 人类感官模拟

20. 智能机器人可以通过(　　)得到信息。

A. 思维能力　　B. 行为能力　　C. 感知能力　　D. 学习能力

21. 下列关于循环神经网络的描述中，正确的是(　　)。

A. 循环神经网络可以用于处理序列数据

B. 循环神经网络不能处理可变长序列数据

C. 不同于卷积神经网络，循环神经网络的参数不能共享

D. 循环神经网络隐藏层的神经元彼此没有关联

22. 下列关于卷积神经网络的说法中，正确的是(　　)。

A. 卷积神经网络只能有一个卷积核

B. 卷积神经网络可以有多个卷积核，但是必须大小相同

C. 卷积神经网络可以有多个卷积核，可以不同大小

D. 卷积神经网络不能应用在文本这种序列数据中

23. 线性回归能完成的任务是(　　)。

A. 预测离散值　　B. 预测连续值　　C. 分类　　D. 聚类

24. 在机器学习中直线方程 $y=kx+b$，其中 b 表示(　　)。

A. 系数　　B. 截距　　C. 斜率　　D. 权重

25. 移动运营商对客户的流失进行预测，使用(　　)比较合适。

A. 一元线性回归分析　　B. 关联方法

C. 聚类算法　　D. 多层前馈网络

26. (　　)不是机器学习所需的预处理工作。

A. 数值属性的标准化　　B. 变量相关性分析

C. 异常值分析　　D. 与用户讨论分析需求

27. 新闻服务平台每天收集非常多的新闻，并运用(　　)方法将这些新闻分组，组成若干类有关联的新闻。于是，搜索时同一组新闻事件往往隶属于同一主题，所以显示到一起。

A. 回归　　B. 分类　　C. 聚类　　D. 关联规则

28. 适合机器学习领域的语言是(　　)。

A. HTML　　B. Python　　C. C　　D. Java

29. 下列关于特征选择的说法中，正确的是(　　)。

A. 选择的特征越少越好

B. 选择的特征需尽可能反映不同事物之间的差异

C. 选择的特征越多越好

D. 以上说法均不对

30. (　　)是可用于标记数据的机器学习算法。

A. 聚类算法　　B. 关联规则算法　　C. 回归算法　　D. 以上都不是

31. 回归问题和分类问题的区别是(　　)。

A. 回归问题与分类问题在输入属性值上要求不同

B. 回归问题有标签，分类问题没有

C. 回归问题输出值是连续的，分类问题输出值是离散的

D. 回归问题输出值是离散的，分类问题输出值是连续的

32. 下列说法中，正确的是(　　)。

A. 分类和聚类都是有指导的学习

B. 分类和聚类都是无指导的学习

C. 分类是有指导的学习，聚类是无指导的学习

D. 分类是无指导的学习，聚类是有指导的学习

33. 下列算法中，属于无监督学习的是(　　)。

A. 决策树　　B. kNN　　C. SVM　　D. k 均值

34. 机器学习与深度学习之间的关系是(　　)。

A. 机器学习包含深度学习

B. 深度学习包含机器学习

C. 机器学习与深度学习有部分内容交叉

D. 机器学习与深度学习是两个完全不同的学科

35. 深度学习中的“深度”是指(　　)。

A. 计算机理解的深度　　B. 神经元网络的层次多

C. 计算机的求解更加精准　　D. 计算机对问题的处理更加灵活

36. 深度学习是指使用(　　)工具的机器学习算法。

A. 深度神经网络　　B. 机器算法　　C. 神经网络　　D. k 近邻算法

37. 对于一个分类任务，如果开始时神经网络的权重不是随机赋值的，而是都设成 0，则下列叙述中正确的是(　　)。

A. 神经网络不会开始训练，因为没有梯度改变

B. 神经网络会正常开始训练

C. 神经网络可以训练，但是所有的神经元最后都会变成识别同样的东西

D. 上述选项都不对

38. 下列关于神经元的描述中，错误的是(　　)。

A. 每个神经元可以有一个输入和一个输出

B. 每个神经元可以有多个输入和一个输出

C. 每个神经元可以有零个输入和多个输出

D. 每个神经元可以有多个输入和多个输出

39. 对于一个图像识别问题(如在照片中找出一只猫)，可以更好地解决这个问题的神经网络是(　　)。

A. 循环神经网络　　B. 感知机　　C. 多层感知机　　D. 卷积神经网络

40. (　　)不是机器学习可解决的最典型任务。

A. 分类　　B. 回归　　C. 排列　　D. 聚类

41. 训练数据为有标签的样本数据，这种学习称为(　　)。

A. 监督学习　　B. 无监督学习　　C. 半监督学习　　D. 强化学习

42. 训练人工神经网络时，常用(　　)计算网络损失函数对各网络参数(权值)的偏导数。

A. 十字相乘法　　B. 最小二乘法

C. BP 算法(误差逆传播)　　　　　　D. 梯度下降法

43. 不属于 BP 神经网络结构的是(　　)。

A. 输入层　　B. 应用层　　C. 输出层　　D. 隐藏层

44. 为了模拟人类的感性思维(如视觉理解、直觉判断、悟性洞察等),一个重要的信息处理的机制是(　　)。

A. 专家系统　　B. 人工神经网络　　C. 模式识别　　D. 智能代理

45. 当消费者购买了与机器学习相关的书籍后,购物平台可能会优先推荐该消费者购买的书籍是(　　)。

A.《人工智能》　　B.《三国演义》　　C.《英汉词典》　　D.《论语》

二、判断题

1. 人工智能是能够和人一样进行感知、认知、决策、执行的人工程序或系统。(　　)

2. 人工智能的研究内容包括认知建模、知识表示、智能感知、推理、行为等。(　　)

3. 图像识别就是让计算机有和人类一样的对图像理解的能力。(　　)

4. 符号主义是目前人工智能中的主流学派,也是人工智能唯一可行的实现途径。(　　)

5. 2016 年,AlphaGo 战胜了世界围棋冠军,这被看作符号主义的又一标志性事件。(　　)

6. 连接主义学派最具代表性的成果包括 MP 神经元模型、感知机模型、BP 神经网络、深度神经网络等。(　　)

7. 关于人工智能的连接主义学派提倡用人工神经网络来模拟实现人脑功能。(　　)

8. 智能感知就是使计算机具有类似于人类使用其感觉与周围世界联系的方式解释数据的能力。(　　)

9. 机器学习就是通过算法,使机器能从大量历史数据中学习规律,从而对新的样本进行智能识别或对未来进行预测。(　　)

10. 机器学习通常可以解决三种典型问题:分类、回归、聚类。(　　)

11. 机器学习是研究学习算法的一门学科,它用计算机模拟和实现人类的学习行为。(　　)

12. 监督学习是从标记的训练数据来推断一个功能的机器学习任务。(　　)

13. 监督学习需要大量有标签的数据集来对模型进行训练。(　　)

14. 根据类别未知(没有被标记)的训练样本解决模式识别中的各种问题,称为无监督学习。(　　)

15. 决策树是机器学习的一种重要算法。(　　)

16. k-means 算法是一种监督学习算法。(　　)

17. kNN 算法是一种无监督学习算法。(　　)

18. 支持向量机通过将数据映射到高维空间,以解决原始样本线性不可分问题。(　　)

19. 聚类算法属于无监督学习。(　　)

20. k-means 算法和支持向量机算法都属于无监督学习。(　　)

21. 利用聚类方法可以自动对微信好友进行分组。(　　)

22. 根据肿瘤的体积、患者的年龄来判断肿瘤是良性或恶性，这是一个回归问题。（ ）

23. 深度学习是指使用深度神经网络模型的机器学习算法。（ ）

24. 深度学习是机器学习的一种特殊类型。（ ）

25. CNN 是指前馈深度神经网络。（ ）

26. DNN 是指卷积神经网络。（ ）

27. 循环神经网络用来处理文本、视频、音频等序列数据。（ ）

28. 深度学习通过深度神经网络的多层处理，将初始的底层特征表示转化为高层特征表示。（ ）

29. 卷积神经网络中的卷积层和池化层可以自动提取样本的特征。（ ）

30. 卷积神经网络相比普通神经网络简化了模型复杂度。（ ）

31. 增加卷积核的尺寸，一定能提高卷积神经网络的性能。（ ）

32. 已知一个特征图的输入矩阵为 8×8，对该矩阵进行最小池化，池化大小为 2×2，步长为 2，则池化后的矩阵为一个 4×4 矩阵。（ ）

三、填空题

1. 人工智能的英文缩写为________。

2. 1950 年，图灵提出了著名的________，推动了人工智能的发展。

3. 人工智能三大主要学派是符号主义、连接主义和________。

4. 符号主义认为人工智能源于________，是应用逻辑推理法则模拟人类的智能活动。

5. 在人工智能中有一个研究领域，主要研究计算机如何自动获取知识和技能，实现自我完善，这门研究分支学科称为________。

6. 机器学习的主要任务是分类、回归和________。

7. 机器学习模型分为________学习、无监督学习和半监督学习三类。

8. ________是一种二分类模型，它将训练数据集中的样本映射为空间中的点。

9. 决策树算法通过训练有标签数据构建决策树，决策树是________结构。

10. 聚类是一种________学习。

11. k 均值聚类算法是一种________学习算法。

12. 深度学习是指使用________模型的机器学习算法。

13. 人工神经网络的结构由输入层、________和输出层组成。

14. 人工神经网络的基本结构有两种不同类型，一种是前馈型人工神经网络，另一种是________型人工神经网络。

15. CNN 的卷积和池化大大简化了模型复杂度，减少了模型的________。

16. 卷积神经网络与普通神经网络的区别在于，卷积神经网络包含了一个由卷积层和________层构成的特征抽取器。

17. 人工神经网络最重要的用途是分类，分类器的输入和输出都是________。

18. 深度学习采用“端到端”的全自动模式，学习过程中无须人为干预，能够________从训练数据中提取到有利于解决问题的特征。

19. 人工神经元的数学模型主要由三部分组成，即加权、求和与________函数。

20. 人工神经网络的计算模型通常都需要经过反复________才可以真正生成。

21. 大语言模型使用了一个巨大的神经网络，称为________，其主要特点是采用了________机制。

四、阅读程序题

1. 下列程序的功能是(　　)。

```
from sklearn.neighbors import KNeighborsClassifier
import matplotlib.pyplot as plt
import numpy as np
#训练数据集 X 和对应的标签 y
X=np.array([[2,4],[4,3],[10,6],[12,9],[3,11],[20,7],[22,5],[21,10],[11,2],[24,1]])
y=np.array([0,1,2,1,2,1,1,0,3,0])
unlabeledX=np.array([[18,8]])                    #无标签数据的特征
knn=KNeighborsClassifier(n_neighbors=3)          #初始化 kNN 分类器(k=3)
knn.fit(X,y)                                     #使用训练数据拟合模型
ypred=knn.predict(unlabeledX)                    #使用训练好的模型对无标签数据进行预测
print("无标签数据的预测标签:",ypred[0])           #输出预测结果
plt.scatter(X[:,0],X[:,1],c=y)                   #绘制散点图
plt.scatter(unlabeledX[0,0],unlabeledX[0,1],marker='x')
plt.show()
```

2. 下列程序的功能是(　　)。

```
from sklearn.svm import SVC
import matplotlib.pyplot as plt
import numpy as np
#训练数据集 X 和对应的标签 y
X=np.array([[2,4],[4,3],[10,6],[12,9],[3,11],[20,7],[22,5],[21,10],[11,2],[24,1]])
y=np.array([0,1,2,1,2,1,1,0,3,0])
Xtest=np.array([[18,8]])                                    #无标签数据的特征
#初始化 SVM 分类器，这里使用线性核函数，也可以尝试其他核函数，如'rbf'和'poly'等
svm=SVC(kernel='linear')
svm.fit(X,y)                                                #使用训练数据拟合模型
ypred=svm.predict(Xtest)                                    #对测试数据进行预测
print("(",Xtest[0,0],Xtest[0,1],")的预测标签是",ypred[0])    #输出预测结果
plt.scatter(X[:,0],X[:,1],c=y)                              #绘制散点图
plt.scatter(Xtest[0,0],Xtest[0,1],marker='x')
plt.show()
```

3. 下列程序的运行结果是(　　)。

```
import numpy as np
def conv2d(inMatrix,kernelMatrix,stride=1):
    #获取输入矩阵和卷积核的尺寸
    ih,iw=inMatrix.shape
    kh,kw=kernelMatrix.shape
    #计算输出矩阵的尺寸
    oh=(ih-kh) // stride+1
    ow=(iw-kw) // stride+1
    #初始化输出矩阵
    outMatrix=np.zeros((oh,ow))
    #进行卷积运算
    for i in range(0,oh):
        for j in range(0,ow):
            #获取当前位置的输入子矩阵
            inSubmatrix=inMatrix[i*stride:i*stride+kh,j*stride:j*stride+kw]
            #计算卷积结果(点积)
            outMatrix[i,j]=(inSubmatrix*kernelMatrix).sum()
    return outMatrix
inMatrix=np.array(range(1,17)).reshape(4,4)
kernelMatrix=np.array([[1,0],[0,1]])
result=conv2d(inMatrix,kernelMatrix)  #执行卷积运算
print(result)
```

4. 下列程序的运行结果是(　　)。

```
import numpy as np
def averagePooling(inMatrix,poolSize,stride=1):
    #获取输入矩阵的尺寸
    ih,iw=inMatrix.shape
    ph,pw=poolSize
    #计算输出矩阵的尺寸
    oh=(ih-ph) // stride+1
    ow=(iw-pw) // stride+1
    #初始化输出矩阵
    outMatrix=np.zeros((oh,ow))
    #进行平均池化运算
    for i in range(0,oh):
        for j in range(0,ow):
            #获取当前位置的输入子矩阵
            start_i=i*stride
```

```
            end_i=start_i+ph
            start_j=j*stride
            end_j=start_j+pw
            inSubmatrix=inMatrix[start_i:end_i,start_j:end_j]
            outMatrix[i,j]=np.mean(inSubmatrix)          #计算子矩阵的平均值
    return outMatrix
inMatrix=np.array([[1,1,2,4],[5,6,7,8],[3,2,1,0],[1,2,3,4]])
poolSize=(2,2)                                           #2×2 的池化窗口
result=averagePooling(inMatrix,poolSize,2)               #执行平均池化运算
print(result)
```

▲习题 8 参考答案

第3部分 学习指南

学习指南部分是课程学习的补充与拓展，旨在给读者提供更丰富的学习内容，满足读者进一步学习的需要。本部分第1章介绍操作系统应用，主要从实用角度出发，介绍Windows 10的各种应用和操作。第2章介绍办公软件应用，主要介绍WPS Office的应用。由于办公软件仍是部分高校的教学内容，因此第2章内容既可以供教师课堂讲授，也可以让学生自学，章末的6个操作练习可以作为配套的实验内容。第3章是数据库应用，介绍Access 2016的操作，以二维码形式呈现。第4章是Python程序设计进阶，是主教材第2章中“基于Python语言的程序实现”的延伸，供感兴趣的读者阅读参考。

第1章 操作系统应用

从实用角度出发，本章介绍Windows 10操作系统的高级应用和操作技巧，旨在通过本章的学习，使读者掌握Windows操作系统基本知识和技术，提高分析和解决问题的能力。

学习目标

◇ 掌握系统管理的操作。
◇ 掌握设备管理的操作。
◇ 理解注册表的概念并掌握其操作。
◇ 掌握系统备份与还原的操作。
◇ 掌握常用MS DOS命令的使用方法。

1.1 Windows系统管理

在Windows 10操作系统中，可以对系统进行管理，如系统的个性化设置、日期和时间设置、输入法设置、分区管理等。

1.1.1 个性化设置

Windows 10 操作系统的个性化设置包括桌面背景、颜色、锁屏界面、“开始”菜单等的设置，用户可以根据自己的喜好设置不同的风格。

设置方法是：在系统桌面空白区域右击，在弹出的快捷菜单中选择“个性化”命令，打开“设置”窗口，单击相应的按钮即可进行个性化设置。

(1)“背景”选项。在“背景”设置窗口中，用户可以将背景更改为图片、纯色或者幻灯片放映。

(2) “颜色”选项。在“颜色”设置窗口中，用户可以选择不同的 Windows 颜色，也可以单击“自定义颜色”按钮，在打开的对话框中自定义需要的主题颜色。

(3)“锁屏界面”选项。在“锁屏界面”设置窗口中，用户可以设置锁屏背景、屏幕超时和屏幕保护程序。

(4)“主题”选项。在“主题”设置窗口中，用户可以进行背景、颜色、声音等主题设置。

(5)“开始”选项。在“开始”设置窗口中，用户可以设置“开始”菜单中显示的应用软件图标等。

(6)“任务栏”选项。在“任务栏”设置窗口中，用户可以设置任务栏在屏幕上的显示位置和显示内容等。

1.1.2 日期和时间设置

若系统的日期和时间不是当前的日期和时间，可将其设置为当前的日期和时间，还可对日期的格式进行设置。

单击“开始”菜单中的“设置”按钮，打开“设置”窗口，如图 3-1-1 所示。单击“时间和语言”按钮，打开“时间和语言”设置窗口，在该窗口中可以对日期和时间、区域和语言等进行设置。

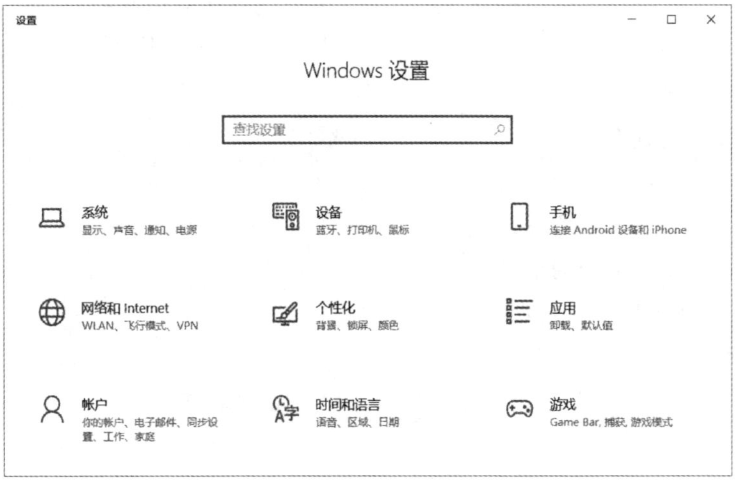

图 3-1-1 “设置”窗口

1.1.3　输入法设置

在计算机中输入汉字时，需要使用汉字输入法，常用的汉字输入法有拼音输入法、五笔输入法等。

设置输入法的方法如下。

(1)单击“开始”菜单中的“设置”按钮，打开“设置”窗口。

(2)选择“时间和语言”→“语言”命令，在右侧的“语言”窗口中单击“首选语言”→“中文(简体，中国)”按钮，再单击“选项”按钮，打开“语言选项：中文(简体，中国)”窗口，在“键盘”栏中添加或删除输入法即可。

设置好输入法后，可以按 Win+空格组合键或者 Ctrl+Shift 组合键切换输入法。

1.1.4　分区管理

用户可以对磁盘进行分区管理，即在程序向导的帮助下进行创建简单卷、删除简单卷、扩展磁盘分区、压缩磁盘分区等操作。

1. 创建简单卷

在磁盘管理窗口中新增一个磁盘，操作方法如下。

(1)在“此电脑”窗口中，单击“计算机”→“系统”组中的“管理”按钮，打开“计算机管理”窗口，选择“存储”→“磁盘管理”命令。

(2)在动态磁盘上创建压缩卷，单击压缩后的可用空间(显示“未分配”)，选择“操作”→“所有任务”→“新建简单卷”命令，或在要创建简单卷的动态磁盘的可分配空间上右击，在弹出的快捷菜单中选择“新建简单卷”命令，打开“新建简单卷向导”对话框，单击“下一页”按钮，在该对话框中指定卷的大小，继续单击“下一页”按钮。

(3)分配驱动器号和路径后，单击“下一页”按钮。

(4)设置需要的参数，格式化新建分区后，单击“下一页”按钮。

(5)显示设定的参数，单击“完成”按钮，即完成创建简单卷的操作。

2. 删除简单卷

在需要删除的简单卷上右击，在弹出的快捷菜单中选择“删除卷”命令，或者选择“操作”→“所有任务”→“删除卷”命令，在打开的提示对话框中单击“是”按钮，完成删除简单卷的操作。删除后原区域显示为可用空间。

3. 扩展磁盘分区

在需要扩展的卷上右击，在弹出的快捷菜单中选择“扩展卷”命令，或者选择“操作”→“所有任务”→“扩展卷”命令，打开“扩展卷向导”对话框，单击“下一步”按钮，指定磁盘的“空间量”参数，单击“下一步”按钮，再单击“完成”按钮，退出扩展卷向导。

4. 压缩磁盘分区

在需要压缩的卷上右击，在弹出的快捷菜单中选择“压缩卷”命令，或者选择“操作”→“所有任务”→“压缩卷”命令，打开“压缩”对话框，在该对话框中指定“输入压缩空间量(MB)(E)”参数，单击“压缩”按钮完成压缩。压缩后的磁盘分区将变成可用空间。

1.2 Windows 设备管理

在 Windows 10 操作系统中，使用设备管理器可以查看和更改设备属性、设置设备、更新设备驱动程序、卸载设备和重新安装设备等。

1.2.1 设备的查看

设备的查看也就是查看计算机中所安装的硬件设备的详细信息，如硬盘配置的详细信息，包括其状态、正在使用的驱动程序以及其他信息。了解这些信息，有助于安装和更新硬件设备的驱动程序、修改设备的硬件设置以及解决硬件故障。

设备的查看可以通过系统提供的设备管理器来完成，设备管理器提供计算机上安装的所有硬件的详细信息，所有设备都通过相应的设备驱动程序与 Windows 通信。

1. 设备管理器

右击“开始”按钮，在弹出的快捷菜单中选择“设备管理器”命令，打开“设备管理器”窗口，如图 3-1-2 所示。该窗口显示了本地计算机上安装的所有硬件设备，如处理器、磁盘驱动器、存储控制器、监视器、键盘、网络适配器等。

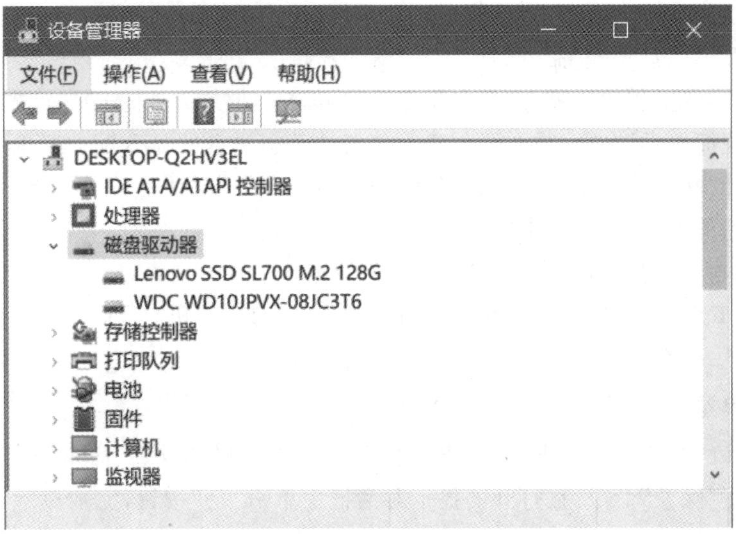

图 3-1-2 “设备管理器”窗口

在默认情况下，设备管理器会按照类型将设备分组。单击每一种类型图标前面的 › 按钮就可以展开该类型的设备，并查看属于该类型的具体设备。双击某一设备名就可以打开这个设备的属性对话框。在具体设备名上右击，则可以在弹出的快捷菜单中直接执行相关的命令。

2. 设备管理器中的问题符号

在设备管理器中，有时会出现下列问题符号。

(1)红色的叉号：表示设备已被停用。

(2)黄色的问号或感叹号：某个设备前若显示了黄色的问号，则表示该设备未能被操作系统所识别；若显示了黄色的感叹号，则表示该设备未安装驱动程序或驱动程序安装不正确。

(3)蓝色的感叹号：表示设备没有选择“自动设置”(一般很少出现)。若要选择“自动设置”，只要右击相应的设备，通过快捷菜单打开“属性”对话框，选择“资源”选项卡，检查是否已勾选“使用自动设置”复选框，如果未勾选，手动选择即可。

(4)绿色的问号：表示设备的某些功能不可用。这种情况一般出现在带有USB接口的U盘或移动硬盘设备上。

1.2.2 设备的设置

在Windows 10操作系统中，不少设备需要用户手动添加才能正常使用，手动添加设备的方法是：单击“开始”菜单中的“设置”按钮，打开“设置”窗口，然后执行下面相应的操作。

1. 蓝牙和其他设备的设置

在“设置”窗口中单击“设备”选项，打开“设备”设置窗口，如图3-1-3所示。单击右侧的“添加蓝牙或其他设备”按钮，打开“添加设备”对话框，在其中可以添加新设备。单击“鼠标、键盘和笔”下方的按钮，再单击其中的“删除设备”按钮可以删除鼠标等设备。在“相关设置”栏中可以对设备和打印机、声音、显示器等进行设置。

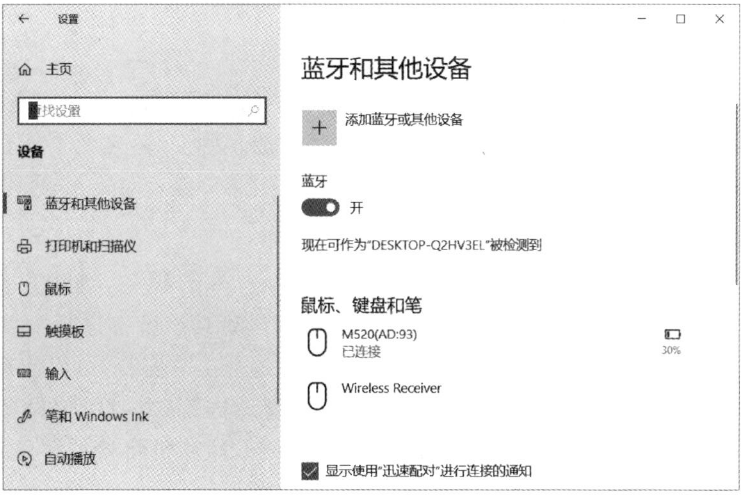

图3-1-3 “设备”设置窗口

2. 打印机和扫描仪设置

打开“设备”设置窗口，在左侧“设备”栏中选择“打印机和扫描仪”命令，此时在右侧显示“打印机和扫描仪”界面，可以看到已安装的打印机和扫描仪列表。

选择“打印机和扫描仪”中的某一个打印机，单击“管理”按钮，打开该打印机的设备管理窗口，选择“打印机属性”命令，可以进行打印机属性设置。

在“打印机和扫描仪”界面中单击“添加打印机和扫描仪”按钮可进行添加新打印机设置。单击“相关设置”栏中的“打印服务器属性”链接，打开“打印服务器 属性”对话框，在该对话框中可以对纸张规格、端口、驱动程序、安全等进行设置。

3. 鼠标设置

在“设备”设置窗口中选择“鼠标”命令，右侧出现“鼠标”界面，在此可以进行鼠标的相关设置，如设置主按钮、光标速度、滚动鼠标滚轮即可滚动的行数等参数。单击“相关设置”栏中的“其他鼠标选项”链接，打开“鼠标 属性”对话框，可以对鼠标键配置、双击速度、指针样式、指针移动速度、滚轮等进行调整。

将鼠标的左键设为主按钮，通过它可以完成选中并单击对象、指定文档中鼠标指针的位置、拖动对象以及实现其他许多有用的操作；通过鼠标右键，可以显示随右击位置不同而相应变化的快捷菜单，该菜单包括右击时所在区域的通用菜单命令，通过它可以快速完成相关操作。

4. 键盘设置

在“设备”设置窗口中选择“输入”命令，右侧出现“输入”界面，在此可以进行键盘输入的相关设置，如硬件键盘、多语言文本建议等的设置。单击“更多键盘设置”栏中的“高级键盘设置”链接，打开“高级键盘设置”窗口，在此可以进行“替代默认输入法”“切换输入法”“表情符号面板”等参数设置。单击“切换输入法”栏中的“语言栏选项”或“输入语言热键”链接，打开“文本服务和输入语言”对话框，在其中可以进行语言栏和高级键设置。

1.2.3 安装设备及其驱动程序

设备的驱动程序是一种可以使计算机和设备通信的特殊程序，相当于设备的接口，操作系统通过该接口控制设备的工作，若某设备的驱动程序未能正确安装，它便不能正常工作。常见的设备驱动程序的安装方法有以下两类。

1. 安装即插即用设备的驱动程序

Windows 10 操作系统支持即插即用(plug and play，pnp)设备，当用户插入新硬件后，Windows 10 操作系统将搜索适当的设备驱动程序包，自动对该设备进行配置并安装驱动程序，且不影响其他设备的运行。如果需要查看系统设备是否正常安装，可以使用以下方法。

右击“开始”按钮，在弹出的快捷菜单中选择“设备管理器”命令，打开“设备管理器”窗口。选中某个设备后，选择“操作”→“扫描检测硬件改动”命令，计算机将检测系统连接的设备，配置并自动安装设备驱动程序。

如果出现一些带黄色感叹号的设备，表示该设备未安装驱动程序或未正确安装驱动程序。此时右击这些设备，选择快捷菜单中的“更新驱动程序”命令即可安装驱动程序。

2. 安装非即插即用设备的驱动程序

对于非即插即用的设备，Windows 10 操作系统不能自动识别，这时可以通过下列方法安装设备的驱动程序。

(1)利用设备附带的驱动程序，手动从磁盘进行安装。

(2)在“设备管理器”窗口中选择“操作”→“添加硬件”命令，打开“添加硬件”向导对话框。单击“下一页”按钮，打开“这个向导可以帮助你安装其他硬件”对话框，选中“搜索并自动安装硬件(推荐)”单选按钮。按向导提示执行操作，完成安装。

1.2.4 设备的禁用、启用或卸载

从节省系统资源和提高启动速度的角度来考虑，对不经常使用的设备可暂时禁用，对不再使用的设备或异常设备应卸载。操作步骤是：在“设备管理器”窗口中，右击要禁用或卸载的设备，在弹出的快捷菜单中选择“禁用设备”或“卸载设备”命令即可，如图 3-1-4 所示。禁用的设备在需要时可以重新启用，如图 3-1-5 所示。

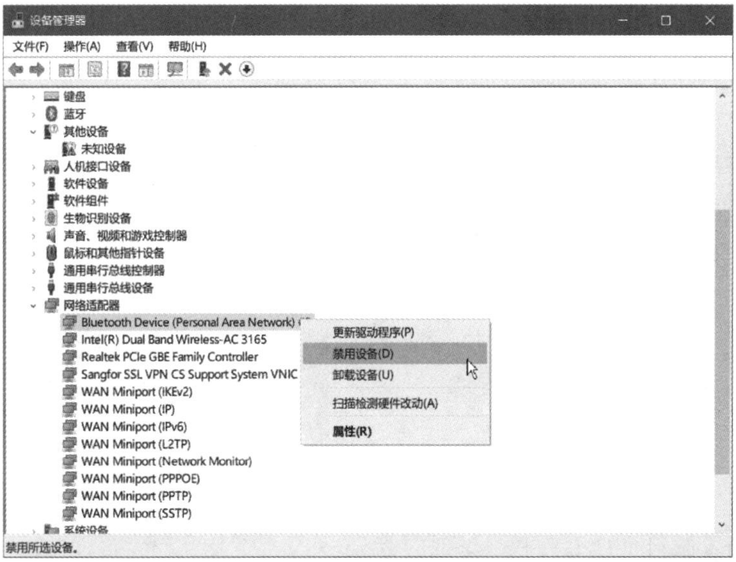

图 3-1-4 禁用或卸载设备

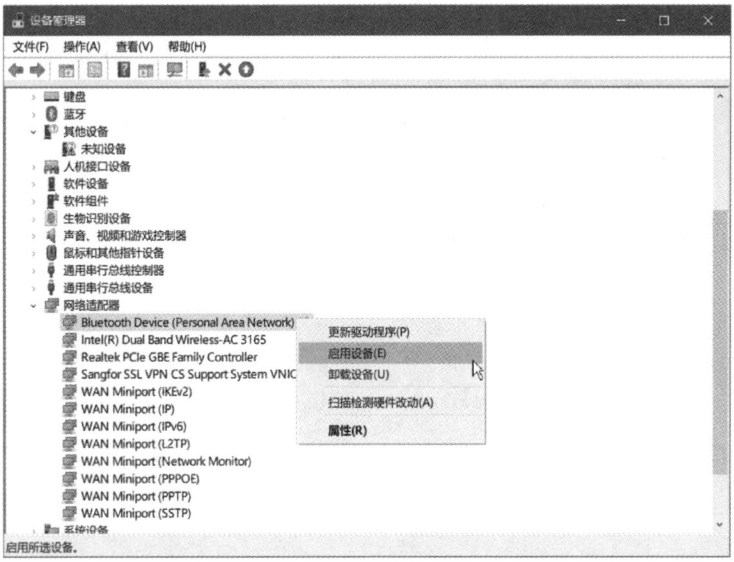

图 3-1-5 启用设备

在“设备管理器”中，还可以对设备进行“更新驱动程序”和“扫描检测硬件改动”等操作。

1.2.5 系统设置

安装 Windows 操作系统时，系统会自动检测计算机中的硬件设备和已安装的各种软件，然后将系统设置调整到最佳的使用状态。当然，用户也可以根据实际情况对系统进行重新设置和修改。

1. 系统配置信息

右击"开始"按钮，在弹出的快捷菜单中选择"系统"命令，打开"系统"设置窗口，在左侧"系统"栏中选择"关于"命令，窗口右侧出现"关于"界面，可以查看有关计算机的基本信息，如图 3-1-6 所示。

图 3-1-6 "关于"界面

(1)设备规格：包括设备名称、处理器型号、内存、设备 ID、产品 ID、系统类型等信息。单击"重命名这台电脑"按钮，打开"重命名你的电脑"对话框，在此可以将计算机命名为所要求的名称。

(2)Windows 规格：包括本计算机的 Windows 版本、版本号、安装日期、操作系统内部版本等信息。单击"更改产品密钥或升级 Windows"链接，打开"激活"界面，在此可以激活或升级 Windows。

(3)相关设置：单击"高级系统设置"链接，打开"系统属性"对话框，并自动选中"高级"选项卡。

①"性能"选项组：可以设置视觉效果、处理器计划、内存使用和虚拟内存。

②"用户配置文件"选项组：可以创建用户配置文件。用户配置文件存储桌面设置和其他与用户账户有关的信息。

③"启动和故障恢复"选项组：可以设置启动计算机时将使用的操作系统以及系统意外终

止时将执行的操作。

2. 屏幕设置

在 Windows 10 操作系统中，可以对屏幕、声音、电源等进行设置。

右击“开始”按钮，在弹出的快捷菜单中选择“系统”命令，打开“系统”设置窗口，在左侧“系统”栏中选择“屏幕”命令，窗口右侧显示“屏幕”界面，在此可以进行亮度和颜色、缩放与布局、多显示器等设置。

在“缩放与布局”栏中，可以更改文本、应用等项目的大小（如显示比例为 125%），调整显示器分辨率，选择显示方向等。

3. 声音设置

在“系统”设置窗口的左侧“系统”栏中选择“声音”命令，窗口右侧显示“声音”界面，在此可以进行声音的输出、输入和高级声音选项等设置。

在“输出”或“输入”栏中单击“设备属性”链接，打开“设备属性”界面，在此可以设置声音输出设备（如扬声器）或输入设备（如麦克风）的空间音效、均衡或音量。在“声音”界面单击“管理声音设备”链接，打开“管理声音设备”窗口，在此可以测试、启用和禁用所选择的设备。

选择“高级声音选项”栏中的“应用音量和设备首选项”链接，打开“应用音量和设备首选项”窗口，在此可以调整主音量和应用音量。

4. 电源设置

在“系统”设置窗口的左侧“系统”栏中选择“电源和睡眠”命令，窗口右侧显示“电源和睡眠”界面，在此可以进行屏幕关闭或睡眠时间参数设置。

1.3 Windows 注册表

Windows 操作系统的注册表实际上是一个庞大的数据库，它包含了应用程序和计算机系统的配置及其初始化信息，应用程序和文档的关联关系，硬件设备的说明、状态和属性等。

注册表中存放着各种参数，直接控制着系统的启动、硬件驱动程序的装载以及一些系统应用程序的运行，从而在整个系统中起着核心作用。

注册表包括下列内容：软、硬件的有关配置和状态信息，应用程序和资源管理器的初始条件、首选项和卸载数据；联网计算机整个系统的设置和各种许可，文件扩展名与应用程序的关联信息，硬件部件的描述、状态和属性；性能记录和底层的系统状态信息，以及其他数据。

如果注册表受到了破坏，轻者会使系统的启动过程出现异常，重者会导致整个系统瘫痪。因此，正确地认识和使用注册表，特别是及时备份注册表，以便系统出现故障时恢复注册表，在计算机的应用中是十分重要的。

1. 注册表的特点

（1）允许对硬件、系统参数、应用程序和设备程序进行跟踪配置。

（2）记录硬件部分的数据并支持高版本的即插即用功能。当系统检测到有新设备时，把有关的数据添加到注册表中，以避免新设备与原设备之间发生资源冲突。

（3）管理人员和用户通过注册表可以在网络上检查系统的配置和设置，使远程管理得以实现。

2. 注册表编辑器

注册表编辑器是一个用来查看、更改系统注册表的高级工具，它包含有关用户计算机的运行信息。系统提供的注册表编辑器为 Regedit. exe。

按 Win+R 组合键打开“运行”对话框，在“打开”文本框中输入“Regedit”，单击“确定”按钮，即可进入“注册表编辑器”窗口，如图 3-1-7 所示。

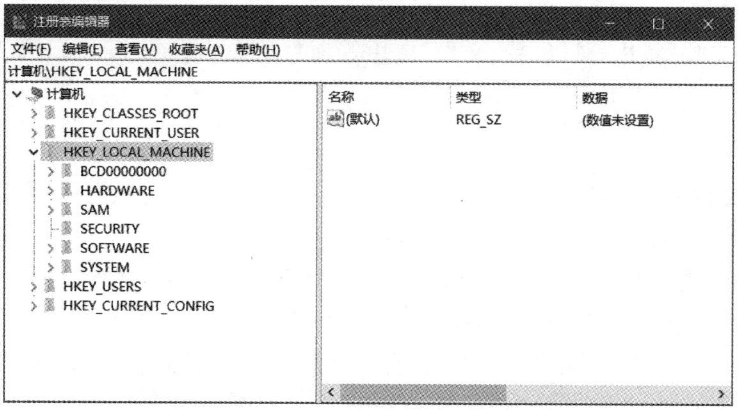

图 3-1-7 “注册表编辑器”窗口

3. 注册表结构

注册表按层次结构来组织，由项(主键)、子项(子键)、配置单元(根键)和键值项组成。

从图 3-1-7 可以看出，左侧窗格中的“计算机”下有 5 个分支，每个分支名都以 HKEY 开头，称为项，而右侧窗格显示的是所选项内包含的一个或多个键值项。键值项由键值名称、类型及数据三部分组成。

每个项可包括多级子项，注册表中信息就是按多级的层次结构组织起来的。注册表的每个分支中都存有该计算机软硬件设置中某一方面的特定信息与数据。

“注册表编辑器”窗口中有状态栏，当选定一个项或子项时，状态栏中显示所选项所处的路径。

注册表根键名及含义如表 3-1-1 所示。

表 3-1-1 注册表根键名及含义

根键名	含义
HKEY_CLASSES_ROOT	定义系统中所有已注册的文件扩展名、类型和图标等
HKEY_CURRENT_USER	定义当前用户的所有权限，实际上就是 HKEY_USERS\. Default 下面的一部分内容，也包含了当前用户的登录信息
HKEY_LOCAL_MACHINE	定义本地计算机的软硬件的全部信息。当系统的配置和设置发生变化时，下面的登录项也会随之改变
HKEY_USERS	定义所有用户的信息，其中部分分支将映射到 HKEY_CURRENT_USER 中，它的大部分设置可以通过控制面板来修改
HKEY_CURRENT_CONFIG	定义计算机的当前配置情况

4. 注册表中的键值项数据

注册表通过项和子项来管理各种信息，但是注册表中的所有信息都是以各种形式的键值项数据保存的。在“注册表编辑器”窗口右侧窗格中显示的是键值项数据，这些键值项数据可以分为三种类型。

（1）字符串值。

在注册表中，字符串值一般用来描述文件或标识硬件，通常由字母和数字组成，也可以是汉字，长度不能超过255个字符。

（2）二进制值。

在注册表中，二进制值是没有长度限制的，二进制数据以十六进制的方式显示。

（3）DWORD值。

DWORD(double word)值是一个32位(4字节)的数值，DWORD数据在注册表编辑器中以十六进制的方式显示。

例1-1 禁用“屏幕保护程序设置”。

操作步骤如下。

（1）运行并打开“注册表编辑器”窗口。

（2）展开HKEY_CURRENT_USER\SOFTWARE\Microsoft\Windows\CurrentVersion\Policies子项，选择“编辑”→“新建”→“项”命令，新建子项System。

（3）右击System子项，在弹出的快捷菜单中选择“新建”→“DWORD(32位)值”命令，新建NoDispScrSavPage。将数值设为1，表示禁用屏幕保护程序，将不能打开“屏幕保护程序设置”对话框。若将其值设为0或无数值，则表示允许使用屏幕保护功能。

例1-2 清除“添加或删除程序”中的残留项目。

用户可以使用“设置”→“应用”中的“应用和功能”命令卸载应用程序。但有时由于操作错误，导致一些应用程序无法通过“应用和功能”进行卸载，仍然保留在安装程序的列表中，通过修改注册表，可以将这些残留项目清除。操作步骤如下。

（1）运行并打开“注册表编辑器”窗口。

（2）展开HKEY_LOCAL_MACHINE\SOFTWARE\Microsoft\Windows\CurrentVersion\Uninstall子项。HKEY_LOCAL_MACHINE下面的若干子项对应“应用和功能”列表中的项目，将需要卸载的应用程序的对应子项删除即可。

1.4 Windows系统备份与还原

用户在使用计算机时最担心出现系统问题，重装系统也很麻烦，如何在Windows操作系统中对当前的系统做好备份，以便需要的时候进行恢复呢？Windows 10操作系统提供了备份与还原功能。

1.4.1 备份Windows操作系统

系统备份指备份系统文件、引导文件以及系统分区安装的程序。只有将系统文件与引导文件同时备份，在下一次进行系统还原时才能确保系统能正常工作。如果只备份了两者之一，那么系统还原后可能仍无法正常工作。备份系统的操作步骤如下。

(1)打开“设置”窗口,单击“更新和安全”按钮,打开“更新和安全”窗口。

(2)选择“更新和安全”窗口左侧的“文件备份”命令,在右侧“文件备份”界面中单击“转到‘备份和还原’(Windows 7)”链接。

(3)打开“备份和还原(Windows 7)”窗口,单击“备份”栏右侧的“设置备份”链接。

(4)打开“设置备份”对话框,选择备份文件保存的位置,可以是本机磁盘,也可以是光盘,还可以将备份文件保存到U盘等设备中。

(5)连续单击“下一页”按钮,确认信息无误后,单击“保存设置并运行备份”按钮,等待系统备份完成,单击“关闭”按钮完成备份操作。

1.4.2 还原Windows操作系统

系统还原是备份操作的逆操作,用于帮助用户在系统不稳定或系统崩溃的情况下恢复系统。其目的是在既不需要重新安装系统,也不会破坏数据文件的前提下使系统回到工作状态。系统还原还可以帮助解决计算机运行缓慢或停止响应的问题。

如果出现磁盘数据丢失或操作系统崩溃的现象,则可以通过控制面板来还原以前备份的数据,操作步骤如下。

(1)打开“更新和安全”窗口,选择窗口左侧的“恢复”命令,在右侧“恢复”界面中单击“还原我的文件”按钮。

(2)打开“还原文件”对话框,单击“浏览文件夹”按钮,在打开的“浏览文件夹或驱动器的备份”对话框中选择已保存的备份文件,单击“添加文件夹”按钮。

(3)返回“还原文件”对话框,其中显示了需要还原的文件夹,单击“下一页”按钮。

(4)在打开的窗口中选择还原文件的保存位置后,单击“还原”按钮,系统将开始执行还原操作,并显示成功还原的文件的信息,最后单击“完成”按钮。

1.5 其他操作系统

常用的操作系统除了Windows操作系统,还有MS DOS操作系统、UNIX操作系统和Linux操作系统等,它们在计算机的应用方面起着非常重要的作用。这些操作系统通常使用命令行界面(command line interface,CLI)。命令行界面是在图形用户界面得到普及之前使用最为广泛的用户界面,它通常不支持鼠标操作,用户通过键盘输入指令,计算机在接收到指令后予以执行。

通常认为,命令行界面没有图形用户界面操作方便。但是命令行界面比图形用户界面占用的计算机系统资源少、运行效率高。所以,图形用户界面的操作系统都提供命令行界面操作方式。

1.5.1 MS DOS操作系统

MS DOS是微软磁盘操作系统。在Windows操作系统出现以前,MS DOS在PC及兼容机中普遍使用,工作于命令行界面。

1. MS DOS 操作系统概述

MS DOS 操作系统从 1981 年不支持硬盘分层目录的 DOS 1.0 操作系统，到后来广泛流行的 DOS 3.3 操作系统，再到支持 CD-ROM 的 DOS 6.22 操作系统，以及后来隐藏到 Windows 9X 操作系统下的 DOS 7.X 操作系统，经历了 40 多年的发展，在今天的 Windows 操作系统时代仍然活跃着它的身影。

微软公司推出 Windows 操作系统以后，所有操作都可以通过鼠标来完成，不必再去记忆繁杂的命令，也省去了从键盘输入“命令行”的操作。这种对用户友好的操作界面，使得 Windows 操作系统很快就占据了 PC 舞台的主角位置。但是，为了一些特定的需要，Windows 操作系统里保留了 DOS 命令形式，需要时在系统的内存中拿出 640 KB 的空间，开辟出一个虚拟 DOS 运行的环境（虚拟机）来执行 DOS 命令。这种 Windows 操作系统里开辟的 DOS 运行环境，只是 Windows 操作系统中的一个窗口而已，它与 Windows 操作系统出现之前 DOS 独占系统的全部资源的情况已大不相同。

2. MS DOS 常用操作

当需要使用 MS DOS 命令时，可以选择“开始”→“Windows 系统”→“命令提示符”命令，打开“命令提示符”窗口，如图 3-1-8 所示。也可以按 Win＋R 组合键，打开“运行”对话框，在“打开”文本框中输入“cmd”，单击“确定”按钮，打开“命令提示符”窗口。

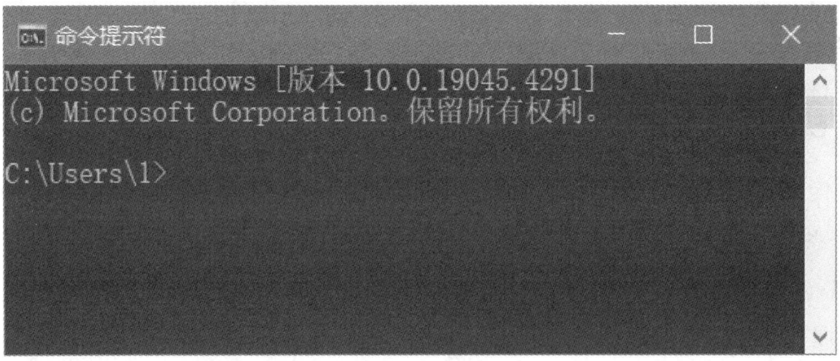

图 3-1-8　“命令提示符”窗口

命令提示符是提示进行命令输入的一种符号。在“命令提示符”窗口中，有一个闪烁的光标，光标前面的内容称为命令提示符（>），表示可以从这里开始输入命令。同时，命令提示符向用户显示了当前盘以及当前目录信息，例如，图 3-1-8 所示表示当前盘为 C 盘，当前目录为 Users 下的二级子目录 1。当用户对文件进行操作时，必须明确当前盘和当前目录。

DOS 命令的一般格式是命令名后面跟一个或多个参数，可以使用通配符“?”和“*”。DOS 命令分为两类：内部命令和外部命令。对于内部命令，只要系统启动了就可以直接使用命令名进行操作；而对于外部命令，必须确认命令对应的程序文件已在系统盘中，否则将无法执行。命令输入完毕后，可以按 Enter 键执行命令。上一条命令执行完后，才能继续输入下一个新命令，如此反复。所以，MS DOS 是一个单任务的操作系统。

表 3-1-2 给出了一些 DOS 的常用内部命令的使用说明。在示例中，> 符号及前面的内容为系统提示符，由 DOS 系统给出，不需要用户输入。

表 3-1-2 DOS 的常用内部命令的使用说明

命令名	功能描述	示例及含义
DIR	显示指定路径下的文件及子目录	D:\> DIR D:\ABC\ *.TXT(列出 D 盘 ABC 一级目录下的所有文本文件)
CLS	清除屏幕上显示的所有信息	D:\> CLS
盘符:	改变指定磁盘为当前磁盘	D:\> C:(将当前盘改为 C 盘)
CD	显示与改变当前目录	D:\> CD ABC(进入 D 盘根目录下的子目录 ABC)
MD	创建目录	D:\> MD XY(在 D 盘根目录下建立子目录 XY)
RD	删除空子目录	D:\> RD XY(删除 D 盘根目录下的子目录 XY)
COPY	复制文件	D:\> COPY C:\XY\ABC. TXT D:\ABC(将 C 盘根目录下 XY 子目录下的 ABC. TXT 文件复制到 D 盘根目录 ABC 子目录下,不改变文件名)
TYPE	显示或打印文本文件的内容	D:\> TYPE ABC. TXT(在屏幕上显示 D 盘根目录下的文本文件 ABC. TXT 的内容)

注:表中括号内的内容是对前面命令的说明,不需要输入。

读者可以在 DOS 命令提示符下练习使用一些常用的 DOS 命令,尽管这些操作在现在的实际应用中已不常见,但通过将其和 Windows 的操作进行比较,可以更加深刻地体会 Windows 图形用户界面操作的具体含义和在操作上的优势。

1.5.2 Linux 操作系统

Linux 操作系统是 UNIX 操作系统发展的一个分支。Linux 操作系统作为一个多任务、多用户的操作系统,凭借其出色的稳定性能、强大的定制能力以及开源社区的支持,赢得了广大用户的信赖,并迅速发展成操作系统领域的主流之一。

1. Linux 操作系统概述

1991 年,林纳斯·托瓦兹(Linus Torvalds)在芬兰赫尔辛基大学开发了 Linux 操作系统。Linux 操作系统的出现打破了 Windows 操作系统一统天下的格局。

Linux 操作系统是包含内核、系统工具、完整的开发环境和应用的类 UNIX 操作系统,可运行在许多平台之上。它是一种免费软件,用户不用支付任何费用就可使用这种操作系统及其源代码。Linux 操作系统是由世界各地成千上万的程序员共同设计和实现的,其目的是建立不受任何商品化软件版权制约的、全世界都能自由使用的 UNIX 兼容产品。

Linux 操作系统具有 UNIX 操作系统的全部功能,具有多任务、多用户的特点。Linux 操作系统可在公共许可权限下免费获得,是一个符合可移植操作系统接口(POSIX)标准的操作系统。Linux 操作系统软件包不仅包括完整的 Linux 操作系统,还包括文本编辑器、高级语言编译器等软件。另外,Linux 操作系统还包括带有多个窗口管理器的 X-Window 图形用户界面,如同 Windows 一样,允许用户使用窗口、图标和菜单对系统进行操作。

2. Linux 操作系统的组成

Linux 操作系统大致可分为三层:靠近硬件的底层是内核和系统调用,即 Linux 操作系统常驻内存部分;中间层是内核之外的 Shell 和库函数,即操作系统的系统程序部分;最高层是应用层,即用户程序部分,包括各种文本处理程序、语言编译程序以及游戏程序等,如图 3-1-9 所示。

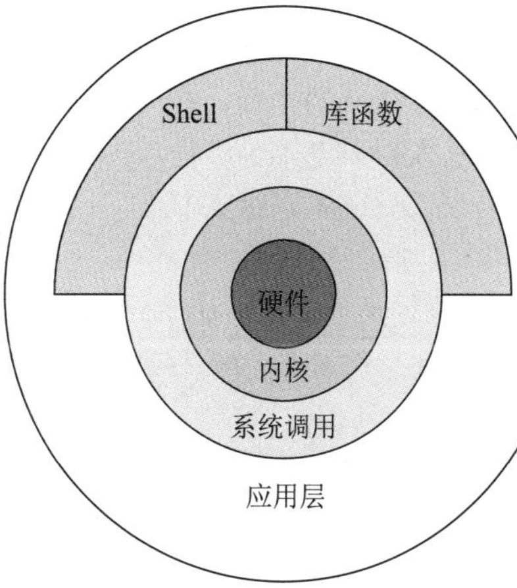

图 3-1-9 Linux 操作系统的组成

(1)Linux 操作系统的内核。

内核是 Linux 操作系统的主要部分,它具有进程管理、内存管理、文件系统管理、设备驱动和网络系统等功能,从而为内核以外的所有程序提供运行环境。Linux 操作系统的内核的结构图如图 3-1-10 所示。

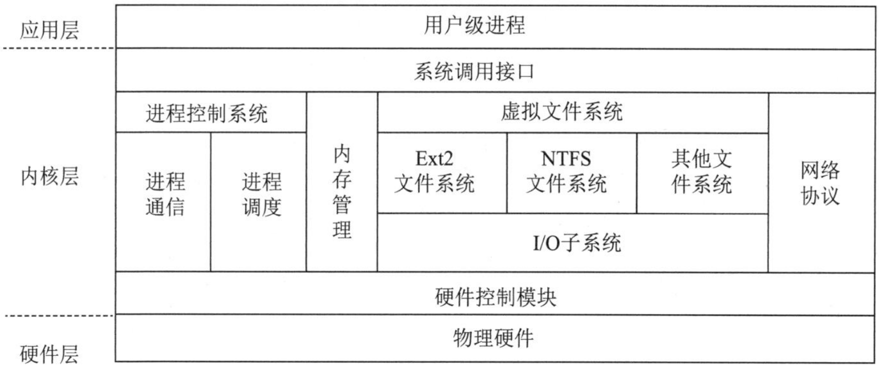

图 3-1-10 Linux 操作系统的内核的结构图

(2)Shell 和库函数。

Shell 是系统的用户界面,提供了用户与内核进行交互操作的一种接口。它接收用户输入的命令,并把它送入内核去执行。库函数则为程序设计语言提供有关系统通用功能的接口调用函数。

Shell 实际上是一个命令解释器,它解释由用户输入的一系列命令并且把它们送到内核。不仅如此,Shell 有自己的编程语言用于编辑命令,它允许用户编写由 Shell 命令组成的程序。Shell 编程语言具有普通编程语言的很多特点,如它也有分支控制结构和循环控制结构等。

Linux 操作系统提供了像 Windows 那样的图形用户界面 X-Window。它提供了很多窗口管理器,其操作可以像 Windows 一样,有窗口、图标和菜单,所有的管理都是通过鼠标控制的。现在比较流行的窗口管理器是 KDE 和 GNOME。

每个 Linux 操作系统的用户都可以拥有自己的用户界面或 Shell,用以满足他们自己专门的 Shell 需要。

(3)Linux 操作系统的文件结构。

文件结构是文件存放在磁盘等存储设备中的组织形式,主要体现在对文件和目录的组织上,目录提供了管理文件的一个方便而有效的途径。使用 Linux 操作系统,用户可以设置目录和文件的权限,以便允许或拒绝其他人对其进行访问。Linux 操作系统的目录采用多级树形结构,通过目录,用户可以浏览整个系统,也可以进入任何一个已授权进入的目录,访问其中的文件。

文件结构的相互关联性使共享数据变得容易,几个用户可以访问同一个文件。Linux 操作系统是一个多用户系统,操作系统本身的驻留程序存放在以根目录开始的专用目录中,有时被指定为系统目录。

内核、Shell 和文件结构一起形成了基本的操作系统结构,以便用户可以运行程序、管理文件以及使用系统。此外,Linux 操作系统还有一套被称为实用工具的程序,辅助用户完成一些特定的任务。

(4)Linux 操作系统的实用工具。

标准的 Linux 操作系统都有一套称为实用工具的程序,它们是专门的程序,如编辑器、执行标准的计算操作等。另外,用户也可以生成自己的工具。

实用工具可分为以下三类。

①编辑器:用于编辑文件。

②过滤器:用于接收数据并过滤数据。

③交互程序:允许用户发送信息或接收来自其他用户的信息。

Linux 操作系统的编辑器主要有 Ed、Ex、Vi 和 Emacs。Ed 和 Ex 是行编辑器,Vi 和 Emacs 是全屏幕编辑器。

Linux 操作系统的过滤器用于读取从用户文件或其他地方输入的数据,检查和处理数据,然后输出结果。从这个意义上说,过滤器过滤了经过它的数据。Linux 有不同类型的过滤器:一些过滤器用行编辑命令输出一个已编辑的文件;一些过滤器是按模式寻找文件并以这种模式输出部分数据;一些过滤器执行字处理操作,如检测一个文件中的格式,输出一个格式化的文件。过滤器输入的可以是一个文件,也可以是用户从键盘输入的数据,还可以是另一个过滤器的输出数据。过滤器可以相互连接,因此,一个过滤器的输出可能是另一个过滤器的输入。在有些情况下,用户可以编写自己的过滤器程序。

交互程序是用户与机器的信息接口。Linux 操作系统是一个多用户系统,它必须和所有用户保持联系。信息可以由系统中的不同用户发送或接收。信息的发送有两种方式:一种方式是与其他用户一对一连接进行对话;另一种是一个用户对多个用户同时连接进行通信,即所谓的广播式通信。

3. Linux 常用命令

Linux 操作系统的命令行工作方式是使用 Linux 命令对 Linux 操作系统进行管理。对 Linux 操作系统来说,中央处理器、内存、磁盘驱动器、键盘、鼠标和用户等都是文件,Linux 操作系统管理的命令是它正常运行的核心。

下面介绍几个常用命令,由于每个命令都有很多选项,所以这里只介绍命令的常用选项。

(1)cat 命令。

功能:查看文件内容,从键盘读取数据、合并文件等。

命令格式:cat [-b][-A][-E][-T][-n][-s][-v] 文件名

选项说明:

-b 不显示文件中的空行。

-A 相当于 -v -E -T(或-vET)。

-E 在文件的每一行行尾加上“$”字符。

-T 将文件中的 Tab 键用字符“^”来显示。

-n 在文件的每行前面显示行号。

-s 将连续的多个空行用一个空行显示。

-v 显示除 Tab 和 Enter 之外的所有字符。

例如,以下命令用于显示 file 文件中的行号。

cat -n file

(2)cp 命令。

功能:复制文件。

命令格式:cp [选项] 源文件名 目标文件名

选项说明:

-R 复制整个目录。

-f 删除已存在的目标文件。

-i 使用-f 遇到删除文件时给出提示。

例如,以下命令用于把 file 文件复制到当前用户的根目录下。

cp file ~/

(3)ls 命令。

功能:用于浏览目录,查看当前目录下的文件和文件名。

命令格式:ls [选项]

选项说明:

-a 显示所有文件,包括隐藏文件。

-l 显示文件的详细信息。

-k 显示文件大小,以 KB 为单位。

-d 将目录作为文件显示。

-color 显示文件时用不同颜色区别不同的文件类型。

(4)rename 命令。

功能:批量修改文件名。

命令格式:rename from to 文件名

选项说明:

from 源字符。

to 目标字符。

文件名 要改名的文件。

(5)rm 命令。

功能:删除文件或者目录。

命令格式:rm [-d][-i][-r][-v][-f] 文件名或目录名

选项说明:

-d 使用这个选项后,rm 相当于 unlink 命令。

-i　删除每个文件时给出用户提示。

-r　删除整个目录,包括文件和子目录。

-v　删除每个文件时给出提示,删除后提示文件已被删除。

-f　强制删除,并且不给出提示。

提示:在 Linux 操作系统中,当要查找一个命令的用法时,可以通过 Linux 的在线帮助 man 命令来获得命令的详细说明。

第 2 章 办公软件应用

办公软件是指能完成文字处理、表格处理、演示文稿制作等方面工作的一类应用软件,其应用范围非常广泛,大到社会统计、专业出版,小到简单运算、文字记录,都离不开办公软件的支持。熟练使用办公软件是对计算机应用人员的一个基本要求。

WPS(word processing system)是由北京金山办公软件股份有限公司推出的办公软件,它出现于 1989 年,从最初 MS DOS 操作系统下的单一 WPS 文字处理软件,发展成现在支持文字文档、电子表格、演示文稿、PDF 文件等多种办公文档处理,并集成一系列云服务,能提升办公效率的办公套件 WPS Office。本章以 WPS Office(教育版)为基础来介绍办公软件的操作方法与应用技巧。

学习目标

◇ 掌握 WPS 文字处理方法与高级应用。

◇ 掌握 WPS 表格处理方法与高级应用。

◇ 掌握 WPS 演示文稿操作方法与高级应用。

2.1 WPS 文字的操作与应用

WPS 文字是 WPS Office 办公套件的重要组件,是一个功能强大的文字处理软件。WPS 文字具有文本编辑、格式排版等基本功能,利用它能制作出图文并茂的文档,以及对长文档进行特殊版式的编排等。基于对中文办公场景的深刻理解,WPS 文字提供了文字工具、段落布局、斜线表头、横向页面插入等诸多特色功能,让用户更加便捷、高效地进行文字处理。

2.1.1 文档编辑与排版

在 WPS 文字中进行文字处理工作,首先要创建或打开一个文档,输入文档的内容,然后对其进行编辑和排版,文字处理工作完成后将文档以文件形式保存,以便今后使用。文档编辑是指对文档的内容进行增加、删除、查找、替换、复制和移动等一系列操作。在 WPS 文字环境下,不管进行何种操作,必须遵循“先选定,后操作”的原则。编辑处理完一份文档后,还需要进一步设置文档的格式,从而美化文档,以便于读者阅读和理解文档的内容。

1. 特殊文本对象的输入

WPS 文档内容主要由文本、表格、图片等对象组成。其中,常规文本对象可通过键盘进行输入，但对于特殊文本对象的输入，则需要借助“插入”选项卡才能完成。

（1）符号的插入。

将光标定位到待插入点，单击“插入”选项卡中的“符号”按钮，打开“符号”对话框，从“字体”“子集”下拉列表中选择需要插入符号的字体和所属子集。选择符号后，单击“插入”按钮，即可将该符号插入指定位置。

（2）公式的插入与编辑。

单击“插入”选项卡中的“公式”下拉按钮，在下拉列表中选择“插入新公式”命令，此时打开公式编辑区和“公式工具”选项卡。利用“公式工具”选项卡中的符号或样式输入公式后，单击公式编辑区外的任意位置，即可完成公式的插入。

也可以在“公式”下拉列表中选择“公式编辑器”命令，打开“公式编辑器”窗口，在其中利用公式模板编辑公式。如图 3-2-1 所示，其中的公式就需要用到分式和根式、下标和上标模板。公式输入完成后，关闭“公式编辑器”窗口，即在文档中插入了公式。

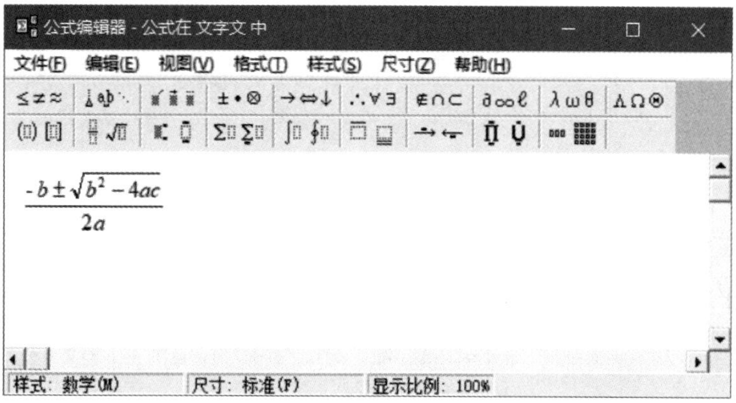

图 3-2-1 “公式编辑器”窗口

除了用上述方法打开“公式编辑器”窗口，还可以单击“插入”选项卡中的“附件”按钮，在下拉列表中选择“对象”命令，此时弹出“插入对象”对话框，在其中的“对象类型”列表框中选择“WPS 公式 3.0”选项，如图 3-2-2 所示，最后单击“确定”按钮，即可打开“公式编辑器”窗口。

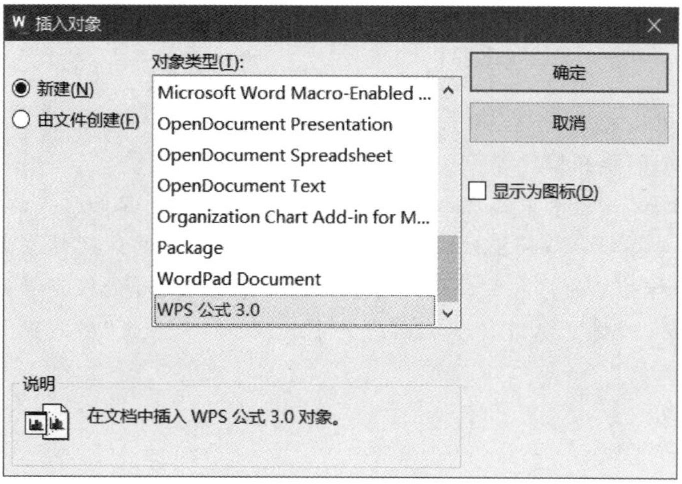

图 3-2-2 “插入对象”对话框

2. 查找与替换

WPS 文字的查找与替换功能不仅可以帮助用户快速定位到要查找的内容，还可以批量修改文档中的内容。

(1)查找文本。

单击“开始”选项卡中的“查找替换”按钮，打开“查找和替换”对话框，在“查找内容”文本框中输入需要查找的文本，单击“查找上一处”或“查找下一处”按钮即可。

(2)替换文本。

单击“开始”选项卡中的“查找替换”按钮，打开“查找和替换”对话框，在该对话框中单击“替换”选项卡，在“查找内容”文本框中输入需要查找的文本，在“替换为”文本框中输入要替换的文本。单击“全部替换”按钮，替换所有的文本。也可以连续单击“替换”按钮，逐个查找并替换。

除了上述的内容替换操作，还可以进行字符模糊替换、格式替换等复杂的替换操作。

3. 字符排版

字符排版是指对文本对象进行格式化，常见的格式化包括设置字体、字号、间距等。在选定文本对象后，就可以进行字符排版。

(1)使用“字体”工具。

利用“开始”选项卡“字体”选项组中的各种按钮，能完成绝大部分的字符格式设置，如设置字体、字号、字体颜色、上下标、各种文字效果等，如图 3-2-3 所示。

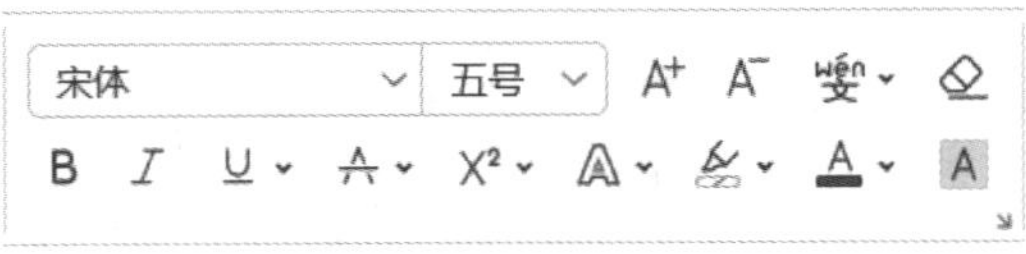

图 3-2-3 “字体”选项组

(2)使用“字体”对话框。

在“开始”选项卡中单击“字体”对话框启动器按钮，在打开的“字体”对话框中进行设置，如图 3-2-4 所示。

“字体”对话框中“字体”选项卡的各项设置与“开始”选项卡“字体”选项组中的设置大致相同，另外在其中还可以通过“预览”框查看设置后的效果。在“字符间距”选项卡中，用户可以设置字符的缩放比例、间距和位置等。

注意：利用“开始”选项卡中的“格式刷”工具可以快速复制对象的格式。复制时，首先选定作为样本的对象，单击“格式刷”按钮，鼠标指针变为形状时按住鼠标左键选择目标对象，然后松开，此时目标对象的格式被修改为样本对象的格式，同时鼠标指针还原至常规状态。若双击“格式刷”按钮，则可以进行多次格式复制，直到再次单击“格式刷”按钮或按 Esc 键才终止。

图 3-2-4　“字体”对话框

4. 段落排版

段落是字符、图形或其他项目的集合，通常以“段落标记”作为一段结束的标记。段落排版是指对整个段落外观进行更改，包括设置对齐方式、缩进、段间距和行间距等。

(1)设置对齐方式。

对齐方式是段落内容在文档的左右边界之间的横向排列方式。常用的对齐方式包括左对齐、居中对齐、右对齐、两端对齐和分散对齐。

在设置段落对齐方式的过程中，应先选择需要设置对齐方式的段落，或者将光标定位到段落中，再单击“开始”选项卡中相应的对齐方式按钮。

(2)设置段落缩进。

段落缩进是指正文与页面左右边界之间的距离。常见的缩进方式有4种：文本之前缩进、文本之后缩进、首行缩进和悬挂缩进。

单击“开始”选项卡中的“减少缩进量”按钮或“增加缩进量”按钮，可减少或增加文本之前的缩进量，但如果需要设置其他缩进或设置精确的缩进量，则必须使用“段落”对话框。设置方法如下。

①在“开始”选项卡中单击“段落”对话框启动器按钮，打开“段落”对话框，如图3-2-5所示。

②选择“缩进和间距”选项卡，在“缩进”选项区域，可以设置文本之前、文本之后和特殊格式的缩进量。

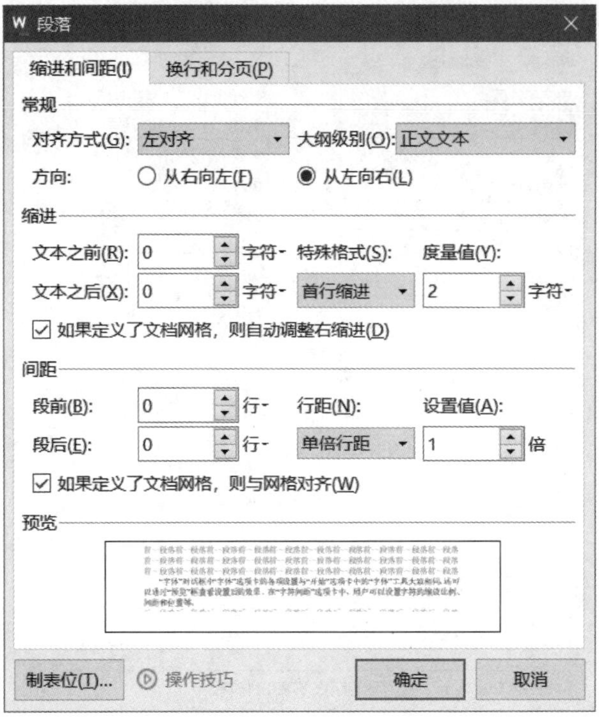

图 3-2-5 “段落”对话框

a. 文本之前缩进或文本之后缩进：设置段落左端或右端分别距离页面左边界或右边界的位置。设置文本之前缩进或文本之后缩进时，只需在“文本之前”或“文本之后”微调框中分别输入左缩进或右缩进的值即可。

b. 首行缩进：将段落的第一行从左向右缩进一定的距离，首行外的各行都保持不变。设置首行缩进时，在“特殊格式”下拉列表中选择“首行缩进”选项，再在右侧的“度量值”微调框中输入缩进值即可，通常情况下设置缩进值为“2 字符”。

c. 悬挂缩进：除首行以外的文本从左向右缩进一定的距离。设置悬挂缩进时，在“特殊格式”下拉列表中选择“悬挂缩进”选项，再在右侧的“度量值”微调框中输入缩进值即可。

(3)设置段间距和行间距。

段间距是指相邻两段之间的距离，即前一段的最后一行与后一段的第一行之间的距离。行间距是指同一段中行与行之间的距离。在默认情况下，行与行之间的距离为“单倍行距”，段前和段后距离为“0 行”。

设置段间距和行间距的方法与设置缩进的方法类似，可以在“段落”对话框的“间距”选项区域进行设置。还可以使用“开始”选项卡中的“行距”按钮 快速设置行间距。

注意：缩进、段间距和行间距的默认单位为“磅”，也可以将其修改为“厘米”“毫米”“字符”等。

5. 添加项目符号和编号

添加项目符号和编号是为了使文档条理分明、层次清晰，项目符号用于表示段落内容的并列关系，编号用于表示段落内容的顺序关系。

(1)添加项目符号或编号。

在文档中选择要添加项目符号或编号的若干段落,单击“开始”选项卡中的“项目符号”按钮☰ 或“编号”按钮☰ ,或者单击其下拉按钮,从“项目符号”或“编号”下拉列表中进行选择。

当用户为某一段落添加了项目符号或编号之后,按 Enter 键开始一个新段落时,WPS 文字就会自动产生下一个段落的项目符号或编号。

(2)自定义项目符号或编号。

如果内置的“项目符号”和“编号”中没有符合要求的类型,则可以单击“项目符号”或“编号”下拉按钮,在下拉列表中选择“自定义项目符号”或“自定义编号”命令,在打开的“项目符号和编号”对话框中选择任意的项目符号或编号,再单击“自定义”按钮,在“自定义项目符号列表”对话框或“自定义编号列表”对话框中自定义项目符号列表或编号列表。

(3)删除项目符号或编号。

如果要结束自动创建项目符号或编号,可以连续按两次 Enter 键或按 Backspace 键删除项目符号或编号。若要删除所有已添加的项目符号或编号,则在选择已添加项目符号或编号的段落后,再次单击“开始”选项卡中的“项目符号”按钮或“编号”按钮即可。

6. 设置首字下沉

段落第一行的第一个字变大,并且下沉一定的距离,其他部分保持原样,这种效果称为首字下沉,它是书报刊物中常采用的一种排版方式。其设置过程如下。

(1)将光标定位到需要设置首字下沉的段落中。

(2)单击“插入”选项卡中的“首字下沉”按钮,打开如图 3-2-6 所示的“首字下沉”对话框,选择下沉类型,设置字体、下沉行数以及下沉后的文字与正文之间的距离,单击“确定”按钮,即可完成设置。

图 3-2-6 “首字下沉”对话框

7. 设置分栏

分栏用来实现在一页上以两栏或多栏的方式显示文档内容,这种效果被广泛应用于报纸和杂志的排版中。分栏的操作方法如下。

选中要分栏的文本，单击“页面”选项卡中的“分栏”下拉按钮，在下拉列表中选择所需的分栏方式。

若要设置超过三栏的文档分栏，则需选择下拉列表中的“更多分栏”命令，在打开的如图 3-2-7 所示的“分栏”对话框中，设置栏数、栏宽和间距、分隔线、应用范围等，设置完成后，单击“确定”按钮完成分栏设置。

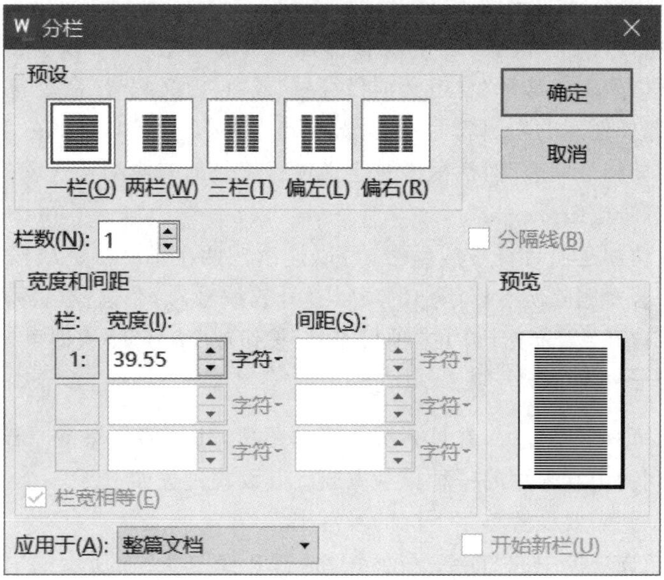

图 3-2-7 “分栏”对话框

8. 设置边框与底纹

为了使重要的内容更加醒目或页面效果更美观，可以为字符、段落、图形或整个页面设置边框和底纹效果。设置方法如下。

（1）单击“开始”选项卡中的“边框”下拉按钮，在下拉列表中选择“边框和底纹”命令，打开“边框和底纹”对话框，如图 3-2-8 所示。

（2）在“边框”选项卡中，可以设置边框线的样式、线型、颜色、宽度等。在设置过程中，右侧的“预览”栏中将即时显示设置效果。

（3）在“页面边框”选项卡中，可以为页面设置普通的线型边框和各种艺术型边框，使文档更富有表现力。“页面边框”设置方法与“边框”设置方法类似。

注意：如果需要对个别边框线进行调整，还可以通过单击、、、按钮，分别设置或取消上、下、左、右四条边框线。

（4）在“底纹”选项卡中，可以为文字或段落设置填充颜色或图案样式及其颜色。

在“边框和底纹”对话框中，“应用于”是指设置效果作用的范围。在“边框”和“底纹”选项卡中，“应用于”的范围包括选中的文字或选中的文字所在的段落；而在“页面边框”选项卡中，“应用于”的范围则包括整篇文档或节。因此，在设置过程中应根据具体要求进行应用范围的选择。

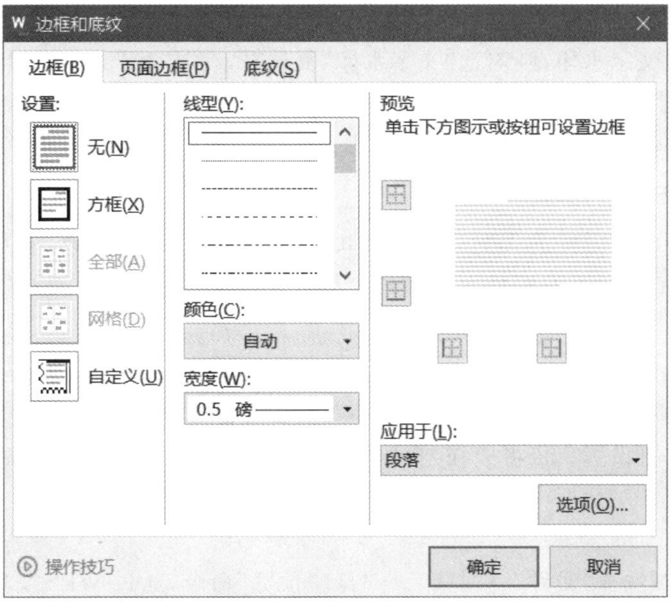

图 3-2-8 “边框和底纹”对话框

9. 添加水印

利用 WPS 的水印功能可以为文档添加任意的图片和文字背景，设置方法如下：单击“页面”选项卡中的“水印”下拉按钮，在下拉列表中选择所需的预设水印，或者选择“插入水印”命令，打开如图 3-2-9 所示的“水印”对话框。

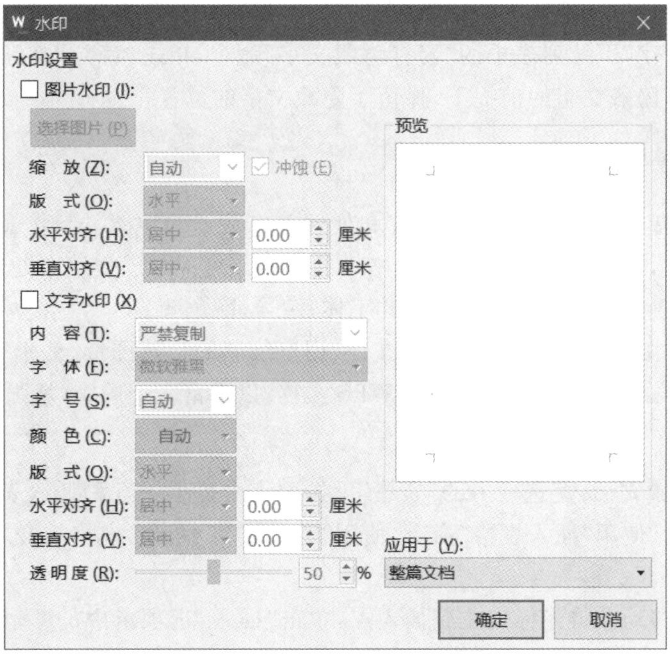

图 3-2-9 “水印”对话框

在“水印”对话框中，可以设置文字或图片作为文档的背景。如果需要设置图片水印，则勾选“图片水印”复选框，再单击“选择图片”按钮，在打开的“选择图片”对话框中选择目标图片文件。如果需要设置文字水印，则勾选“文字水印”复选框，在“内容”文本框中输入作为水印的文字，还可以设置文字的颜色、字体、字号等。

要取消文档中的水印效果，可以在“水印”下拉列表中选择“删除文档中的水印”命令。

10. 页面设置与文档打印

用户经常需要将编辑好的 WPS 文档打印出来，以便携带和阅读。在编排或打印文档之前，往往需要进行适当的页面设置。

(1)页面设置。

WPS 文字采用“所见即所得”的编辑排版工作方式，而最终文档一般需要以纸质的形式呈现，所以需要进行页边距、纸张方向、纸张大小等页面格式设置。设置方法是在“页面”选项卡中选择有关按钮进行设置。也可以在“页面”选项卡中单击“页面设置”对话框启动器按钮↘，在打开的“页面设置”对话框中进行设置。

(2)文档打印。

在打印文档前，选择“文件”→“打印”→“打印预览”命令，通过 WPS 文字的打印预览功能快速查看打印效果。

在预览并确认无误后，即可进行打印方式的设置和打印操作。选择“文件”→“打印”→“打印”命令，打开“打印”对话框，在其中可以进行各种打印设置。完成设置后，单击“确定”按钮，即可开始打印。

由于特殊要求，有时在打印时需要将一些文本内容隐藏。利用 WPS 文字内置的“套打隐藏文字”功能，可以实现在打印时不显示隐藏文本，却保留隐藏文本的位置，以避免打印后的文档出现版式错位等情况。操作方法如下：在“打印”对话框中，单击“选项”按钮，打开“选项”对话框，选择“隐藏文字”下拉列表中的“套打隐藏文字”命令，单击“确定”按钮。这样，打印后的文档在不显示原有隐藏文字的前提下，保留了隐藏文字的位置。

2.1.2 表格与图形功能

WPS 文字具有很强的表格制作、修改和处理表格数据的功能。制作表格时，表格中的每个小格称为单元格，WPS 文字将一个单元格中的内容作为一个子文档来处理。对于表格中的文字，也可以用设置文档字符的方法设置其字体、字号、颜色等。

在 WPS 文字中可使用的图形有图形文件、用户绘制的自选图形、艺术字以及由其他绘图软件创建的图片等，可以将这些图形插入 WPS 文档，以丰富文档内容，增强文档的表现力。

1. 插入表格

在 WPS 文字中，“插入”选项卡的“表格”下拉列表中提供了 5 种插入表格的方法，它们分别是使用鼠标移动、使用“插入表格”命令、使用“绘制表格”命令、表格与文本的相互转换以及插入内容型表格。

(1)使用鼠标移动。将光标定位到插入点，单击“插入”选项卡中的“表格”下拉按钮，在下拉列表中的“插入表格”下面移动鼠标指针以选择需要的行数和列数，单击即可创建一个具体行数和列数的表格。

(2)使用“插入表格”命令。在“表格”下拉列表中选择“插入表格”命令，打开“插入表格”对话框，在“表格尺寸”选项区中输入列数和行数，在“列宽选择”选项区中进行列宽设置，单击“确定”按钮即可创建一个指定行数和列数的表格。

(3)使用“绘制表格”命令。在“表格”下拉列表中选择“绘制表格”命令，此时鼠标指针变成铅笔形状，按住鼠标左键拖动鼠标，可以自由绘制表格。

(4)表格与文本的相互转换。把文本转换为表格的操作方法是：在文本各行之间用段落标记符换行，在各列之间插入分隔符，如逗号、空格等；选定需要转换的文本，在“表格”下拉列表中选择“文本转换成表格”命令，打开“将文字转换成表格”对话框，设置表格的“行数”“列数”等参数，单击“确定”按钮完成转换。

将表格转换成文本的操作方法是：选定需要转换的表格，在“表格”下拉列表中选择“表格转换成文本”命令，打开“表格转换成文本”对话框，设置文字分隔符的形式，单击“确定”按钮完成转换。如果转换的表格中有嵌套表格，必须先勾选“转换嵌套表格”复选框。

(5)插入内容型表格。WPS文字提供了具有一定样式的表格模板，可以利用表格模板来产生表格。将光标定位到插入点，在“表格”下拉列表中选择各种表格模板即可插入相应的表格。

注意：有时候会出现从页面顶端创建表格后，导致无法输入标题文字的情况，此时将光标置于第一个单元格内的第一个字符前再按Enter键，则会在表格前插入一个空行，再输入标题文字即可。

2. 表格的格式编排

在创建表格后，通常还要改变表格的形式，对表格进行修饰美化，即进行表格格式的编排。

(1)表格的编辑。

表格的编辑方法很多，在此主要介绍行、列的插入或删除，合并单元格，拆分单元格，以及拆分表格等操作。

①行、列的插入或删除。将光标置于需要插入行、列的位置，在“表格工具”上下文选项卡中单击“插入”下拉按钮，在下拉列表中选择“在上方插入行”“在下方插入行”“在左侧插入列”“在右侧插入列”命令插入新行或新列；将光标置于需要删除行、列的位置，单击“删除”下拉按钮，从下拉列表中选择“单元格”“行”“列”“表格”命令。

②合并单元格。合并单元格是将多个邻近的单元格合并成一个单元格，用于制作不规则表格。选中要合并的单元格后，常用两种方法进行合并：一是在“表格工具”上下文选项卡中单击“合并单元格”按钮；二是在选中的范围上右击，在弹出的快捷菜单中选择“合并单元格”命令。

③拆分单元格。与合并单元格相反，拆分单元格是将一个单元格分成若干个新单元格。将光标定位到要拆分的单元格后，常用两种方法进行拆分：一是在“表格工具”上下文选项卡中单击“拆分单元格”按钮，打开“拆分单元格”对话框，输入要拆分的列数和行数，单击“确定”按钮完成拆分；二是在需要拆分的单元格上右击，在弹出的快捷菜单中选择“拆分单元格”命令，打开“拆分单元格”对话框，输入要拆分的列数和行数，单击“确定”按钮完成拆分。

④拆分表格。拆分表格是把一个表格分成两个或多个表格。拆分方法是：将光标定位到拆分位置的行或列中，即把光标置于拆分后形成的新表格的第一行或第一列，再单击“表格工具”上下文选项卡中的“拆分表格”下拉按钮，从下拉列表中选择“按行拆分”或“按列拆分”命令，原表格即被拆分成两个新表格。

(2)设置表格属性。

表格属性主要用于调整表格的行高、列宽、对齐方式以及文本在表格中的对齐方式等。

①用鼠标拖曳的方式进行设置。如果没有指定行高，表格中各行的高度将取决于该行中单元格的内容以及段落文本前后的间距。如果只需要粗略调整行高、列宽，则可以通过拖动边框线或表格右下角的“表格大小控制点”来调整表格的高度和宽度。

②在功能区设置。如果需要精确设置表格的行高和列宽，则可以单击“表格工具”上下文选项卡中的“表格行高”按钮和“表格列宽”按钮进行设置。也可以单击“表格工具”上下文选项卡中的“表格属性”按钮，在打开的“表格属性”对话框中进行设置，如图 3-2-10 所示。

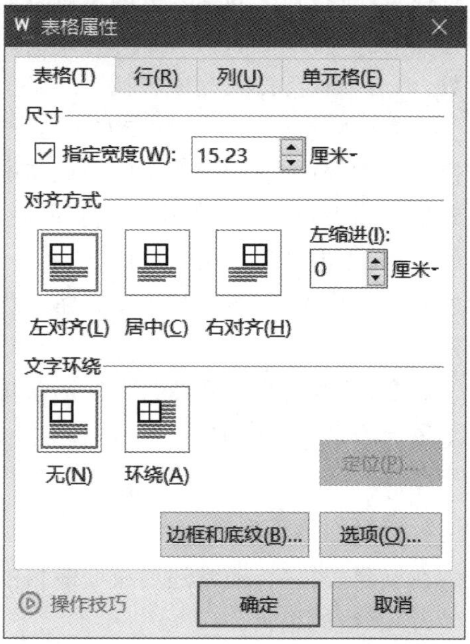

图 3-2-10 “表格属性”对话框

“表格属性”对话框中有“表格”“行”“列”“单元格”四个选项卡。在“表格”选项卡中，“尺寸”选项区用于设定整个表格的宽度。当勾选“指定宽度”复选框时，可以输入表格的宽度值；“对齐方式”选项区用于确定表格在页面中的位置；“文字环绕”选项区用于设置表格和正文的位置关系。“行”“列”和“单元格”三个选项卡分别用于设置行高、列宽和单元格的宽度以及文本在单元格内的对齐方式等。

单元格的文本对齐方式也可以在选定需要设置的单元格后，在“表格工具”上下文选项卡中，单击有关的对齐方式按钮来设置，如“水平居中”按钮、“垂直居中”按钮等。

如果要使某些行、列具有相同的高度或宽度，可以先选定这些行或列，然后在“表格工具”上下文选项卡中，选择“自动调整”下拉列表中的“平均分布各行”或“平均分布各列”命令，软件会自动平均分布所选行、列之间的高度和宽度。

(3)表格的格式化。

表格的格式化操作即美化表格，包括设置表格边框、底纹、样式等。

①设置边框和底纹。边框和底纹不但可以应用于文字，还可以应用于表格。表格或单元格中边框与底纹的设置方法与在文本中的设置方法类似：在“开始”选项卡中，单击“底纹颜色”按钮和“边框”按钮进行设置，也可以选中需要设置边框的单元格或表格，在“表格样式”上下文选项卡中，单击“边框”下拉按钮，在下拉列表中选择相应的命令，直接进行简单的增减框线的操作。选择“边框”下拉列表中的“边框和底纹”命令，在打开的如图 3-2-11 所示的表格的“边框和底纹”对话框中进行较复杂的设置。

在设置过程中，首先应选择“设置”选项区的一个命令，然后依次设置线条的“线型”“颜色”和“宽度”，再在“预览”区选择该效果对应的边线，即可设置较复杂的边框线。

设置底纹的方法与设置边框的方法类似，选中需要设置底纹的单元格或表格，在“表格样式”上下文选项卡中，单击“底纹”下拉按钮，选择需要的底纹颜色。同样，如果需要进行更复杂的底纹设置，则在表格的“边框和底纹”对话框的“底纹”选项卡中进行设置。

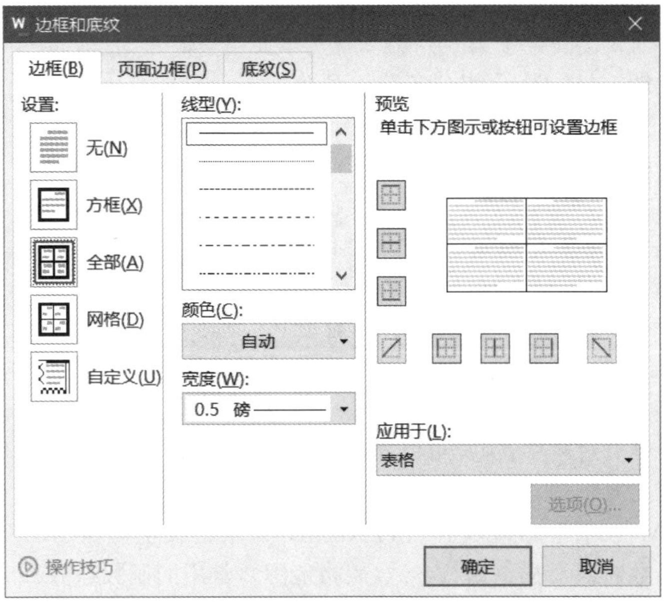

图 3-2-11 表格的“边框和底纹”对话框

②设置表格样式。样式是字体、颜色、边框和底纹等格式设置的组合。选择表格或将光标置于表格内，在“表格样式”上下文选项卡中，单击主题样式右侧的下拉按钮，在下拉列表中选择所需的表格样式。

③绘制斜线表头。单击要绘制斜线表头的单元格，单击“表格样式”上下文选项卡中的“斜线表头”按钮，在打开的“斜线单元格类型”对话框中选定一种类型，单击“确定”按钮。

3. 表格中数据的计算与排序

在 WPS 文字中，不仅可以创建表格，还可以对表格中的数据进行计算和排序等操作。

(1)表格数据的计算。

为了方便表格的计算，WPS 文字用列名和行号的组合给单元格命名(单元格的名称也称为地址)，表格的列名从左至右用英文字母 A、B、C 等表示，行号从上到下用数字 1、2、3 等表示。在进行计算时，提取单元格名称所对应的实际数据进行计算。下面举例说明，表 3-2-1 是学生成绩表，假设操作测试和理论测试分别占总成绩的 40%和 60%，计算每名学生的总成绩。

表 3-2-1 学生成绩表

学号	姓名	操作测试成绩	理论测试成绩	总成绩
S1001	李东	85	90	
S1002	黄南	80	85	
S1003	刘西	90	80	
S1004	严北	75	70	

操作步骤如下。

①将插入点定位到“总成绩”列的第一个单元格。

②在“表格工具”上下文选项卡中，单击“公式”按钮 fx 公式 ，打开如图 3-2-12 所示的“公式”

对话框。在“公式”文本框中输入计算公式“=C2 * 40/100+D2 * 60/100”，其中 C2 代表位于第 3 列第 2 行的单元格，即李东的操作测试成绩，同样 D2 代表位于第 4 列第 2 行的单元格，即李东的理论测试成绩。单击“确定”按钮，则在当前单元格中插入计算结果。

③按照同样的方法，可以计算出其他学生的总成绩。

需要注意的是，函数名称前的等号“=”不能省略。另外，当单元格中的数据发生改变时，计算结果不能自动更新，必须选定结果，然后按 F9 功能键更新域，才能更新计算结果。如果有必要，还可以在“数字格式”下拉列表中设置计算结果的显示格式，如设置小数位数等。

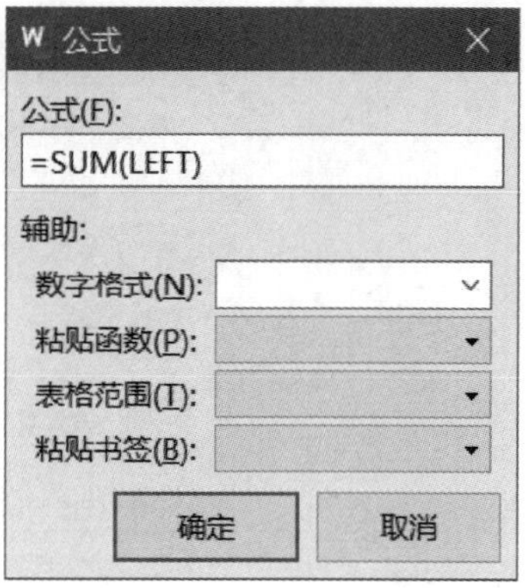

图 3-2-12 “公式”对话框

在表格数据的计算过程中，用户可以根据实际情况使用有关函数。函数名可以在“公式”对话框中的“公式”文本框中自行输入，也可以在“粘贴函数”下拉列表中进行选择。常用的函数有求和函数 SUM()、求平均值函数 AVERAGE()、求最大值函数 MAX()、求最小值函数 MIN()等。使用函数时需要提供函数参数(表格范围)，常用的函数参数有 ABOVE(上面所有数字单元格)、LEFT(左边所有数字单元格)、RIGHT(右边所有数字单元格)、BELOW(下面所有数字单元格)，也可以用单元格地址表示表格操作范围，如“A1:C5”是指 A1 单元格到 C5 单元格的连续矩形区域。需要注意的是，如果以这种单元格地址表示形式作为函数参数，则不能采用更新域的方法更新计算结果。所以，若要进行复杂的数据计算，使用 WPS 表格更方便。

(2)表格数据的排序。

排序是指以关键字为依据，将原本无序的记录序列调整为有序的记录序列的过程。例如，在计算表 3-2-1 学生成绩表的总成绩后，将总成绩从低到高排序。操作步骤如下。

①将光标置于表格任意单元格中。

②在“开始”选项卡中，单击“排序”按钮，打开“排序”对话框。根据需要选择关键字、排序类型和排序方式。这里依次选择“主要关键字”为“列 5”，即“总成绩”列，排序类型为“数字”，排序方式为“升序”，如图 3-2-13 所示。根据需要，还可以选择次要关键字、排序类型和排序方式。设置各个选项后，单击“确定”按钮完成排序。

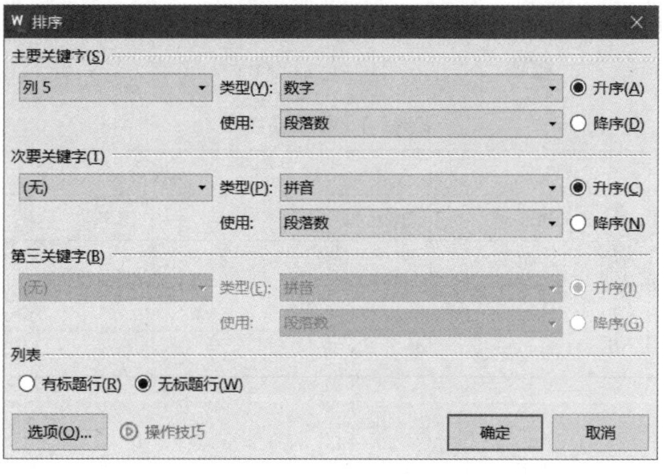

图 3-2-13 “排序”对话框

4. 图表的生成

图表能直观、清晰地表达各种数据之间的关系。WPS 文字提供了多种类型的图表，如柱形图、饼图、折线图等。生成图表的方法是：选择需要插入图表的位置，单击“插入”选项卡中的“图表”按钮，打开“图表”对话框，在对话框的左侧选择图表类型，在右侧选择图表的形式。此时，在文档中插入图表，并打开“图表工具”上下文选项卡，在其中单击“编辑数据”按钮，自动进入 WPS 表格程序。复制要生成图表的表格内容，并从 WPS 表格的 A1 单元格开始粘贴，此时，WPS 文字窗口中将同步显示图表结果，最后关闭 WPS 表格窗口。

5. 图形功能

WPS 文字强大的编辑和排版功能，除了体现在对文本、表格对象的处理上，还体现在图形功能上。

(1)图形的插入。

①插入形状。在“插入”选项卡中，单击“形状”下拉按钮，在下拉列表中选择需要的形状，可以绘制线条、矩形、基本形状等。

②插入图片。先将光标定位到插入点，单击“插入”选项卡中的“图片”下拉按钮，单击目标图片即可完成图片的插入。也可以在“图片”下拉列表中选择“来自文件”命令，然后在“插入图片”对话框中选择目标图片文件，单击“打开”按钮即可完成图片的插入。

③插入艺术字。艺术字是经过加工的汉字变形字体，具有装饰性。先将光标定位到插入点，在“插入”选项卡中，单击“艺术字”下拉按钮，在下拉列表中选择所需样式，然后在文本编辑区输入所需的文字。

(2)图形的格式设置。

①缩放图形。在文档中插入图形后，常常需要调整图形的大小。操作方法是：单击图形，图形四周将出现 8 个控制手柄，移动鼠标指针到控制手柄位置，鼠标指针变成双向箭头形状，此时，单击并拖动鼠标到合适位置，即可调整图形的大小。如果需要保持其长宽比，则拖曳图形四角的控制手柄。

除利用鼠标调整图形的大小外，还可以通过对话框进行设置：选中图形，单击“图片工具”上下文选项卡，直接输入高度和宽度值，或单击“大小和位置”设置对话框启动器按钮↘，打开“布局”对话框，在“大小”选项卡中进行设置，如图 3-2-14 所示。

通常，在缩放图形时不希望因改变长宽比例而造成图像失真，因此应勾选“锁定纵横比”复选框。

②裁剪图片。WPS 文字还提供图片的裁剪功能，但不能裁剪形状、艺术字等图形。图片的裁剪方法是：选择需要裁剪的图片，在“图片工具”上下文选项卡中，单击“裁剪”下拉按钮，在下拉列表中选择“矩形”下的“矩形”形状，拖动图片的控制手柄到合适位置，如图 3-2-15 所示，单击“裁剪”按钮或按 Enter 键，将裁剪掉图片的裁剪区域。

如果需要裁剪出固定的形状(如椭圆形状)，则单击“裁剪”下拉按钮，在下拉列表中选择“基本形状”下的“椭圆”形状，裁剪后的效果如图 3-2-16 所示。

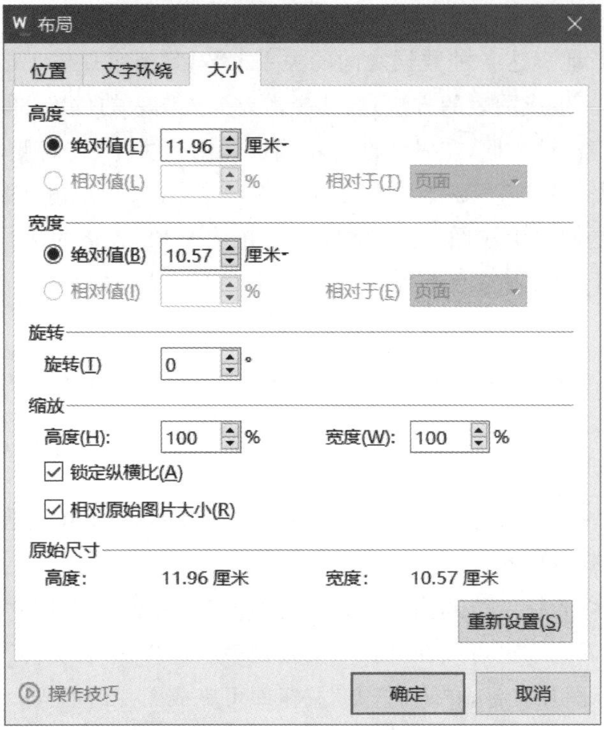

图 3-2-14 “布局”对话框

图 3-2-15 裁剪图片

图 3-2-16 裁剪成椭圆形状

注意:WPS 文字中,裁剪图片实质上只是将图片的一部分隐藏起来,并未真正裁去。可以使用“裁剪”按钮反向拖动鼠标进行恢复。

③去除图形背景。WPS 文字提供了智能抠除背景和设置透明色两种去除图片背景的功能。操作方法是:选定图片,在“图片工具”上下文选项卡中单击“抠除背景”下拉按钮,在下拉列表中选择“抠除背景”命令,利用“智能抠图”操作去除背景;或者在下拉列表中选择“设置透明色”命令,再单击图片上要去除背景的地方来去除背景。

(3)设置图形与文字混合排版。

①设置图形与文字的环绕方式。文字环绕方式是图形和周边文本之间位置关系的描述,常用的有嵌入型、四周型、紧密型、衬于文字下方、浮于文字上方、上下型、穿越型等。设置文字环绕方式的操作方法是:选中图形,在“图片工具”上下文选项卡中单击“环绕”下拉按钮,在下

拉列表中选择所需的环绕方式。

如果需要进行更复杂的设置，则右击图片，在弹出的快捷菜单中选择“文字环绕”→“其他布局选项”命令，打开“布局”对话框，在该对话框的“文字环绕”选项卡中进行设置。可以根据需要设置“环绕方式”“环绕文字”方式以及与正文文字的距离，如图3-2-17所示。选择不同的环绕方式会产生不同的图文混排效果。

图3-2-17 设置文字环绕布局

②设置图形在页面上的位置。设置图形在页面上的位置是指插入的图形在当前页的布局情况。可在“布局”对话框的“位置”选项卡中根据需要设置“水平”和“垂直”位置以及相关选项。

2.1.3 长文档编辑与操作

像毕业论文、书籍、杂志这类长文档的编辑和排版，从提高文档编辑和处理的工作效率出发，有一些特殊的编辑和排版要求，包括设置样式、添加注释、页面排版、创建目录等。

1. 设置样式

样式是被命名并保存的一系列格式的集合，是WPS文字中常用的格式设置工具。使用样式能够准确、快速地实现长文档的格式设置，减少长文档编辑和排版过程中大量重复的格式设置操作。

样式有内置样式和自定义样式两种。内置样式是指WPS文字自带的标准样式，自定义样式是指用户根据文档需要而设定的样式。

(1)应用内置样式。

WPS 文字提供了丰富的样式类型。单击“开始”选项卡,在快速样式库中有多种内置样式,其中“正文”“标题 1”“标题 2”“标题 3”等都是内置样式名称。应用内置样式的方法简单,只要把光标置于要应用样式的文字中,单击相应样式即可。单击各种样式时,光标所在段落或选中的对象会自动呈现出当前样式应用后的视觉效果。单击样式右侧的下拉按钮会弹出样式列表。

(2)修改样式。

内置样式和自定义样式都能进行修改。可以先修改样式再应用,也可以在样式应用之后再对其进行修改。

下面以修改“标题 1”样式为例进行说明。将内置“标题 1”样式的章标题段落修改为:居中,段前和段后间距均为 10 pt,行距为 36 pt;将正文所有段落首行缩进 2 个字符。

操作方法是:在“开始”选项卡中右击“标题 1”样式,在弹出的快捷菜单中选择“修改样式”命令,打开“修改样式”对话框,如图 3-2-18 所示。

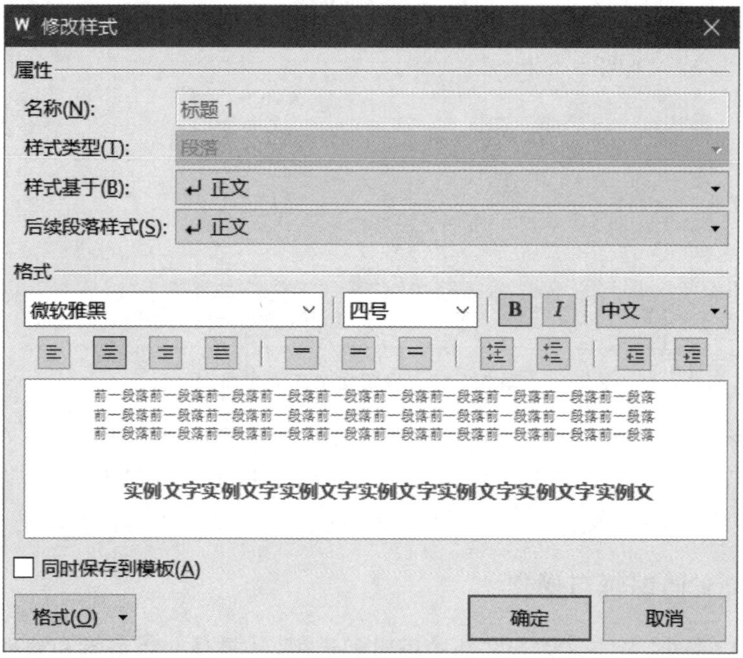

图 3-2-18 “修改样式”对话框

在“修改样式”对话框中的“格式”选项区进行字体和段落格式修改,同时在预览区域显示了当前样式的字体和段落格式。单击“格式”下拉按钮,在弹出的下拉列表中选择“段落”命令,在打开的“段落”对话框中进行如图 3-2-19 所示的设置,单击“确定”按钮,回到“修改样式”对话框。

最后单击“确定”按钮,完成“标题 1”样式的修改。

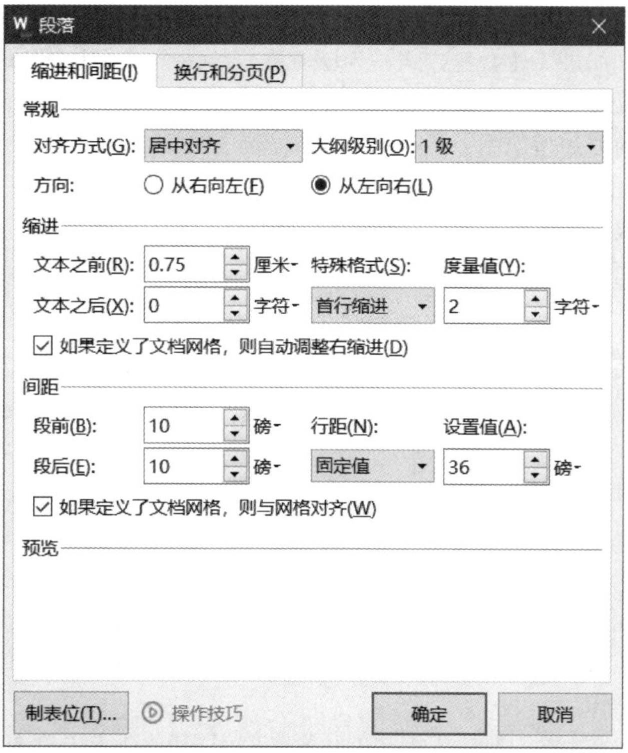

图 3-2-19　“段落”对话框设置

(3)新建样式。

在应用内置样式的基础上进行修改就可实现所需样式的设置，也可以根据需要新建样式。新建样式的操作方法是：在“样式”下拉列表中选择“新建样式”命令，打开如图 3-2-20 所示的“新建样式”对话框。

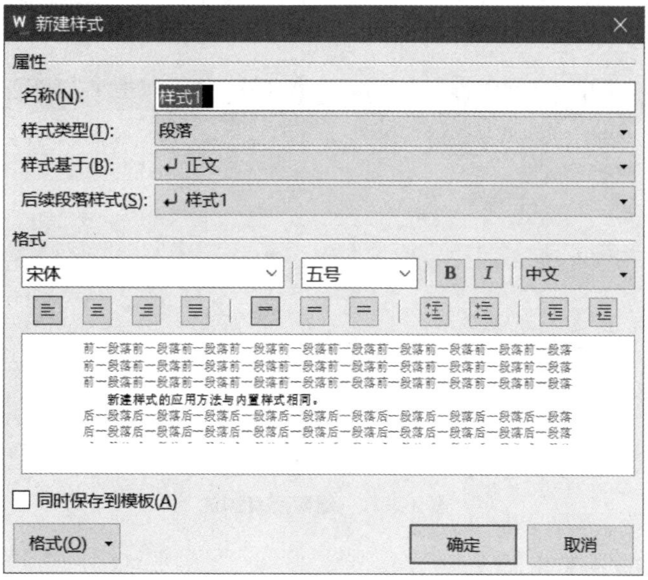

图 3-2-20　“新建样式”对话框

在“名称”文本框中输入新建样式的名称，在“样式类型”下拉列表中选择“段落”“字符”等样式类型中的一种。如果要使新建样式基于已有样式，可在“样式基于”下拉列表中选择原有的样式名称。“后续段落样式”用来设置在当前样式段落按 Enter 键后，下一段落的样式。其他设置与修改样式的方法相同。

设置完成后，单击“确定”按钮。新建样式的名称将出现在“样式和格式”任务窗格中。在“开始”选项卡的样式库中也将出现新建样式的名称。

新建样式的应用方法与内置样式的相同。

2. 添加注释

注释是指对有关字、词、句进行补充说明，提供有一定的重要性、但写入正文将有损文本条理和逻辑的解释性信息，如脚注、尾注，添加到表格、图表、公式或其他项目上的名称和编号标签都是注释对象。

(1)插入脚注和尾注。

脚注和尾注主要用于对文本进行补充说明，如名词解释、备注说明或文档中引用内容的来源等。脚注通常位于页面的底部，尾注位于文档结尾处，用来集中解释需要注释的内容或标注文档中所引用的其他文档名称。脚注和尾注都由两部分组成：引用标记与注释内容。

脚注和尾注的插入、修改或编辑方法完全相同，区别在于它们出现的位置不同。下面以脚注为例介绍其相关操作。

①插入脚注。将光标置于要插入脚注的位置，在“引用”选项卡中单击“插入脚注”按钮，此时，在光标位置右上角出现上标“1”。在页面底部闪烁的光标处输入注释内容即完成脚注的插入。

②删除脚注。若要删除单个脚注，只需选定文本右上角的脚注引用标记，按 Delete 键即可。如果需要一次性删除所有脚注，方法是：选择“开始”选项卡“查找替换”下拉列表中的“替换”命令，打开“查找和替换”对话框；将光标定位在“查找内容”文本框中，单击“特殊格式”下拉按钮，选择“脚注标记”选项，如图 3-2-21 所示，单击“全部替换”按钮，即可一次性删除所有脚注。

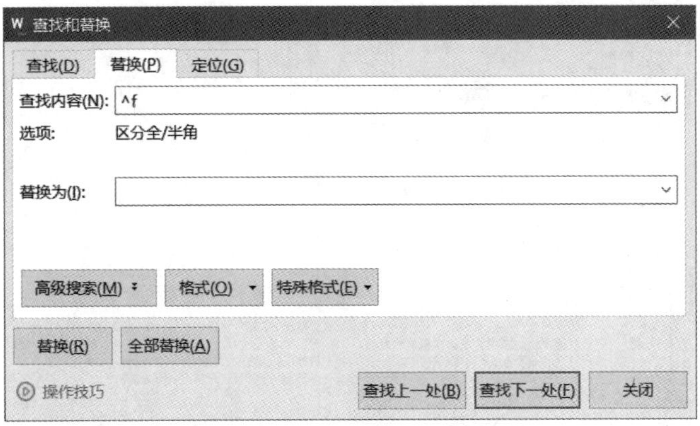

图 3-2-21　删除所有脚注

(2)插入题注与交叉引用。

题注是添加到表格、图表、公式或其他项目上的名称和编号标签，由标签及编号组成。使用题注可以使文档条理清晰,方便阅读和查找。交叉引用是在文档的某个位置引用文档另一个位置的内容,如引用题注等。

①插入题注。题注插入的位置因对象不同而不同,一般情况下,题注插在表格的上方、图片对象的下方。定义并插入题注的操作方法是:将光标置于需要插入题注的位置,单击“引用”选项卡中的“题注”按钮,打开“题注”对话框,如图 3-2-22 所示;根据添加的具体对象,在“标签”下拉列表中选择相应标签,如表、图、图表、公式等,单击“确定”按钮。

如果需要在文档中使用自定义的标签,则在“题注”对话框中单击“新建标签”按钮,在打开的“新建标签”对话框中输入新标签名称,如新建标签“表格”,单击“确定”按钮返回“题注”对话框。设置完成后单击“确定”按钮,即可将题注添加到相应的文档位置。

在插入题注时,还可以将编号和文档的章节序号联系起来。单击“题注”对话框中的“编号”按钮,在打开的“题注编号”对话框中勾选“包含章节编号”复选框,在“章节起始样式”下拉列表中选择“标题 1”选项,单击“确定”按钮返回“题注”对话框,再单击“确定”按钮完成题注的插入。

②创建交叉引用。在 WPS 文字中,可以在多个不同的位置使用同一个引用源的内容,这种方法称为交叉引用。可以为标题、脚注、书签、题注等项目创建交叉引用。交叉引用实际上就是在要插入引用内容的地方建立一个域,当引用源发生改变时,交叉引用的域将自动更新。

创建交叉引用的操作方法是:将光标置于需要创建交叉引用的位置,单击“引用”选项卡中的“交叉引用”按钮,打开“交叉引用”对话框,如图 3-2-23 所示。

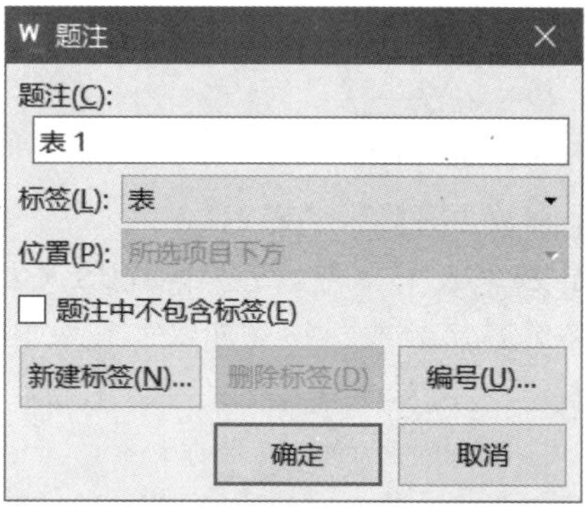

图 3-2-22 “题注”对话框

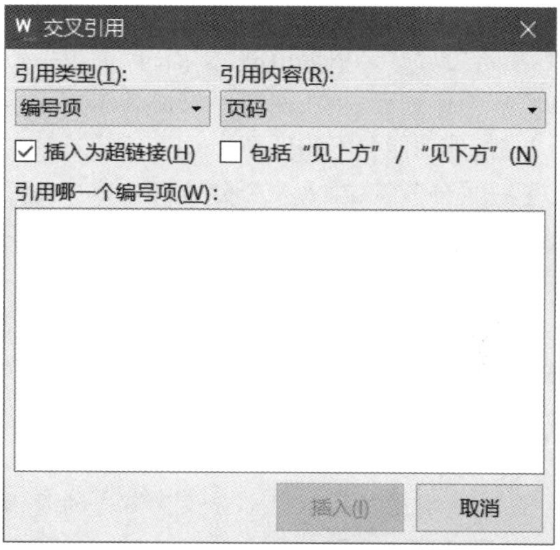

图 3-2-23 “交叉引用”对话框

在“引用类型”下拉列表中选择要引用的项目类型,如选择“图”,在“引用内容”下拉列表中选择要插入的信息内容,如选择“段落编号”,在“引用哪一个编号项”列表框中选择要引用的题注,然后单击“插入”按钮,题注编号被自动添加到文档中的插入点。单击“取消”按钮,退出交叉引用的操作。

文档中的被引用项目发生变化后,如添加、删除或移动了题注,题注编号和交叉引用也会随之发生改变。但在上述有些操作过程中,系统并不会自动更新,此时就必须采用手动更新的方法。

a. 若要更新单个题注编号和交叉引用，则选定对象；若要更新文档中所有的题注编号和交叉引用，则选定整篇文档。

b. 按 F9 功能键同时更新题注编号和交叉引用。也可以右击所选对象，在弹出的快捷菜单中选择“更新域”命令，即可实现所选范围题注编号和交叉引用的更新。

3. 页面排版

通常情况下，当文档的内容超过纸型能容纳的内容时，WPS 文字会按照默认的页面设置产生新的一页。但如果用户需要在指定的位置产生新页，则只能利用插入分隔符的方法强制分页。

(1)分页。

①插入分页符。分页符位于上一页结束与下一页开始的位置。将光标置于需要分页的位置，单击“页面”选项卡中的“分隔符”下拉按钮，在下拉列表中选择“分页符”命令，即可在插入点位置插入一个分页符。也可以按 Ctrl+Enter 组合键实现快速手动分页。

②分页设置。WPS 文字不仅允许用户手动分页，还允许用户调整自动分页的有关属性。例如，用户可以利用分页选项避免文档中出现“孤行”，避免在段落内部、表格中或段落之间进行分页等，其设置方法是：选定需要分页的段落，在“开始”选项卡中单击“段落”对话框启动器按钮↘，在打开的“段落”对话框的“换行和分页”选项卡中，可以设置各种分页控制。

(2)分节。

“节”是文档的一部分，是一段连续的文档块。所谓分节，可理解为将 WPS 文档分为几个子部分，对每个子部分可单独设置页面格式。插入分节符的操作方法是：将光标置于需要分节的位置，单击“页面”选项卡中的“分隔符”下拉按钮，在下拉列表中选择相关的分节命令。

在实际操作过程中，往往需要根据具体情况插入不同类型的分节符。WPS 文字提供以下四种分节符，其功能各不相同。

①下一页分节符：插入一个分节符并分页，新节从下一页开始。

②连续分节符：插入一个分节符，新节从当前插入位置开始。

③偶数页分节符：插入一个分节符，新节从下一个偶数页开始。

④奇数页分节符：插入一个分节符，新节从下一个奇数页开始。

注意：分页符是将前后的内容隔开到不同的页面，如果没有分节，则整个 WPS 文档的所有页面都属于同一节。而分节符是将不同的内容分隔到不同的节。一页可以包含多节，一节也可以包含多页。同节的页面可以拥有相同的页面格式，不同节的页面格式可以不相同，互不影响。因此，要对文档的不同部分设置不同的页面格式，就必须进行分节操作。

(3)设置页眉和页脚。

页眉和页脚通常用于显示文档的附加信息，如日期、页码、章标题等。其中，页眉在页面的顶部，页脚在页面的底部。

①插入相同的页眉和页脚。在默认情况下，在文档中任意一页插入页眉或页脚，则其他页都将生成与之相同的页眉或页脚。插入页眉的方法是：将光标置于文档中的任意位置，单击“插入”选项卡中的“页眉页脚”按钮，打开“页眉页脚”上下文选项卡，同时页眉和页脚处于编辑状态。在页眉或页脚处添加所需文本，此时为每个页面添加相同的页眉或页脚。单击“页眉页脚”上下文选项卡中的“页眉”下拉按钮，在下拉列表中选择一种页眉样式，则当前文档的所有页面都添加了同一样式的页眉。

类似地，在“页眉页脚”上下文选项卡中单击“页眉页脚切换”按钮，单击“页脚”下拉按钮，在下拉列表中选择一种页脚样式，则当前文档的所有页面都添加了同一样式的页脚。

页眉和页脚的删除与页眉和页脚的插入过程类似，分别在“页眉”下拉列表或“页脚”下拉列表中选择“删除页眉”或“删除页脚”命令即可。

②插入不同的页眉和页脚。在长文档的编辑过程中，经常需要对不同的页面设置不同的页眉和页脚。如首页与其他页页眉和页脚不同，奇数页与偶数页页眉和页脚不同等。

a. 设置首页不同。“首页不同”是指在当前节中，首页的页眉和页脚与其他页的不同。设置方法是：在需要设置首页不同的节中，双击该节任意页面的页眉或页脚区域，此时出现“页眉页脚”上下文选项卡，单击“页眉页脚选项”按钮，打开“页眉/页脚设置”对话框。勾选“首页不同”复选框，这样就可以单独设置首页的页眉和页脚了，如图 3-2-24 所示。

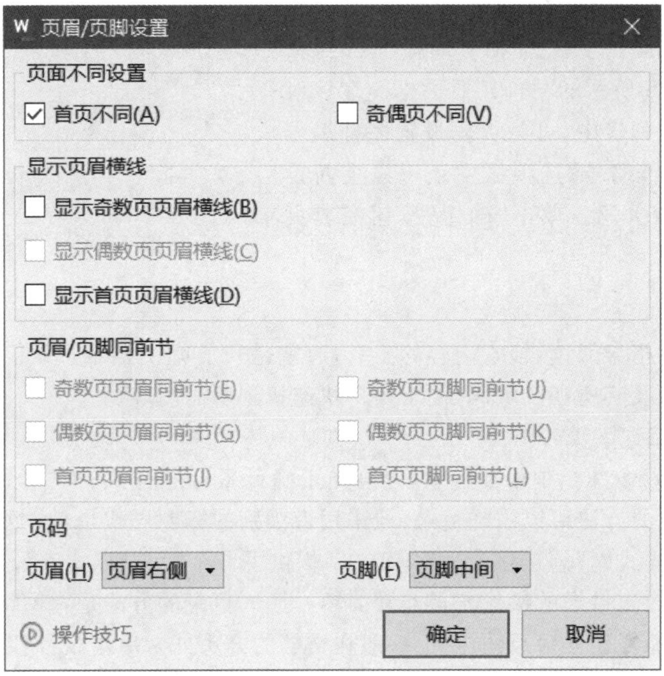

图 3-2-24　“页眉/页脚设置”对话框

b. 设置奇偶页不同。“奇偶页不同”是指在当前节中，奇数页与偶数页的页眉和页脚不同。默认情况下，同一节中所有页面的页眉和页脚都是相同的（首页不同除外），不论是奇数页还是偶数页，修改任意页的页眉和页脚，其他页面都进行了修改。只要在如图 3-2-24 所示的“页眉/页脚设置”对话框中，勾选“奇偶页不同”复选框，就可以分别为奇数页和偶数页设置不同的页眉和页脚。此时，只需修改某一奇数页或偶数页的页眉和页脚，所有奇数页或偶数页的页眉和页脚都会随之发生相应的改变（首页不同除外）。

c. 为不同节设置不同的页眉和页脚。当文档中存在多个节时，默认情况下，“页眉页脚”上下文选项卡中的“同前节”按钮为选定状态。若需要为不同的节设置不同的页眉和页脚，则需单击“同前节”按钮，将其选定状态取消，从而断开前后节的关联，才能为各节设置不同的页眉和页脚。

注意：页眉和页脚不属于正文，因此在编辑正文的时候，页眉和页脚以淡色显示，此时不能编辑页眉和页脚。反之,当编辑页眉和页脚时,也不能编辑正文。

③插入页码。页码是一种放置于每页中标明次序、用以统计文档页数、便于读者检索的编码或其他数字。插入页码后,WPS 文字可以自动而迅速地编排和更新页码。页码可以置于页眉、页脚、页边距或当前位置,通常显示在文档的页眉或页脚处。插入页码的方法是:单击“插入”选项卡中的“页码”下拉按钮,在下拉列表中选择页码放置的位置和样式。

在页眉和页脚编辑状态下,可以对插入的页码格式进行修改。在“页眉页脚”上下文选项卡中,单击“页码”下拉按钮,在下拉列表中选择“页码”命令,打开如图 3-2-25 所示的“页码”对话框。在该对话框的“样式”下拉列表中,可为页码设置多种编号格式,同时,在“页码编号”选项区中还可以重新设置页码编号的起始页码。单击“确定”按钮完成页码的格式设置。

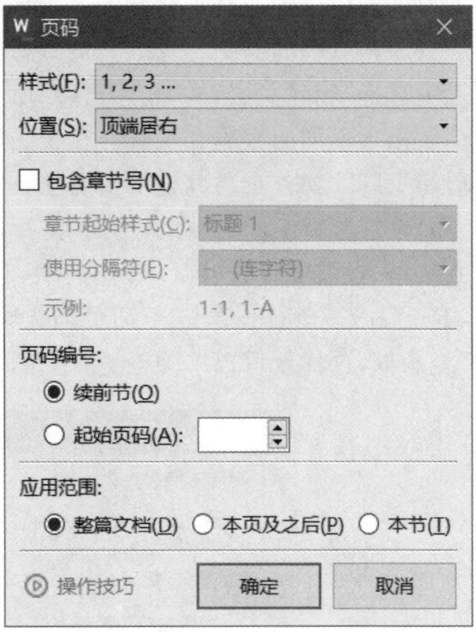

图 3-2-25 “页码”对话框

4. 创建目录

目录是文档中指导阅读、检索内容的工具,通常是长篇幅文档不可缺少的内容,它列出了文档中的各级标题及其所在的页码,便于用户快速找到所需内容。

(1)创建标题目录。

要在较长的 WPS 文档中添加目录,应事先正确设置标题样式,如“标题 1”至“标题 9”样式。尽管还有其他的方法可以添加目录,但采用带级别的标题样式是最方便的方法。

①使用“目录样式库”创建目录。WPS 文字提供了一个“目录样式库”,其中有多种目录样式供选择,从而使插入目录的操作变得非常简单。插入目录的方法是:打开已设置标题样式的文档,将光标置于需要建立目录的位置(一般在文档的开头处),单击“引用”选项卡中的“目录”下拉按钮,在下拉列表中选择一种满意的目录样式,WPS 文字将自动在指定位置创建目录。

目录生成后,只需在按住 Ctrl 键的同时,单击目录中的某个标题行,就可以跳转到该标题对应的页面。

②使用自定义目录创建目录。如果应用的标题样式是自定义的样式,则可以按照如下方法来创建目录。

将光标定位在目录插入点,单击“引用”选项卡中的“目录”下拉按钮,在下拉列表中选择“自定义目录”命令,打开如图 3-2-26 所示的“目录”对话框。

在该对话框的“目录”选项区,单击“选项”按钮,打开“目录选项”对话框,如图 3-2-27 所示。

在“有效样式”列表框中查找应用于文档中的标题的样式,在样式名称右侧的“目录级别”文本框中输入相应样式的目录级别。如果仅使用自定义样式,则可删除内置样式的目录级别数字。单击“确定”按钮,返回“目录”对话框。

在“打印预览”区域显示插入后的目录样式,单击“确定”按钮完成所有设置。

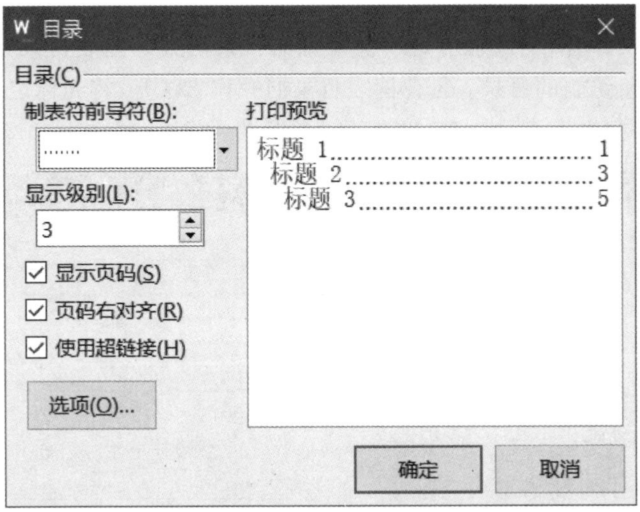

图 3-2-26 “目录”对话框

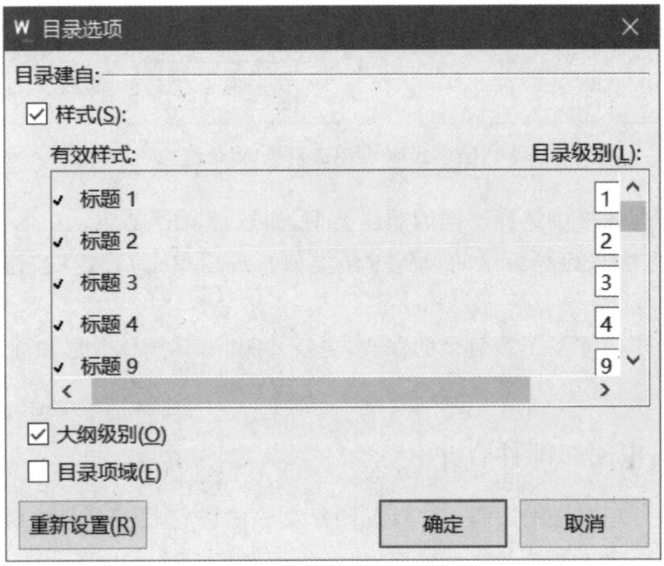

图 3-2-27 “目录选项”对话框

③目录的更新与删除。在创建好目录后，如果进行了添加、删除、更改标题或其他目录项，目录并不会自动更新。更新文档目录的方法有以下几种。

a. 单击目录区域任意位置，此时在目录区域左上角出现浮动按钮“更新目录”，单击该按钮，在打开的“更新目录”对话框中单击“更新整个目录”按钮，再单击“确定”按钮完成目录的更新。

b. 选择目录区域，按 F9 功能键。

c. 单击目录区域的任意位置，再单击“引用”选项卡中的“更新目录”按钮。

若要删除创建的目录，操作方法是：单击“引用”选项卡中的“目录”下拉按钮，选择下拉列表底部的“删除目录”命令；或者选择整个目录后按 Delete 键进行删除。

(2)创建图表目录。

除上述标题目录外,图表目录也是一种常见的目录形式。图表目录是针对 WPS 文档中的图、表、公式等对象编制的目录。创建图表目录的操作方法是:将光标定位到目录插入点,单击“引用”选项卡中的“插入表目录”按钮,打开“图表目录”对话框,如图 3-2-28 所示。

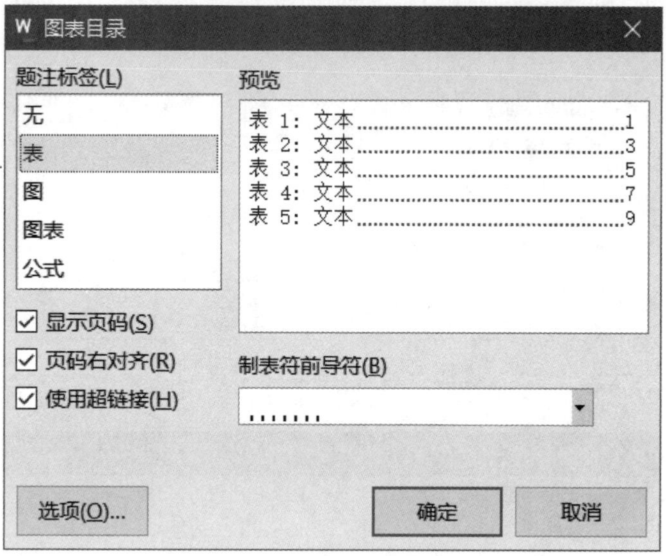

图 3-2-28 “图表目录”对话框

在“题注标签”列表框中选择不同的题注类型,如选择“图”题注。在该对话框中还可以进行其他设置,设置方法与标题目录的设置方法类似。最后单击“确定”按钮,完成图表目录的创建。

图表目录的操作还涉及图表目录的修改、更新及删除,其操作方法和标题目录的操作方法类似。

2.1.4 文档审阅与邮件合并

在与他人一同处理文档的过程中,审阅、跟踪文档的修订状况是最重要的环节之一,以便及时了解其他用户更改了文档的哪些内容,以及为何要进行这些更改。

在编辑文档时,通常会遇到这样一种情况:文档的主体内容相同,只是一些具体的细节文本稍有变化,如邀请函、准考证、成绩报告单、录取通知书等。在制作大量格式相同,只需修改少量文字,而其他文本内容不变的文档时,WPS 文字提供了强大的邮件合并功能。利用邮件合并功能可以快速、准确地完成这些重复性的工作。

1. 批注与修订

批注是文档的审阅者为文档附加的注释、说明、建议、意见等信息,并不对文档本身的内容进行修改。

修订用来标记审阅者对文档所做的操作。启用修订功能,审阅者的每一次编辑操作都会被标记出来,用户可根据需要接受或拒绝每处的修订。只有接受修订,审阅者对文档的编辑修改才会生效,否则文档内容保持不变。

(1)批注与修订的设置。

用户在对文档内容进行相关批注与修订操作之前,可以根据实际需要事先设置批注与修订的用户名、位置、外观等内容。

①用户名设置。在文档中添加批注或进行修订后,用户可以查看到批注者或修订者的姓名。系统默认姓名为安装软件时注册的用户名,但可以根据以下方法对用户名进行修改:单击"审阅"选项卡中的"修订"下拉按钮,在下拉列表中选择"更改用户名"命令,打开"选项"对话框,在"用户信息"选项的"姓名"文本框中输入新用户名,在"缩写"文本框中修改用户名的缩写,勾选"在修订中使用该用户信息"复选框,单击"确定"按钮。

②位置设置。在默认情况下,添加的批注位于文档右侧,修订则直接在文档修订的位置。批注及修订还可以以"垂直审阅窗格"或"水平审阅窗格"形式显示,设置方法是:单击"审阅"选项卡中的"显示标记"下拉按钮,在下拉列表中选择批注框的显示方式。同样,在"审阅"下拉列表中选择"审阅窗格"命令,可从中选择显示修订信息的位置。

③外观设置。外观设置主要是对批注和修订标记的颜色、边框、大小的设置。单击"审阅"选项卡中的"修订"下拉按钮,在下拉列表中选择"修订选项"命令,在打开的"选项"对话框中,根据用户的实际需要,对相应选项进行设置。

(2)批注与修订的操作。

①添加批注。在文档中选择要添加批注的文本,单击"审阅"选项卡中的"插入批注"按钮。此时,选中的文本背景将被填充颜色,旁边为批注框,直接在批注框中输入批注内容,再单击批注框外的任何区域,即可完成添加批注操作。

②查看批注。添加批注后,将鼠标指针移至文档中添加批注的对象上,鼠标指针附近将出现显示批注者姓名、批注日期和内容的浮动窗口。

单击"审阅"选项卡中的"上一条批注"按钮 或"下一条批注"按钮 ,可使光标在批注之间移动,以查看文档中的所有批注。

③编辑批注。如果对批注的内容不满意,可以对其进行编辑和修改,其操作方法是:单击要修改的批注框,光标停留在批注框内,直接进行修改,单击批注框外的任何区域完成修改。

④删除批注。可以有选择性地进行单个或多个批注的删除,也可以一次性删除所有批注,根据删除的对象不同,方法也有所不同。将光标置于批注框内,单击"审阅"选项卡中的"删除批注"下拉按钮,在下拉列表中选择"删除批注"命令,则删除当前的批注;若选择"删除文档中的所有批注"命令,则删除所有批注。

⑤修订文档。当用户在修订状态下修改文档时,WPS 文字将跟踪文档中所有内容的变化状况,把用户在当前文档中修改、删除、插入的每一项内容都标记下来,这样可以查看文档的所有修订操作,并根据需要进行确认或取消修订操作。修订文档的方法是:打开要修订的文档,单击"审阅"选项卡中的"修订"按钮,即可开启文档的修订状态。在修订状态下直接插入和修改的文档内容会通过不同颜色标记出来。

(3)审阅修订和批注。

文档修订完成后,还需要对文档的修订和批注状况进行最终审阅,根据需要对修订内容进行接受或拒绝处理。如果接受修订,则单击"审阅"选项卡中的"接受"下拉按钮,在打开的下拉列表中选择相应的命令。如果拒绝修订,则单击"拒绝"下拉按钮,在打开的下拉列表中选择相应的命令。

2. 比较文档

文档经过最终审阅后，用户可以通过对比的方式查看修订前后两个文档版本的变化情况。进行比较的具体操作方法是：单击“审阅”选项卡中的“比较”下拉按钮，在下拉列表中选择“比较”命令，打开“比较文档”对话框，如图 3-2-29 所示。

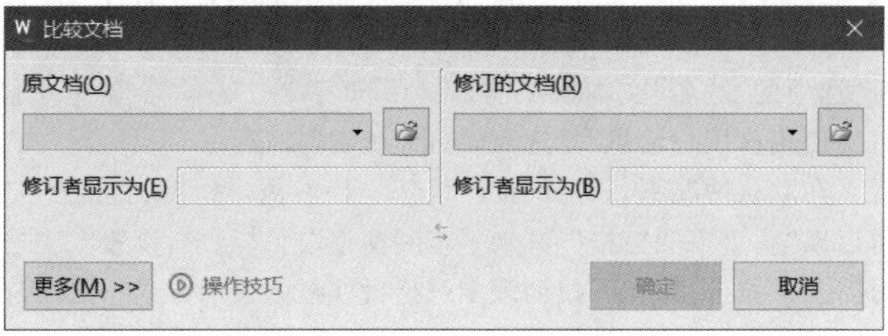

图 3-2-29 “比较文档”对话框

在“比较文档”对话框中，在“原文档”下拉列表中选择修订前的文件，在“修订的文档”下拉列表中选择修订后的文件。还可以通过单击其右侧的“打开”按钮，在“打开”对话框中分别选择修订前和修订后的文件。单击“更多”按钮，展开比较选项，可以对比较内容、修订的显示级别和显示位置进行设置。

最后单击“确定”按钮，WPS 文字将自动对原文档和修订后的文档进行精确比较，并以修订方式显示两个文档的不同之处。默认情况下，比较结果显示在新建的文档中，被比较的两个文档的内容不变。

比较文档窗口分三个区域，分别显示两个文档的内容、比较结果文档。此时可以对比较生成的文档进行审阅操作，单击“保存”按钮可以保存审阅后的文档。

3. 构建并使用文档部件

文档部件是对指定的文档内容（文本、图片、表格、段落等文档对象）进行封装的一个整体部分，能对其进行保存和重复使用。

（1）自动图文集。

一个 WPS 文档中的某个表格很有可能在撰写其他同类文档时再次被使用，现在将其保存为文档部件，并命名为“选定范围”。操作方法是：选择文档中的表格，单击“插入”选项卡中的“文档部件”下拉按钮，在下拉列表中选择“自动图文集”→“将所选内容保存到自动图文集库”命令，打开如图 3-2-30 所示的“新建构建基块”对话框；为新建的文档部件修改名称为“选定范围”，并在“库”下拉列表中选择“自动图文集”选项；单击“确定”按钮，完成文档部件的创建工作。

图 3-2-30 “新建构建基块”对话框

使用文档部件的操作方法是：在当前文档或打开的其他文档中，将光标置于需要插入文档部件的位置，单击“插入”选项卡中的“文档部件”下拉按钮，在下拉列表中选择“自动图文集”→

“选定范围”命令，即在当前文档中插入一个与“选定范围”表格完全相同的表格，根据实际需要修改表格内容即可。

(2)插入域。

域是能够嵌入文档的一组代码，在文档中体现为数据占位符。通过域可以自动插入文字、图形、页码或其他信息。在文档中创建目录、插入页码等时，WPS 会自动插入域。利用文档部件可以手动插入域，通过域自动处理文档。操作方法是：单击文档中需要插入域的位置，单击“插入”选项卡中的“文档部件”下拉按钮，在下拉列表中选择“域”命令，打开如图 3-2-31 所示的“域”对话框；根据需要选择域名，设置是否“更新时保留原格式”，单击“确定”按钮。

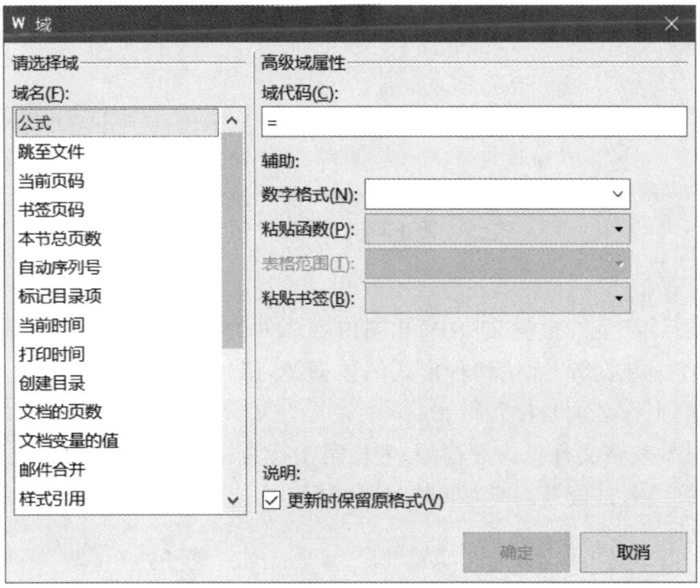

图 3-2-31 “域”对话框

4. 邮件合并

要实现邮件合并功能，通常需要以下三个关键步骤。

(1)创建主文档：主文档是一个 WPS 文字文档，包含了文档所需的基本内容，并设置了符合要求的文档格式。主文档中的文本格式和图形格式在合并后都固定不变。

(2)创建数据源：数据源可以是用 WPS 表格、WPS 文字、Access 等软件创建的多种类型的文件。

(3)关联主文档和数据源：利用 WPS 文字提供的邮件合并功能，将数据源关联到主文档中，得到最终的合并文档。

下面以“计算机考试成绩通知单”为例介绍邮件合并操作。

(1)创建主文档。

在 WPS 文字中，任何一个普通文档都可以作为主文档使用，因此，建立主文档的方法与建立普通文档的方法基本相同。图 3-2-32 所示即为“计算机考试成绩通知单”的主文档，其主要制作过程如下。

①设计通知单的内容及版面格式，并预留文档中相关信息的占位符。

②设置文本的字体、字号，段落的对齐方式等。

③设置双线型页面边框。

④设置完成后，以“计算机考试成绩通知单. docx”为文件名进行保存。

计算机考试成绩通知单

________学院________同学（学号：________）参加了计算机考试，

成绩为：________。

考试中心

2024 年 1 月 30 日

图 3-2-32　主文档

(2)创建数据源。

邮件合并处理后产生的批量文档中，相同内容之外的其他内容由数据源提供。可以采用多种格式的文件作为数据源，无论何种形式的数据源，邮件合并操作都相似。需要注意的是，数据源文件中的第 1 行必须是标题行。

这里采用 WPS 表格文件作为数据源，表格第 1 行为标题行，其他行为记录行，如图 3-2-33 所示，表格以“计算机考试成绩. et”为文件名进行保存。

	A	B	C	D	E
1	学号	姓名	成绩	专业	学院
2	S1001	张亦	90	计算机	计算机
3	S1002	王尔	87	自动化	自动化
4	S1003	刘伞	85	计算机	计算机
5	S1004	李思	75	通信工程	计算机
6	S1005	陈武	95	软件工程	计算机

图 3-2-33　数据源

(3)关联主文档和数据源。

在主文档和数据源准备好之后，就可以利用邮件合并功能，实现主文档与数据源的关联，从而完成邮件合并操作，其操作步骤如下。

①打开已创建的主文档“计算机考试成绩通知单. docx”，单击“引用”选项卡中的“邮件”按钮，出现“邮件合并”上下文选项卡，单击“打开数据源”按钮，打开“选取数据源”对话框。

②在“选取数据源”对话框中选择已创建好的数据源文件“计算机考试成绩. et”，单击“打开”按钮。如果数据源中有多个表，将打开“选择表格”对话框。选择数据所在的工作表，单击“确定”按钮。此时，数据源已经关联到主文档中，“邮件合并”选项卡中的大部分按钮也因此处于可用状态。

③在主文档中将光标定位到“学院”下画线处，单击“邮件合并”上下文选项卡中的“插入合

并域”按钮，在打开的“插入域”对话框中选择要插入的域“学院”，单击“插入”按钮。按同样的方法，分别在相应位置插入“姓名”域、“学号”域和“成绩”域。

④单击“邮件合并”上下文选项卡中的“查看合并数据”按钮，将显示主文档和数据源关联后的第1条数据结果。单击“查看记录”按钮，可逐一显示各条记录的数据。

⑤单击“合并到新文档”按钮，打开“合并到新文档”对话框，在该对话框中选中“全部”单选按钮，单击“确定”按钮，WPS文字将自动合并文档，并将合并的内容暂存在新建的“文档文稿1”文档中，这里将文档另存为“成绩通知单.docx”。

2.2 WPS表格的操作与应用

电子表格(spreadsheet)软件是为了解决大量的表格处理需求而开发出来的软件，人们利用电子表格软件可以对各种表格进行各种各样的统计分析。WPS表格就是一个电子表格软件，它具有很强的表格处理、数据管理和图表功能，被广泛应用于行政管理、财务统计和经济分析等许多领域。

2.2.1 工作表的编辑与修饰

WPS表格的基本功能就是创建工作表，在工作表中记录相关的数据。工作表数据的输入与编辑，是进行数据处理与分析的基础。掌握数据输入与编辑的方法，可以更高效、更准确地完成数据处理工作。对工作表进行适当的修饰，可以使数据有更好的表现形式，增强表格的可读性。

1. WPS表格的基本概念

(1)工作簿和工作表。

工作簿是WPS表格中用来处理和存储数据的文件，一个扩展名为“.et”的WPS电子表格文件即是一个工作簿。在一个工作簿中，可以包含若干个工作表(sheet)。在默认情况下，包含一个工作表Sheet1。

工作表是工作簿窗口中呈现出的由若干行和列构成的表格。WPS表格中数据的输入、编辑、处理等操作均在工作表中完成。工作表不能脱离工作簿独立存在，必须包含于某个工作簿中。

(2)WPS表格的操作界面。

WPS表格的操作界面由两个窗口构成，一个是WPS表格程序窗口，该窗口中主要提供了WPS表格的各个功能选项卡和相应的按钮；另一个是WPS表格工作簿窗口，这是数据输入与编辑的主要工作区，由行、列交叉形成的单元格构成，即工作表。

工作表名称一般位于工作表的左下角，默认工作表名为Sheet1、Sheet2、Sheet3……以此类推。单击工作表名称，可以在不同的工作表之间进行切换。当前正在编辑的工作表称为活动工作表。

(3)单元格地址和活动单元格。

工作表中每一行最左侧的数字表示该行的行号，对应称为第1行、第2行、第3行、……；工作表中每一列上方的大写英文字母表示该列的列名，对应称为A列、B列、C列……。单元格所在的列名和行号共同构成单元格地址，如C7单元格，表示位于第7行C列的单元格。

当前正在编辑的单元格称为活动单元格。可以通过单击选中活动单元格，被选中的单元格将以绿色框标出。

(4)名称框与编辑栏。

名称框一般位于工作表的左上方，其中会显示出活动单元格的名称或已定义的单元格区域的名称。

编辑栏位于名称框的右侧、工作表的上方，用于显示、输入、编辑活动单元格中的数据或公式。

(5)全选按钮。

全选按钮 ◢ 位于工作表左上角行号和列名的交叉处，用于选中工作表中的所有单元格。

2. 数据输入

WPS 表格的数据类型有多种，在工作表中可以输入文本、数值、日期等类型的数据。针对不同类型的数据，WPS 表格提供了不同的输入方法，帮助用户高效、准确地输入数据。

在工作表中输入数据，首先必须选中待输入数据的单元格，再通过键盘进行数据输入。以下类型的数据在输入时需要特别注意。

(1)输入数字字符串。

如果输入的数据是文本且全部由数字字符构成，如学号、身份证号等，则在输入数据前需先输入一个单引号“'”(英文字符)，表明输入的数据为文本，如'21042018。特别是数字字符串的第 1 个字符为“0”时，如 010，如果在输入数据前没有输入单引号，那么第 1 个字符“0”不能正常显示。

(2)输入分数。

在单元格中输入分数时，为了区别于文本和日期数据，在输入数据时首先必须输入数字“0”，然后输入一个空格，再输入分数。例如，输入分数 3/4，单元格中正确的输入内容为“0 3/4”。

(3)输入日期数据。

在单元格中输入日期时，年、月、日之间可以用“/”分隔，也可以用“-”分隔。例如，在单元格中输入日期“2023/02/18”或“2023-02-18”，输入完成后单元格中均默认显示日期“2023/2/18”。

3. 自动填充数据

序列填充是 WPS 表格最常用的快速输入方法。通过该方法，可以快速向工作表的单元格中自动填充数据，实现高效、准确的数据输入。

(1)序列填充的基本方法。

在单元格中进行序列的自动填充，可以通过拖动填充柄实现，也可以使用“填充”命令实现。

填充柄是指活动单元格右下角的绿色小方块。首先在活动单元格中输入序列的第 1 个数据，然后沿数据的填充方向拖动填充柄即可填充序列。松开鼠标后填充区域的右下角会显示“自动填充选项”按钮 ⊞▾。通过该按钮中的选项，可以更改选定区域的填充方式。

使用“填充”命令填充序列：首先输入序列的第 1 个数据，然后选择要输入序列的单元格区域，单击“开始”选项卡中的“填充”下拉按钮，在下拉列表中选择“序列”命令，在打开的“序列”对话框中根据需求进行设置即可完成序列的填充，如图 3-2-34 所示。

(2)可填充的内置序列。

在 WPS 表格中,以下几种序列用户不需要定义,可以通过填充柄或填充命令直接填充。

①数字序列,如 1,2,3,…。

②日期序列,如 2000 年、2001 年、2002 年……;一月、二月、三月……;1 日、2 日、3 日……。

③文本序列,如一、二、三……;001,002,003,…。

以上几种序列在填充时默认的步长值为 1,如需改变步长值,可在图 3-2-34 所示的"序列"对话框中设置,或输入序列前两个数据的值后再使用填充柄拖动填充。

图 3-2-34　"序列"对话框

④其他内置序列,如 Sun,Mon,Tue,…;子、丑、寅……;等等。

(3)自定义序列。

自定义序列是 WPS 表格提供给用户定义个人经常需要使用,而系统又没有内置的序列的方法。选择"文件"→"选项"命令,在"选项"对话框左侧的菜单中选择"自定义序列"命令,如图 3-2-35 所示。在右侧"输入序列"文本框中输入新序列,输入完成后单击"确定"按钮,左侧的"自定义序列"列表框中将会添加新定义的序列。新序列的使用方法和内置序列的使用方法一致。

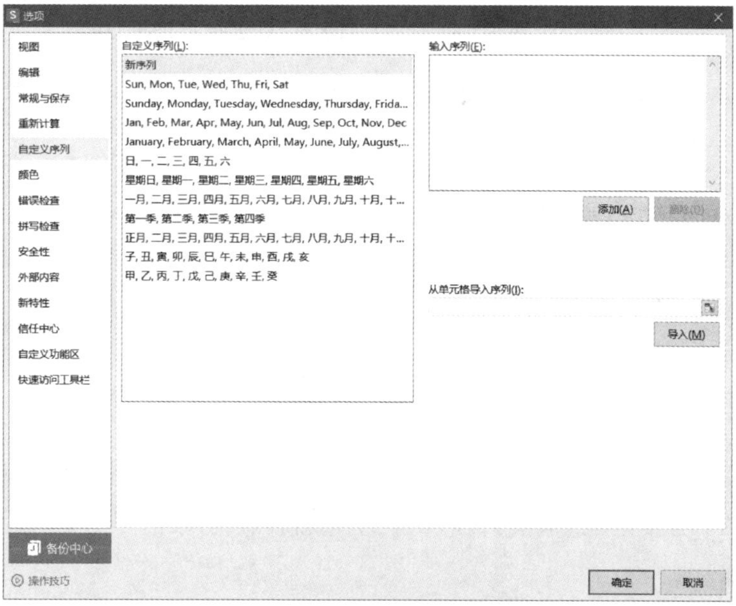

图 3-2-35　"选项"对话框

4. 控制数据的有效性

在 WPS 表格中,为了保证输入数据的准确性,可以对输入数据的类型、格式、值的范围等进行设置,称为数据有效性设置。具体来说,数据有效性设置可实现如下常用功能。

(1)限定输入数据为指定的序列,规范单元格输入文本的值。例如,要求工作表中 C 列的输入值仅能为“男”或“女”，设置方法是：选中 C 列，在“数据”选项卡中单击“有效性”下拉按钮，在下拉列表中选择“有效性”命令，打开“数据有效性”对话框，进行如图 3-2-36 所示的设置。注意，“来源”文本框中的数据应使用西文逗号“,”分隔。设置完成后，单击 C 列单元格右边的下拉按钮，可选择输入值。

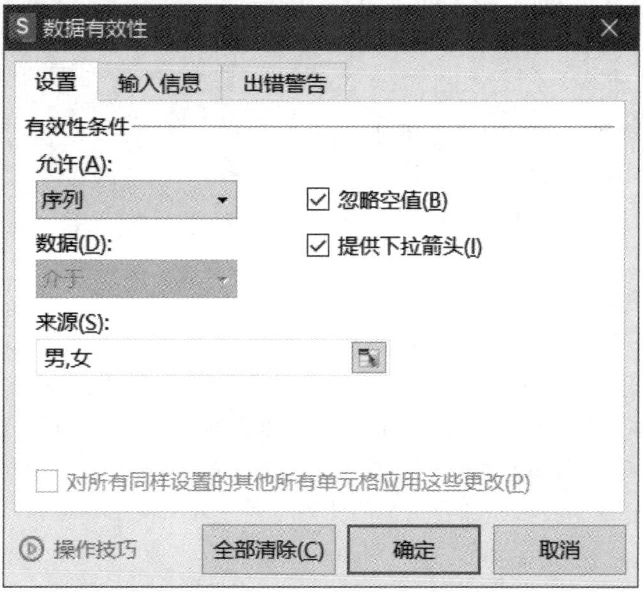

图 3-2-36 “数据有效性”对话框

(2)限定输入数据为某一个范围内的数值，如指定最大值、最小值、整数、小数、日期范围等。

(3)限定输入文本的长度，如身份证号的长度、地址的长度等。

(4)出错警告，当发生输入错误时弹出警告信息。

以上设置均可在“数据有效性”对话框中完成。

5. 数据编辑

在工作表中输入数据后，操作过程中经常需要修改或删除单元格中的数据。

当需要修改单元格中的数据时，可双击单元格，修改单元格内的数据信息；或单击单元格，在编辑栏中修改单元格中的数据信息。

当需要删除单元格中的数据时，选中需操作的单元格，按 Delete 键删除；或单击“开始”选项卡中的“清除”下拉按钮，在下拉列表中选择要清除的对象。

6. 获取外部数据

用户在使用 WPS 表格进行工作时，不但可以使用在 WPS 表格中输入的工作表数据，还可以将准备好的外部数据导入其中。WPS 表格获取外部数据是通过“数据”选项卡中的“获取数据”功能实现的，既可以导入文本文件中的数据，也可以从数据库中导入数据。

7. 格式化工作表

格式化工作表包括对表格的行、列、单元格及单元格中的数据进行格式化设置。

(1)行、列操作。

行、列操作包括行、列的插入或删除,可以在右击需要设置的行、列后,选择快捷菜单中相应的命令来完成。

(2)设置单元格格式。

右击需要设置的单元格,在弹出的快捷菜单中选择“设置单元格格式”命令,打开“单元格格式”对话框,如图 3-2-37 所示。在该对话框中,可以完成数字格式、对齐方式、文字的字体、表格的边框、单元格底纹图案等的设置。

图 3-2-37 “单元格格式”对话框

(3)表格样式。

WPS 表格提供了大量预置好的表格样式,可以自动实现包括字体大小、表格边框和填充图案等单元格格式集合的应用,用户可以根据需要选择预定格式,实现快速格式化表格。

①单元格样式。单击“开始”选项卡中的“单元格样式”下拉按钮,打开预设样式列表,选择一个预设的样式,即可在选定的单元格中应用该样式。也可以选择预设样式列表下方的“新建单元格样式”命令,自定义一个单元格样式。

②表格样式。单击“开始”选项卡中的“套用表格样式”下拉按钮,打开预设样式列表,用鼠标指针指向某一个样式,即可显示该样式的名称,可以在选定的单元格区域中应用选中的样式。也可以选择预设样式列表下方的“新建表格样式”命令,自定义一个表格样式。

(4)条件格式。

利用条件格式功能可以快速地为选定的单元格区域中满足条件的单元格设置某种格式。例如,设定成绩表中 90 及 90 分以上成绩的单元格均为黄色填充、红色字体显示,设置方法如下：单击“开始”选项卡中的“条件格式”下拉按钮，在下拉列表中选择“新建规则”命令，打开“新建格式规则”对话框；在“选择规则类型”列表框中选择“只为包含以下内容的单元格设置格式”命令，按图 3-2-38 所示进行设置；单击“格式”按钮，打开“单元格格式”对话框，设置字体及填充颜色。

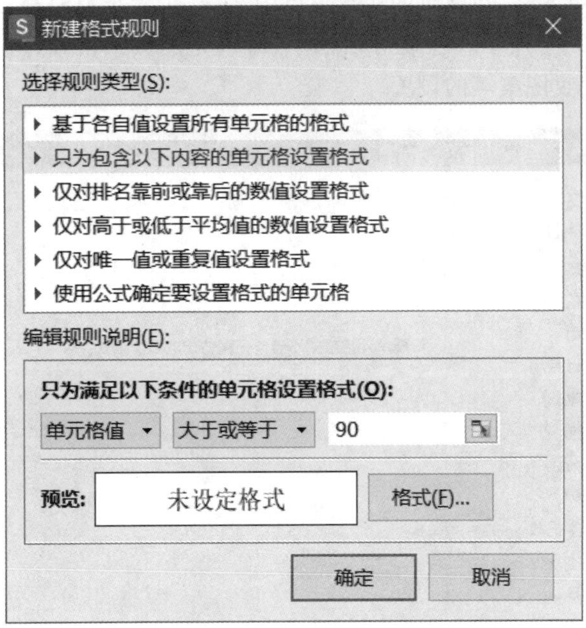

图 3-2-38　“新建格式规则”对话框

8. 工作表和工作簿操作

工作表和工作簿是 WPS 表格的两个基本操作对象，在 WPS 表格操作中，经常要面临对工作表或工作簿的操作，如工作表的插入、工作簿的保护等。

(1)插入新工作表。

在 WPS 表格中，插入一个新的工作表，有以下两种方式。

①单击工作表底部的“新建工作表”按钮 + 。

②右击工作表名称，在快捷菜单中选择“插入工作表”命令，在打开的“插入工作表”对话框中输入插入数量。

(2)删除工作表。

右击工作表名称，在快捷菜单中选择“删除工作表”命令。

(3)移动或复制工作表。

右击工作表名称，在快捷菜单中选择“移动”命令，在打开的“移动或复制工作表”对话框中选择移动后工作表的位置，单击“确定”按钮。如果需要复制工作表，则在“移动或复制工作表”对话框中勾选“建立副本”复选框。

(4)重命名工作表。

右击工作表名称，在快捷菜单中选择“重命名”命令，然后输入新的工作表名称。

(5)工作簿和工作表的保护。

①保护工作簿。选择“文件”→“文档加密”→“文档加密”命令，在“文档加密”对话框中打

开“文档加密保护”功能，即可完成对工作簿的保护。

②工作表保护。单击“审阅”选项卡中的“保护工作表”按钮，输入密码，单击“确定”按钮，再次确认密码，即可完成对工作表的保护。在受保护的工作表中，单元格的格式设置，以及行和列的插入、删除等操作都不能进行。可在“保护工作表”对话框中选择需要进行保护的选项。

工作表被保护后，“保护工作表”按钮变为“撤销工作表保护”按钮，单击该按钮后，输入密码即可撤销保护。

2.2.2 数据计算

WPS 表格提供了丰富的数据计算功能，可以通过公式和函数方便地进行求和、求平均值、计数等运算，从而实现对大量原始数据的处理。通过公式和函数计算的结果不仅准确，而且在原始数据发生改变后，计算结果也能自动更新，这就进一步提高了工作效率。

1. 利用公式求单元格的值

公式是对工作表中的值执行计算的表达式。公式始终以等号“＝”开头，可以包含常量、单元格的引用、函数和运算符。

(1)公式的输入。

在工作表中输入公式，首先必须单击待输入公式的单元格，输入一个等号“＝”，表明正在输入的是公式，否则系统会判定其为文本数据而不会产生计算结果；然后输入公式的内容，按 Enter 键完成输入。输入单元格地址时，可以直接输入，也可以单击需要选定的单元格或单元格区域。例如，要在 C1 中填入 A1 和 B1 两个单元格中数据的乘积，则 C1 单元格中的输入内容为“＝A1 * B1”。

WPS 表格有以下常用运算符。

①算术运算符：＋(加法)、－(减法)、*(乘法)、/(除法)、^(乘方)、%(百分数)。

②关系运算符：＝(等于)、＞(大于)、＜(小于)、＞＝(大于或等于)、＜＝(小于或等于)、＜＞(不等于)。

③文本运算符：&(将两个文本连接起来产生一个新的文本，"WPS"&"Office"的结果为"WPS Office")。

(2)公式的修改。

双击公式所在的单元格，进入编辑状态，则可以在单元格或编辑栏中修改公式，修改完毕后，按 Enter 键即可。如果要删除公式，则单击公式所在单元格，按 Delete 键即可。

(3)公式的复制与填充。

单元格中的公式，可以像普通数据一样，通过拖动填充柄进行公式的复制填充，此时填充的不是数据本身，而是复制公式。此操作也可以通过单击“开始”选项卡中的“填充”下拉按钮完成。

(4)引用工作表中的数据。

引用工作表中的数据往往通过单元格的引用来实现。单元格引用是指对工作表中的单元格或单元格区域的引用，以便给出需要计算的值或数据。

单元格引用方式分为以下三类。

①相对引用。相对引用就是直接用“列名行号”来表示单元格的地址，如 A1、C5 等。相对引用所代表的单元格地址与公式所在单元格的位置有关，引用的单元格地址不是固定地址，而

是公式所在单元格的相对位置。例如，在 C1 单元格中输入公式“＝A1 * B1”，表示的是在 C1 单元格中引用它左边相邻的第 1 个和第 2 个单元格的值。当拖动填充柄复制该公式到 C2 单元格时，因与 C2 左边相邻的第 1 个和第 2 个单元格分别是 A2 和 B2，所以复制到 C2 中的公式也就变成了“＝A2 * B2”。

②绝对引用。绝对引用就是在单元格的列名和行号前面加“$”，即“$列名$行号”。绝对引用与公式所在单元格的位置无关。在复制公式时，如果希望引用的位置不发生变化，就需要用绝对引用。例如，工作表中的 A1 到 A12 单元格中的数据为某公司每个月的销售额，A13 为全年总销售额，现需要在 B 列中求每个月的销售额占全年总销售额的百分比，则在 B1 单元格中输入公式“＝A1/$A$13”，拖动填充柄填充公式至 B12 单元格，并设置 B 列的数字格式为百分比。其中，在输入的公式中，$A$13 表示绝对引用，在公式复制时，其地址不会变化，始终引用 A13 单元格的值(全年总销售额)。如 B2 单元格中的公式为“＝A2/$A$13”。

③混合引用。WPS 表格中允许仅对某一单元格的行或列进行绝对引用。当列名需要变化而行号不需要变化时，单元格地址可以表示为“列名$行号”，如 A$1；当行号需要变化而列名不需要变化时，单元格地址可以表示为“$列名行号”，如$B1。

(5)引用其他工作表中的数据。

在单元格引用的前面加上工作表的名称和感叹号(!)，可以引用其他工作表中的单元格，具体表示为“工作表名称!单元格地址”。例如，Sheet2!E3 表示引用 Sheet2 工作表 E3 单元格中的数据。

2. 名称的定义与引用

名称是在 WPS 表格中代表单元格、单元格区域、公式或常量值的标识符。例如，为保存了商品价格的单元格区域 E1:E10 定义名称为 Price，现在需要在 E11 单元格中求商品的最高价格，则输入公式为“＝MAX(E1:E10)”，也可以为“＝MAX(Price)”。使用名称可以使公式更加容易理解和维护。

(1)定义名称。

名称中的第一个字符必须是字母、下画线(_)或反斜杠(\)，其余字符可以是字母、数字、句点和下画线。在名称中不允许使用空格，不区分字母大小写，一个名称最多可以包含 255 个字符。

名称是有适用范围的。如果定义了一个名称 Sum_sales，其适用范围为 Sheet1，则该名称在没有限定的情况下只能在 Sheet1 中被识别，而不能在其他工作表中被识别。当需要在另一个工作表中识别该名称时，可以通过在前面加上名称所在工作表的名称来限定它，如 Sheet1!Sum_sales。如果定义了一个名称，其适用范围限于工作簿，则该名称对于该工作簿中的所有工作表都是可识别的，但对于其他任何工作簿是不可识别的。

定义名称可以使用以下三种方式。

①利用编辑栏上的名称框定义名称。选择需要命名的单元格或单元格区域，然后在名称框中输入名称，并按 Enter 键。该方式适用于为选定的区域创建工作簿级别的名称。

②利用“公式”选项卡中的“指定”按钮定义名称。选择需要命名的区域(必须包含要作为名称的单元格)，单击“公式”选项卡中的“指定”按钮，在“指定名称”对话框中选择所选区域的名称，并单击“确定”按钮。

③利用“公式”选项卡中的“名称管理器”按钮定义名称。在“名称管理器”对话框中单击

“新建”按钮，再在“新建名称”对话框中输入名称、范围和引用位置，并单击“确定”按钮。

此外，在“名称管理器”对话框中可以看到已定义的名称，并可以对这些名称进行编辑、删除等操作。

(2)引用名称。

名称可以直接用来快速选定已命名的区域，可以通过名称在公式中实现绝对引用。

①通过名称框引用。单击名称框右侧的下拉按钮，在打开的下拉列表中会显示所有已被命名的单元格及单元格区域的名称。单击选择某一名称，该名称所引用的单元格或单元格区域将被选中。

②在公式中引用。单击“公式”选项卡中的“粘贴”按钮，在“粘贴名称”对话框中单击需要引用的名称，并单击“确定”按钮。该名称会出现在当前单元格的公式中，按 Enter 键确认输入。

3. 数组公式

在 WPS 表格中，数组是多个元素的集合，分为区域数组和常量数组。区域数组是指单元格区域，如 A1:A10、A5:D8 等；常量数组是用花括号“{}”括起来的数据集合，这些数据可以是不同类型的数据，如{15, 32, 54, −43, 22}和{32, 3.14, TRUE, "abc"}等。

数组公式是一种特殊的公式，它可以对多个单元格进行计算，并将结果输出到一个单元格中。输入数组公式时，首先选中用来存放结果的单元格或单元格区域，输入公式后按 Ctrl+Shift+Enter 组合键，WPS 表格自动在公式两边加上花括号。这个用花括号括起来的公式就是数组公式。

注意：输入公式时不要自己加花括号。

举一个例子。有一个商品销售表，其中包含 15 件商品，E 列是商品单价，F 列是销售数量，要求在 G1 单元格中显示出销售总额。利用数组公式很容易实现，只要先在 G1 单元格中输入公式“=SUM(E2:E16 * F2:F16)”，再按 Ctrl+Shift+Enter 组合键便能得到结果。公式“=SUM(E2:E16 * F2:F16)”的含义是：数组 E2:E16 与数组 F2:F16 对应元素相乘，得到一个同样大小的数组，然后对该数组的全部元素求和。在公式编辑栏中选中 E2:E16 * F2:F16，按 F9 功能键，可以看到公式的分步运算结果，即每件商品的单价乘以销售数量的结果。

4. 函数

函数用于对一个或多个数据执行某种运算，并返回一个或多个值。在公式中使用函数可以实现一些复杂的计算。

(1)函数的基本使用方法。

函数通常表示为

函数名([参数 1], [参数 2], …)

函数可以有一个或多个参数，多个参数之间用逗号分隔，函数也可以没有参数。参数可以是常量、单元格地址、已定义的名称、函数调用、公式等。

一个函数调用实际上就是一个运算对象，可以单独作为公式使用，也可以作为公式中的一个操作数。用户在操作时，可以直接输入函数，但更常用的方式是通过命令插入函数。

①通过函数按钮插入。单击“公式”选项卡中的各类函数按钮，在下拉列表中选择要插入的函数名，打开“函数参数”对话框。设置函数参数后单击“确定”按钮，即可在当前单元格中插

入选定的函数。

②通过“插入函数”按钮 fx 插入。单击“公式”选项卡中的“插入函数”按钮或在编辑栏单击“插入函数”按钮，打开“插入函数”对话框，如图 3-2-39 所示，在“或选择类别”下拉列表中选择需要插入函数的类别，在“选择函数”列表框中双击需要插入的函数，打开“函数参数”对话框，设置函数参数，单击“确定”按钮插入函数。

图 3-2-39 “插入函数”对话框

(2)数值计算函数。

数值计算函数主要用于数值的计算和处理，在 WPS 表格中应用范围最广。下面介绍几种常用的数值计算函数。

①求和函数 SUM(number1, [number2],…])：将指定为参数的所有数字相加。

number1 是必需的参数，后续参数是可选的，最多可以包含 255 个参数。参数可以是数字或者是包含数字的名称或引用。例如，“=SUM(A1:A10)”表示将单元格区域 A1:A10 中的数据相加。

②条件求和函数 SUMIF(range, criteria, [sum_range])：可以对区域中符合指定条件的值求和。

range 是必需的参数，表示条件计算的单元格区域；criteria 是必需的参数，表示求和条件，用于确定对哪些单元格求和；sum_range 是可选参数，表示要求和的实际单元格，省略时会对 range 参数指定的单元格求和。例如，“=SUMIF(A2:A7,"男",C2:C7)”表示将单元格区域

A2:A7 中值为“男”的单元格对应的单元格区域 C2:C7 中的单元格的值相加。

③多条件求和函数 SUMIFS(sum_range, criteria_range1, criteria1, [criteria_range2, criteria2],…):对区域中满足多个条件的单元格求和。

sum_range 是必需的参数,表示要进行求和计算的区域;criteria_range1 是必需的参数,表示在其中计算关联条件的第 1 个区域;criteria1 是必需的参数,表示第 1 个求和条件,用来定义将对 criteria_range1 参数中的哪些单元格求和;criteria_range2,criteria2,…是可选参数,最多允许 127 个区域和条件对。例如,“=SUMIFS(B2:E2, B3:E3, "＞3%", B4:E4, "＞=2%")”表示单元格区域 B3:E3 中单元格的值大于 3%,并且单元格区域 B4:E4 中单元格的值大于或等于 2%时,将单元格区域 B2:E2 中相应单元格的值相加。

④四舍五入函数 ROUND(number, num_digits):将某个数字四舍五入为指定的位数。

number 是必需的参数,表示要四舍五入的数字;num_digits 是必需的参数,表示四舍五入后保留的小数位数。例如,“=ROUND(3.14159, 2)”表示对数值 3.141 59 进行四舍五入,并保留 2 位小数,结果为 3.14。

如果需要始终向上舍入,可使用 ROUNDUP 函数;如果需要始终向下舍入,可使用 ROUNDDOWN 函数。例如,停车收费时,如果未满 1 h 均按 1 h 计费,这时需要向上舍入计时;如果未满 1 h 均不计费,则需要向下舍入计时。

⑤取整函数 INT(number):将数字向下舍入到最接近的整数。

number 是必需的参数,表示需要进行向下舍入取整的实数。例如,“=INT(3.14)”的结果为 3。

⑥求绝对值函数 ABS(number):返回数字的绝对值。

number 是必需的参数,表示需要计算绝对值的实数。例如,“=ABS(-2)”的结果为 2。

⑦取余函数 MOD(number, divisor):返回两数相除的余数,结果的正负号与除数相同。

number 是必需的参数,表示被除数;divisor 是必需的参数,表示除数。例如,“=MOD(3, 2)”表示求 3 除以 2 的余数,函数返回值为 1。

⑧求平均值函数 AVERAGE(number1, [number2],…):返回参数的算术平均值。

number1 是必需的参数,后续参数是可选的,最多可包含 255 个参数。例如,“=AVERAGE(A2:A6)”表示求单元格区域 A2:A6 中的数据的平均值。

当需要对满足条件的单元格区域求平均值时,可使用 AVERAGEIF 函数(满足一个条件)或 AVERAGEIFS 函数(满足多个条件),函数的使用方法与条件求和函数类似。

⑨最大值函数 MAX(number1, [number2],…):返回一组值中的最大值。

number1 是必需的参数,后续参数是可选的,最多可包含 255 个参数。例如,“=MAX(A2:A6)”表示求单元格区域 A2:A6 中数据的最大值。

⑩最小值函数 MIN(number1, [number2],…):返回一组值中的最小值。

number1 是必需的参数,后续参数是可选的,最多可包含 255 个参数。例如,“=MIN(A2:A6)”表示求单元格区域 A2:A6 中数据的最小值。

(3)日期时间函数。

日期时间函数主要用于对日期和时间进行计算和处理。

①日期天数函数 DAY(serial_number):返回某日期的天数,用整数 1～31 表示。

serial_number 是必需的参数,表示要查找的那一天的日期。例如,“=DAY("2024/2/

26")"的返回值为天数 26。

②日期月份函数 MONTH(serial_number):返回某日期的月份,用整数 1～12 表示。

serial_number 是必需的参数,表示要查找月份的日期。例如,"=MONTH("2024/2/26")"的返回值为月份 2。

③日期年份函数 YEAR(serial_number):返回某日期的年份,值为 1900～9999 之间的整数。

serial_number 是必需的参数,表示要查找年份的日期。例如,"=YEAR("2024/2/26")"的返回值为年份 2024。

④当前日期函数 TODAY():返回当前日期。

该函数没有参数。假设某人是 1990 年出生的,现要计算其年龄,可在单元格中输入公式"=YEAR(TODAY())-1990",以 TODAY()函数的返回值作为 YEAR 函数的参数获取当前年份,然后减去出生年份 1990,最后得到年龄。

⑤星期函数 WEEKDAY(serial_number, [return_type]):返回某日期为星期几。默认情况下,其值为 1(星期日)～7(星期六)之间的整数。

serial_number 是必需的参数,代表查找的那一天的日期;return_type 是可选参数,用于确定返回值类型的数字,其意义如表 3-2-2 所示。例如,输入"=WEEKDAY(TODAY(), 2)",若当前日期为星期三,则返回值为 3。

表 3-2-2　return_type 参数的意义

参数值	参数值的意义
1 或省略	数字 1(星期日)到数字 7(星期六)
2	数字 1(星期一)到数字 7(星期日)
3	数字 0(星期一)到数字 6(星期日)
11	数字 1(星期一)到数字 7(星期日)
12	数字 1(星期二)到数字 7(星期一)
13	数字 1(星期三)到数字 7(星期二)
14	数字 1(星期四)到数字 7(星期三)
15	数字 1(星期五)到数字 7(星期四)
16	数字 1(星期六)到数字 7(星期五)
17	数字 1(星期日)到数字 7(星期六)

注意:*WPS 表格将日期存储为可用于计算的序列号。默认情况下,1900 年 1 月 1 日的序列号是 1,而 2008 年 1 月 1 日的序列号是 39 448,这是因为它距 1900 年 1 月 1 日有 39 447 天。*

(4)文本函数。

文本函数主要用于文本方面的处理。

①取字符函数 MID(text, start_num, num_chars):返回文本中从指定位置开始的特定数目的字符。

text 是必需的参数,表示包含要提取字符的文本;start_num 是必需的参数,表示文本中要提取的第 1 个字符的位置;num_chars 是必需的参数,用于指定希望从文本中返回字符的个数。例如,“=MID(A2, 1, 5)”表示从 A2 单元格中数据的第 1 个字符开始,提取 5 个字符。

如果需要提取文本最开始的一个或多个字符,可以使用 LEFT()函数;如果需要提取文本最后的一个或多个字符,可以使用 RIGHT()函数。

②求文本长度函数 LEN(text):返回文本中的字符数。

text 是必需的参数,表示需要查找长度的文本(一个空格也是一个字符)。例如,“=LEN("WPS办公软件")”的返回值为 7。

③删除空格函数 TRIM(text):除了单词之间的单个空格外,清除文本中所有的空格。

text 是必需的参数,表示需要删除其中空格的文本。例如,“=TRIM(" First Quarter Earnings ")”的返回值为"First Quarter Earnings",删除了文本首、尾空格,单词之间的空格只留一个。

(5)统计函数。

统计函数主要用于各种统计计算,在统计分析领域有着广泛应用。这里介绍几个常用的统计函数。

①计数函数 COUNT(value1, [value2],…):计算包含数字的单元格以及参数列表中数字的个数。

value1 是必需的参数,后续参数是可选的,最多可包含 255 个参数。例如,“=COUNT(A2:A8)”表示计算单元格区域 A2:A8 中包含数字的单元格的个数。

当对包含任何类型信息的单元格进行计数时,使用 COUNTA 函数。

②条件计数函数 COUNTIF(range, criteria):对区域中满足单个指定条件的单元格进行计数。

range 是必需的参数,表示要对其进行计数的一个或多个单元格;criteria 是必需的参数,表示条件,用于定义将对哪些单元格进行计数。例如,“=COUNTIF(B2:B5, "<>"&B4)”表示计算单元格区域 B2:B5 中值不等于 B4 单元格的值的单元格的个数。

若要根据多个条件对单元格进行计数,则使用 COUNTIFS 函数。

③排位函数 RANK. AVG(number, ref, [order]):返回一个数字在数字列表中的排位。当数字列表中存在相同数字时,函数为这些相同数字分配一个平均排位。

number 是必需的参数,表示要查找其排位的数字;ref 是必需的参数,表示对数字列表的单元格引用,ref 中的非数值型值将被忽略;order 是可选的参数,是一个表示排位方式的数字,0 或省略表示降序排位,非 0 表示升序排位。例如,“=RANK. AVG(D2, D$2:D$10)”表示 D2 单元格的值在单元格区域 D2:D10 值中的排位,返回的排位值是基于单元格区域 D2:D10 值降序排列的结果。

RANK. EQ 函数也能实现排位功能。区别在于:如果多个值具有相同的排位,RANK. AVG 返回平均排位,RANK. EQ 排位函数会返回实际排位。

(6)条件函数与查找函数。

①条件函数 IF(logical_test, [value_if_true], [value_if_false]):根据测试条件来决定相应的返回值。

logical_test 是必需的参数,表示测试条件;value_if_true 是可选的参数,表示测试条件为 TRUE 时所要返回的值;value_if_false 是可选的参数,表示测试条件为 FALSE 时所要返回的值。例如,“=IF(F2<60, "不及格", "及格")”表示单元格 F2 中的值小于 60 时返回“不及

格”，否则返回“及格”。

②纵向查找函数 VLOOKUP(lookup_value, table_array, col_index_num, [range_lookup])：在指定的单元格区域的第 1 列查找指定的值，并返回指定列的匹配值。

lookup_value 是必需的参数，表示要查找的值；table_array 是必需的参数，表示要查找的区域，查找的值必须在查找区域的第 1 列；col_index_num 是必需的参数，表示要返回的值位于查找区域的第几列；range_lookup 是可选参数，指定查找是精确匹配还是近似匹配，取 TRUE 或省略时是近似匹配，即如果找不到精确匹配值，则返回小于查找值的最大值，取 FALSE 时是精确匹配。

注意：近似匹配时必须按升序排列查找区域第 1 列的值。

下面举一个例子。如图 3-2-40 所示，已知左边的学生表，在右表中根据姓名填充出生日期。在 F2 单元格中输入公式“=VLOOKUP(E2, $A$2:$C$5, 3, FALSE)”，公式使用精确匹配在第 1 列(A 列)中查找 E2 单元格的值，找到后返回同一行中第 3 列(C 列)的值。这里函数中的第 1 个参数 E2，表示要在 A 列中查找的对象，即查找“罗丁”所在的行；第 2 个参数 $A$2:$C$5，表示在单元格区域 A2:C5 进行查找，因为查找的区域是不变的，所以采用单元格的绝对引用；第 3 个参数 3，表示找到后返回同一行第 3 列的值，即“罗丁”的出生日期；第 4 个参数 FALSE，表示精确匹配查找。可以将公式复制到其他单元格，继续找到其他人的出生日期。

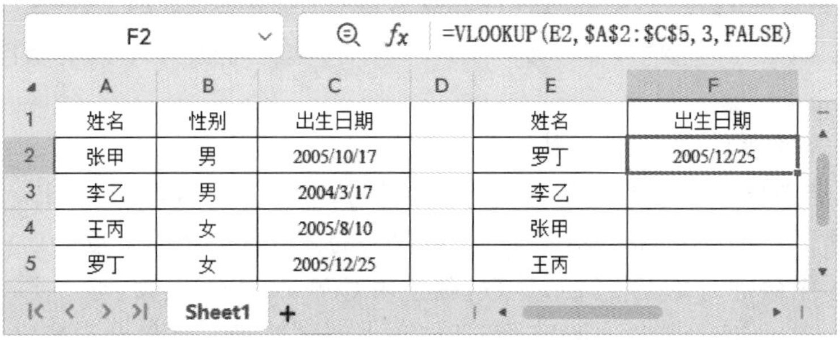

图 3-2-40　根据姓名填充出生日期

横向查询函数 HLOOKUP()与 VLOOKUP()函数类似，其功能是在指定的单元格区域的第 1 行查找指定的值，并返回指定行的匹配值。

2.2.3　图表操作

数据图表能更加生动、形象地表达数据之间的关系。WPS 表格提供了柱形图、条形图、折线图、雷达图、股价图、面积图、组合图、饼图或圆环图、散点图、气泡图等多种类型的图表来表示工作表中的数据，而且当修改工作表中的数据时，数据图表也会自动更新。

1. 创建图表

在 WPS 表格中，可以通过以下步骤完成图表的创建。

(1)选择数据源。数据源指用于生成图表的数据对象，可以是一块连续或非连续的单元格区域内的数据。

(2)单击“插入”选项卡中的“全部图表”按钮，在打开的“图表”对话框中选择需要插入的图表类型即可插入图表。也可以在“插入”选项卡中直接选择要插入的图表类型。

创建图表后，默认情况下图表作为一个嵌入对象插入工作表，也可以通过改变图表的位置，把图表作为一个单独的工作表插入。

2. 图表的元素

WPS图表包含许多元素。在插入图表后，用户可以通过对各个图表元素进行格式编辑，使图表呈现出更清晰的数据关系。

(1)图表区：显示整个图表及其全部元素。

(2)绘图区：通过轴来界定的区域。在二维图表中，包括所有数据系列。在三维图表中，包括所有数据系列、分类名、刻度线标志和坐标轴标题。

(3)数据系列和数据点：数据系列是指在图表中绘制的相关数据点，这些数据源自数据清单的行或列。图表中的每个数据系列具有唯一的颜色或图案，并且表示在图表的图例中。可以在图表中绘制一个或多个数据系列。数据点是指在图表中绘制的单个值，这些值由柱形、条形、折线、饼图或圆环图的扇面、圆点和其他被称为数据标记的图形表示。相同颜色的数据标记组成一个数据系列。

(4)坐标轴：坐标轴是界定图表绘图区的线条，用作度量的参照框架。y 轴通常为垂直坐标轴并包含数据，x 轴通常为水平坐标轴并包含分类。数据沿着横坐标轴和纵坐标轴绘制在图表中。

(5)图例：图例是一个方框，用于标识图表中的数据系列或分类指定的图案和颜色。

(6)图表标题：说明性的文本，由用户自己定义，可以自动与坐标轴对齐或在图表顶部居中。

(7)数据标签：可以用来标识数据系列中数据点的详细信息，为数据标记提供附加信息的标签。数据标签代表源于数据清单单元格的单个数据点或值。

注意：默认情况下，图表中会显示其中一部分元素，其他元素可以根据需要添加。

3. 图表的编辑

在WPS表格中插入图表后，在功能区将会显示“图表工具”上下文选项卡，通过其中的按钮，用户可以方便地调整各个图表元素的格式，以达到更好的呈现效果。

(1)更改图表的布局和样式。

WPS表格中提供了大量预定义布局和样式，帮助用户快速更改图表的布局和样式。

单击图表区，打开“图表工具”上下文选项卡，单击“快速布局”按钮，可将选定的图表布局应用到图表中。如果需要改变图表样式，则选择“图表样式”下拉列表中的图表样式选项。

(2)添加图表标题或数据标签。

插入图表后，可能要给图表添加一个标题，表明图表所展现的大致内容。

①添加图表标题。默认情况下，在图表区上方居中位置会显示一个“图表标题”，单击该“图表标题”，可对标题进行修改。

如果在图表区没有显示图表标题，则单击图表区，在“图表工具”上下文选项卡中单击“添加元素”下拉按钮，选择下拉列表中的“图表标题”→“图表上方”或“居中覆盖”命令，均可显示图表标题。

若要删除图表标题，可单击图表标题边框选中图表标题，并按 Delete 键，或选择“添加元素”下拉列表中的“图表标题”→“无”命令。

注意：给坐标轴添加标题的操作方法与添加图表标题的类似。

②添加数据标签。要给图表添加数据标签，首先需选定待添加数据标签的数据系列。这里需注意的是，单击的位置不同，会导致选中的对象不同。单击图表区，选中所有数据系列。单击某一个数据系列，则选中与这个数据系列颜色相同的所有数据系列。

选中对象后，在“图表工具”上下文选项卡中单击“添加元素”下拉按钮，选择下拉列表中的“数据标签”命令，在下级菜单中选择数据标签的位置，可插入数据标签。如需对数据标签进行格式设置，可选择“更多选项”命令，在“设置数据标签格式”任务窗格中对数据标签格式进行设置。

(3)显示或隐藏图例。

单击图表区，在“图表工具”上下文选项卡中单击“添加元素”下拉按钮，选择下拉列表中的“图例”命令，在下级菜单中选择添加图例的位置。如需隐藏图例，则选择“无”命令。如需对图例进行格式设置，则选择“更多选项”命令，在“设置图例格式”任务窗格中进行设置。

注意：当图表显示图例时，可以通过编辑工作表上的相应数据来修改各个图例项。

(4)显示或隐藏坐标轴和网格线。

①显示或隐藏坐标轴。单击图表区，在“图表工具”上下文选项卡中单击“添加元素”下拉按钮，选择下拉列表中的“坐标轴”命令，在下级菜单中选择添加主要横向坐标轴或主要纵向坐标轴。如需隐藏坐标轴，则选择相应命令。如需对坐标轴进行格式设置，则选择“更多选项”命令，在“设置坐标轴格式”任务窗格中进行设置。

②显示或隐藏网格线。单击图表区，在“图表工具”上下文选项卡中单击“添加元素”下拉按钮，选择下拉列表中的“网格线”命令，在下级菜单中选择添加网格线的类型。如需隐藏网格线，则选择相应命令。如需对网格线进行格式设置，则选择“更多选项”命令，在“设置主要网格线格式”任务窗格中进行设置。

2.2.4 数据分析与管理

WPS 表格提供了强大的数据分析与管理功能，可以实现对数据的排序、筛选、分类汇总等操作，帮助用户有效地组织与管理数据。

1. 数据排序

对数据进行排序有助于快速、直观地显示数据并更好地理解数据，有助于组织并查找所需要的数据，进而做出更有效的决策。

(1)单一关键字排序。

选择工作表数据清单中作为排序关键字的那一列数据，或者使活动单元格位于排序关键字列中。单击“数据”选项卡中的“排序”下拉按钮，在下拉列表中选择“升序”或“降序”命令，数据清单将会按所选列数据值的升序或降序排列。

如果需要按所选列数据的颜色或图标排序，则在“排序”下拉列表中选择“自定义排序”命令，打开如图 3-2-41 所示的“排序”对话框，在“排序依据”下拉列表中选择排序依据，单击“确定”按钮排序。当需要对排序条件进行进一步设置时，可单击“选项”按钮，在“排序选项”对话框中设置。

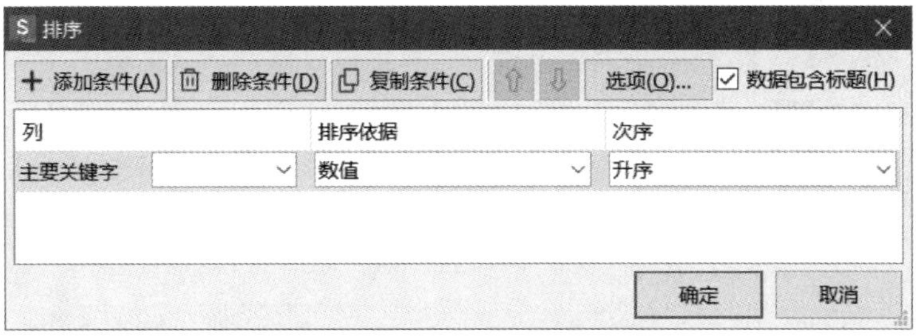

图 3-2-41 “排序”对话框

注意：数据类型不同，排序的依据也就不同。对文本进行排序时，将按文本的字母顺序排列；对数值进行排序时，将按数值大小排列；对日期或时间进行排序时，将按日期或时间的先后排列。

(2)多关键字排序。

很多情况下需要按多个关键字对数据进行排序。这时，可在图 3-2-41 所示的“排序”对话框中单击“添加条件”按钮，添加次要关键字并增加排序条件。

在多关键字排序中，数据清单首先按主要关键字的设定顺序排列，主要关键字值相同的数据，按第一次要关键字设定顺序排列，第一次要关键字值仍然相同的数据，按第二次要关键字设定顺序排列，以此类推。

(3)按自定义序列排序。

在工作表中，除了可以按照升序或降序排列数据，WPS 表格还允许按用户定义的顺序进行排列。在图 3-2-41 所示的“排序”对话框中，在“次序”下拉列表中选择“自定义序列”选项，打开“自定义序列”对话框，选择一个序列，数据将按选中的序列顺序排列。需要注意的是，自定义序列需要预先定义好，且只能基于值(文本、数字以及日期或时间)创建自定义序列，不能基于格式(单元格颜色、字体颜色或图标)创建自定义序列。

2. 数据筛选

数据筛选是在数据清单中显示出满足指定条件的行，而隐藏不满足指定条件的行。WPS 表格提供了自动筛选和高级筛选两种功能来实现数据筛选。

(1)自动筛选。

自动筛选是一种简单、方便的筛选方法，当用户确定了筛选条件后，它可以只显示符合条件的数据行。具体操作步骤如下。

①选择数据清单中的任意一个单元格。

②单击“数据”选项卡中的“筛选”按钮，这时在数据清单每一列的第 1 行会出现一个下拉按钮。

③单击要筛选列的下拉按钮，在下拉列表中提供了有关筛选和排序的详细选项，可以从中选择需要显示的项目。

④如果需要设定筛选条件，则可以单击“数字筛选”下拉按钮(如果数据列的值为文本，则显示“文本筛选”)，在下拉列表中选择相应的条件或“自定义筛选”命令，打开如图 3-2-42 所示

的“自定义自动筛选方式”对话框，设置筛选条件，然后单击“确定”按钮完成筛选。

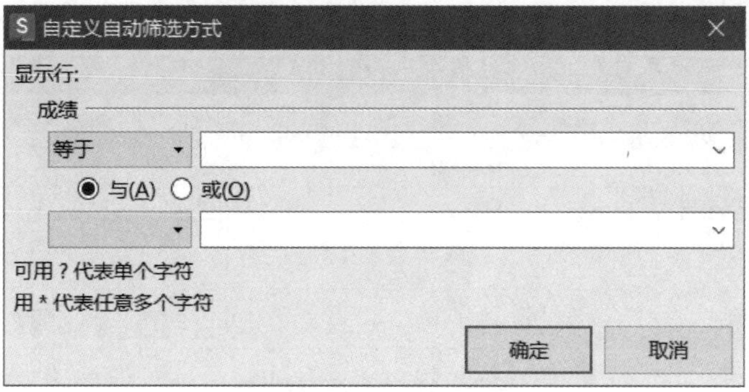

图 3-2-42 “自定义自动筛选方式”对话框

注意：当需要清除自动筛选结果时，再次单击“数据”选项卡中的“筛选”按钮即可。当需要显示全部数据时，单击“数据”选项卡中的“全部显示”按钮，显示所有数据，但仍处在自动筛选状态。

（2）高级筛选。

如果数据筛选需要更复杂的条件，则可以使用高级筛选。在“筛选”下拉列表中选择“高级筛选”命令，打开“高级筛选”对话框，如图 3-2-43 所示。在该对话框的“列表区域”文本框中指定要筛选的数据区域，在“条件区域”文本框中指定已定义好的高级筛选条件区域。

需要注意的是，进行高级筛选的数据清单应有列标题，且在进行高级筛选之前，需要先创建高级筛选条件区域，其规则如下：条件区域的第 1 行是作为筛选条件的列标题，将该列需要满足的条件与列标题写在同一列；需要同时满足的条件，写在条件区域的同一行，不需要同时满足的条件，写在条件区域的不同行。

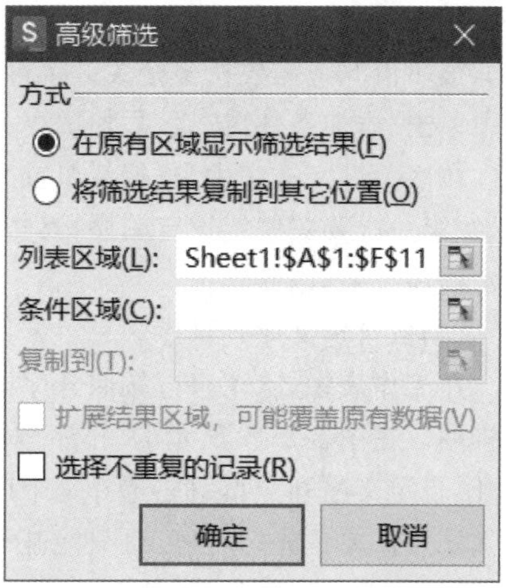

图 3-2-43 “高级筛选”对话框

注意：当需要显示全部数据时，单击“数据”选项卡中的“全部显示”按钮即可。

3. 数据分类汇总

分类汇总是将数据清单中的数据先按一定的标准分组，然后对同组的数据应用分类汇总函数得到相应行的统计或计算结果。需要注意的是，在创建分类汇总之前，数据清单应已经以分类项作为主要关键字进行排序。

（1）创建分类汇总。

单击数据清单的任意一个单元格，单击“数据”选项卡中的“分类汇总”按钮，在“分类汇总”对话框中设置分类字段、汇总方式以及选定汇总项，单击“确定”按钮创建分类汇总。

（2）删除分类汇总。

在已经创建分类汇总的数据清单中单击任意一个单元格，在“分类汇总”对话框中单击“全部删除”按钮，即可删除分类汇总。

(3)分级显示数据。

在工作表中,如果数据清单需要进行组合和汇总,则可以创建分级显示。分级最多为八个级别,每组一级。使用分级显示可以快速显示摘要行、摘要列或每组的明细数据。

①创建行的分级显示。在创建分级显示前,要确保需分级显示的每列数据在第1行都具有标题,在每列中都含有相似的内容,并且该区域不包含空白行或空白列,以用作分组依据的数据的列为关键字进行排序。

a. 创建分类汇总分级显示数据。对数据清单进行分类汇总后,工作表的最左侧会出现分级显示符号 1 2 3 及显示、隐藏明细数据的按钮。

b. 通过组合分级显示数据。选中要组合的所有行,单击“数据”选项卡中的“创建组”按钮,即可将选中的行创建为一个组。以同样的方式创建其他组,数据可实现分级显示。

也可以通过对数据列组合来创建列的分级显示,方法与创建行的分级显示类似,只是在选定数据时,需要选中数据列,而不是数据行。

注意:分级显示符号是用于更改分级显示工作表视图的符号。通过单击代表分级显示级别的加号、减号和数字1、2、3或4,可以显示或隐藏明细数据。明细数据是指在分类汇总和分级显示中,数据汇总或分组的数据行或列。

②显示或隐藏分组的明细数据。对于已经建立了分组的数据,可以单击“数据”选项卡中的“展开”或“折叠”按钮显示或隐藏分组数据。要注意的是,在显示或隐藏分组数据前,需确保活动单元格在要显示或隐藏的组中。

也可以通过单击每组数据前的 + 或 按钮来显示或隐藏数据。

③删除分级显示。使活动单元格位于分组数据中,单击“数据”选项卡中的“取消组合”下拉按钮,在下拉列表中选择“清除分级显示”命令,即可删除分级显示。

4. 数据合并计算

在WPS表格中,若要将多个工作表中的数据合并到一个工作表(主工作表)中,可以使用合并计算。

单击“数据”选项卡中的“合并计算”按钮,打开“合并计算”对话框,如图3-2-44所示。在“函数”下拉列表中,可以选择合并计算的方式(如求和、计数、求平均值等)。单击“引用位置”文本框右侧的选择按钮,可以选择要进行合并计算的数据。单击“添加”按钮,可以将前面选中的数据添加到“所有引用位置”列表框中。所有合并数据选择完毕后,单击“确定”按钮完成合并计算。

在数据的合并计算中,所合并的工作表可以与主工作表位于同一工作簿中,也可以位于不同的工作簿中。

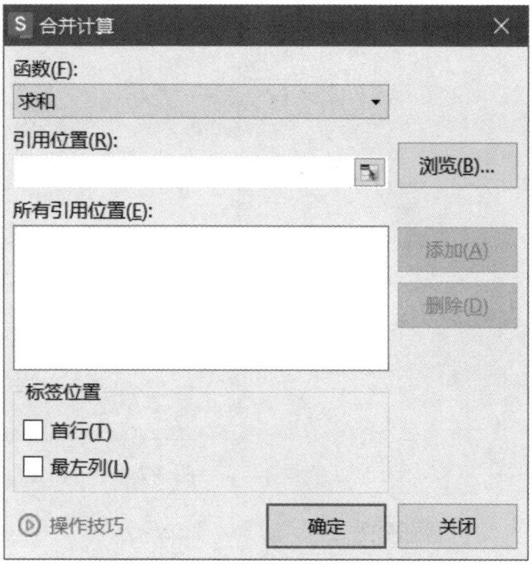

图3-2-44 “合并计算”对话框

5. 数据透视表

数据透视表是一种快速汇总大量数据的交互式报表。若要对多种来源的数据进行汇总和分析，则可以使用数据透视表。

(1)创建数据透视表。

单击数据清单的任意一个单元格，单击“插入”选项卡中的“数据透视表”按钮，打开“创建数据透视表”对话框，如图 3-2-45 所示。在“请选择单元格区域”文本框中输入或选择数据区域。在“请选择放置数据透视表的位置”选项区选择将数据透视表作为一个新的工作表插入，还是将其插入现有工作表(如果是插入现有工作表，需要输入或选择插入的位置)。单击“确定”按钮，进行数据透视表布局。在“数据透视表”任务窗格的“将字段拖动至数据透视表区域”列表框中选择要布局的字段，并将其拖到下面的“筛选器”“列”“行”“值”列表框中，确定字段布局的位置或将要进行汇总的方式。在左边的数据透视表中将同步显示报表的布局变化情况。

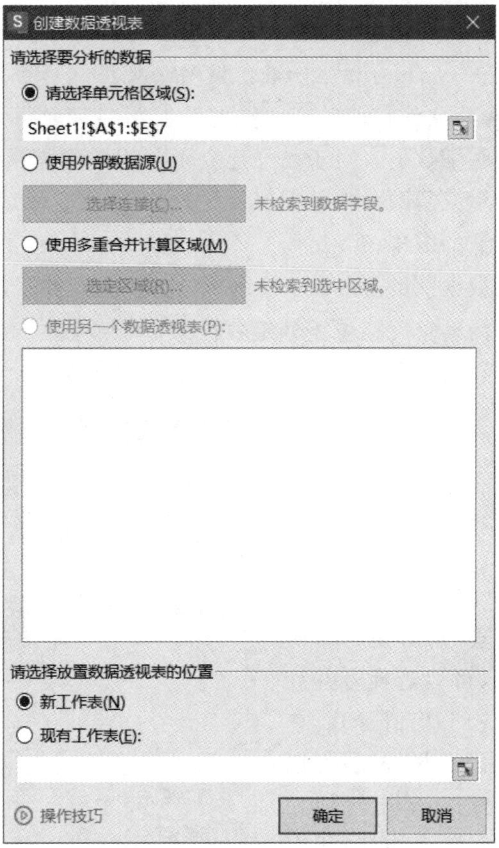

图 3-2-45 “创建数据透视表”对话框

(2)数据透视表工具。

插入数据透视表后，在 WPS 表格功能区将会显示数据透视表“分析”“设计”上下文选项卡，通过其中的命令，可对数据透视表的位置、数据源、计算方式等进行更改。

(3)创建数据透视图。

数据透视图提供数据透视表中的数据的图形表示形式。与数据透视表一样，数据透视图报告也是交互式的。

单击“插入”选项卡中的“数据透视图”按钮即可创建数据透视图，其操作与创建数据透视表的操作相似。也可在创建数据透视表后，在数据透视表“分析”上下文选项卡中单击“数据透视图”按钮，打开“图表”对话框，选择图表类型，插入数据透视图。

创建数据透视图后，选中图表，在“图表工具”上下文选项卡中可以对数据透视图的图表元素进行编辑及修改，编辑方法和普通图表的编辑方法类似。

(4)删除数据透视表。

单击数据透视表，在数据透视表“分析”上下文选项卡中单击“选择”下拉按钮，在下拉列表中选择“整个数据透视表”命令，再按 Delete 键即可删除数据透视表。

需要注意的是，删除数据透视表后，与之关联的数据透视图将变为普通图表，从数据源中取值。如果需要删除数据透视图，在数据透视图的图表区单击，再按 Delete 键即可。

2.3 WPS 演示的操作与应用

WPS 演示使用集文字、图形、图像、声音以及视频等多媒体于一体的演示文档，并可设置许多特殊的播放效果，能够更生动、形象地向观众表达观点、展示成果及传达信息。WPS 演示是一个演示文稿制作软件，在课程教学、会议报告、产品展示等方面有十分广泛的应用。

2.3.1 演示文稿内容编辑

WPS 演示生成的文件称为演示文稿文件，其扩展名为“. pptx”。演示文稿的创建、编辑操作是使用 WPS 演示的基础。

1. 演示文稿视图模式

单击“视图”选项卡，在“视图”功能区有各种视图的按钮，单击按钮可切换到相应的视图。

(1)普通视图。

普通视图是进入 WPS 演示的默认视图，是主要的编辑视图，可用于撰写或设计演示文稿。普通视图主要分为三个窗格：左侧为视图窗格，右侧为编辑窗格，底部为备注窗格。

(2)幻灯片浏览视图。

在幻灯片浏览视图中，既可以看到整个演示文稿的全貌，又可以方便地进行幻灯片的组织，可以轻松地移动、复制和删除幻灯片，设置幻灯片的放映方式、动画特效和进行排练计时。

(3)备注页视图。

备注的文本内容虽然可以通过普通视图的备注窗格输入，但是在备注页视图中编辑备注文字更方便。在备注页视图中，幻灯片和该幻灯片的备注页视图同时出现，备注页出现在下方，尺寸比较大，用户可以拖动滚动条来显示不同的幻灯片，以编辑不同幻灯片的备注页。

(4)阅读视图。

在阅读视图中，幻灯片在计算机上呈现全屏外观，用户可以在全屏状态下审阅所有的幻灯片。

2. 幻灯片的基本操作

一个演示文稿包含若干个页面，每个页面就是一张幻灯片。幻灯片是 WPS 演示操作的主体。制作演示文稿，实际上就是创建一张张幻灯片。

(1)选择幻灯片。

在普通视图下，单击“大纲/幻灯片”窗格中“幻灯片”选项卡下的缩略图，或单击“大纲/幻灯片”窗格中“大纲”选项卡下的幻灯片编号后的图标，就可以选定相应的幻灯片。

在幻灯片浏览视图下，只需要单击窗口中的幻灯片缩略图即可选中相应的幻灯片。

(2)插入幻灯片。

在 WPS 演示中，用户可以根据需要在任意位置手动插入新的幻灯片。先选定当前幻灯片，单击“开始”选项卡中的“新建幻灯片”按钮，或者右击幻灯片缩略图，在弹出的快捷菜单中选择“新建幻灯片”命令，将会在当前幻灯片的后面快速插入一张版式为“标题和内容”的新幻灯片。

单击幻灯片缩略图下方的“＋”按钮，则会弹出不同模板的展示页，选择需要的模板即可。

(3)移动幻灯片。

移动就是将幻灯片从演示文稿的一处移到演示文稿的另一处。选定要移动的幻灯片，单击“开始”选项卡中的“剪切”按钮，或者右击要移动的幻灯片，在弹出的快捷菜单中选择“剪切”命令，选择目的位置，单击“粘贴”按钮，或者选择快捷菜单中的“粘贴”命令。

也可以利用鼠标拖曳操作移动幻灯片。选定要移动的幻灯片，按住鼠标左键进行拖动，这时窗格上会出现一条插入线，当插入线出现在目标位置时，松开鼠标左键完成移动。

(4)复制幻灯片。

选定要复制的幻灯片，单击“开始”选项卡中的“复制”按钮，或者右击要复制的幻灯片，在弹出的快捷菜单中选择“复制”命令，选择目标位置，单击“粘贴”按钮，或者选择快捷菜单中的“粘贴”命令。

也可以利用鼠标拖曳操作复制幻灯片。选定要复制的幻灯片，按住 Ctrl 键的同时按住鼠标左键进行拖动，这时窗格上会出现一条插入线，当插入线出现在目标位置时，松开 Ctrl 键和鼠标左键完成复制。

(5)删除幻灯片。

右击要删除的幻灯片，选择快捷菜单中的“删除幻灯片”命令，或者按 Delete 键删除。

3. 在幻灯片中插入各种对象

在 WPS 演示的幻灯片中，可以插入文本、图片、表格、图表、智能图形、艺术字、音频和视频等对象，从而增强幻灯片的表现力。

(1)插入文本。

文本对象是幻灯片的基本要素之一，合理地组织文本对象可以使幻灯片更清楚地说明问题，恰当地设置文本对象的格式，可以使幻灯片更具吸引力。

①插入文本的方法。

a. 利用占位符输入文本。通常，在幻灯片上添加文本的最简易的方式是直接将文本输入到幻灯片的占位符中。例如，应用“标题幻灯片”版式，幻灯片上的占位符会提示“空白演示”，单击之后即可输入文本。

b. 利用文本框输入文本。如果要在占位符以外的地方输入文本，可以先在幻灯片中插入文本框，再向文本框中输入文本。单击“插入”选项卡中的“文本框”下拉按钮，在下拉列表中选择“横向文本框”或“竖向文本框”命令，在幻灯片中拖动鼠标插入一个文本框，再向文本框输入文本即可。

c. 在“大纲/幻灯片”窗格中输入文本。在“大纲/幻灯片”窗格中单击“大纲”选项卡，定位插入点，直接通过键盘输入文本内容即可，按 Enter 键新建一张幻灯片。如果在同一张幻灯片上继续输入下一级的文本内容，按 Enter 键后，再按 Tab 键产生降级。相同级别的用 Enter 键换行，不同级别的可以使用 Tab 键降级和 Shift＋Tab 组合键升级进行切换。

②文本格式的设置。如同 WPS 文字一样，在 WPS 演示“开始”选项卡中的“字体”和“段落”功能区中，可以设置文本格式，以及设置段落格式的项目符号、编号、行距，段落间距等。

(2)插入图片。

图片是 WPS 演示文稿最常用的对象之一，使用图片可以使幻灯片更加形象生动。图片可以来自文件，也可以是图片库中的图片；可以使用图片占位符插入图片，也可以直接向幻灯片中插入图片。

①在带有图片占位符版式的幻灯片中插入图片。将要插入图片的幻灯片切换为当前幻灯片，插入一张带有图片占位符版式的幻灯片，如图 3-2-46 所示。然后在“单击此处添加文本”占位符中单击“插入图片”按钮，弹出“插入图片”对话框，选择要插入的图片，单击“打开”按钮即可插入。

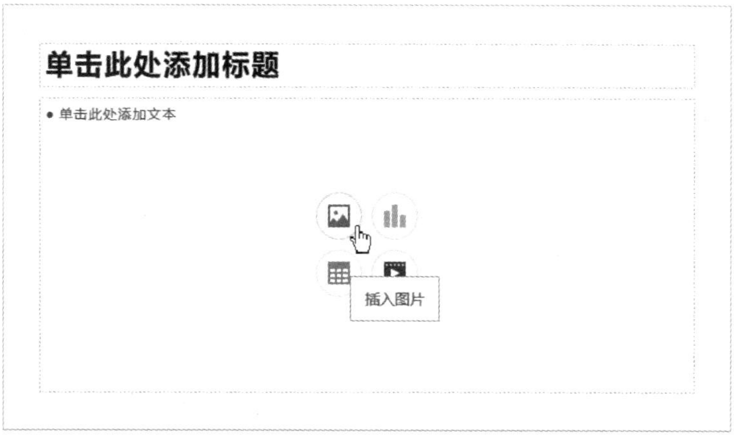

图 3-2-46 带有图片占位符版式的幻灯片

②插入图片库中的图片。选定要插入图片的幻灯片，单击“插入”选项卡中的“图片”下拉按钮，在下拉列表中选择要插入的图片，单击该图片即可插入。

③直接插入来自文件的图片。选定要插入图片的幻灯片，单击“插入”选项卡中的“图片”下拉按钮，在下拉列表中选择“本地图片”命令，打开“插入图片”对话框，选择要插入的图片，单击“打开”按钮即可插入。

(3)插入表格。

在 WPS 演示中，可以在带有表格占位符版式的幻灯片中插入表格，也可以直接向幻灯片中插入表格。

①在带有表格占位符版式的幻灯片中插入表格。插入一张“标题与内容”版式的幻灯片，然后在“单击此处添加文本”占位符中单击“插入表格”按钮，打开“插入表格”对话框，如图 3-2-47 所示，输入“行数”和“列数”，单击“确定”按钮即可

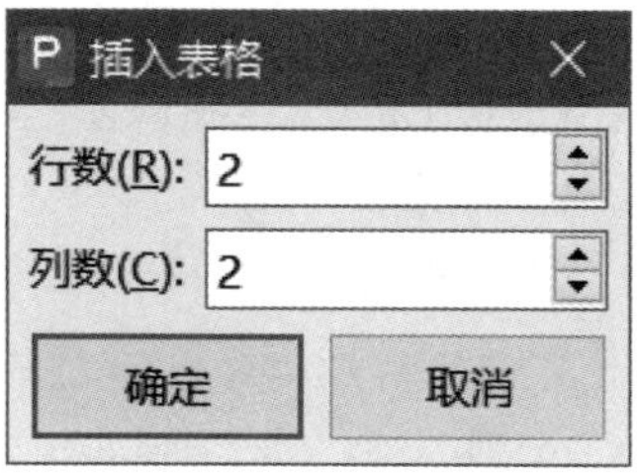

图 3-2-47 “插入表格”对话框

插入。

②直接插入表格。选定要插入表格的幻灯片，单击“插入”选项卡中的“表格”下拉按钮，有三种插入表格的方法：拖动鼠标、“插入表格”命令、“绘制表格”命令。

(4)插入图表。

图表能比文字更直观地描述数据。可以在带有图表占位符版式的幻灯片中插入图表，也可以直接向幻灯片中插入图表。插入图表的方法与插入表格的方法类似。

在选择了含有图表占位符版式的幻灯片中插入图表，只需单击“插入图表”按钮。打开默认样式的图表，在其中选择一种图形，即可将图表插入幻灯片，同时打开“图表工具”上下文选项卡，单击“编辑数据”按钮，自动进入 WPS 表格应用程序。在电子表格中输入相应的数据，即可把根据这些数据生成的图表插入幻灯片。

要编辑图表，只要双击该图表即可，打开“对象属性”任务窗格，在该窗格中可以对填充、效果、大小与属性等格式进行修改。

如果要更改图表的类型，重新编辑数据，则在图表中右击，在弹出的快捷菜单中选择相应的命令，或者通过“图表工具”上下文选项卡中的各种按钮进行设置。

(5)插入智能图形。

WPS 演示提供了一种全新的智能图形，用来取代以前的组织结构图。在 WPS 演示中，可以直接向幻灯片中插入智能图形。单击“插入”选项卡中的“智能图形”按钮，打开“智能图形”对话框，在该对话框中选择一种图形即可，接下来可以在插入的智能图形中输入文字。

(6)插入艺术字。

在 WPS 演示中，可以直接向幻灯片中插入艺术字。选定要插入艺术字的幻灯片，单击“插入”选项卡中的“艺术字”下拉按钮，选定一种艺术字即可插入。

(7)插入音频和视频。

在 WPS 演示中，用户可以将音频和视频置于幻灯片中，这些音频和视频既可以来自文件，也可以来自 WPS 演示系统自带的剪辑管理器。

①插入音频。在普通视图中，选中要插入声音文件的幻灯片，单击“插入”选项卡中的“音频”下拉按钮，在下拉列表中选择“嵌入音频”命令，打开“插入音频”对话框，在该对话框中找到所需的声音文件，单击“打开”按钮即可。此时，幻灯片中显示出一个小喇叭符号，表示在此处已经插入了一个音频。选中小喇叭图标，功能区出现“音频工具”上下文选项卡，可以对播放的时间、循环、淡入淡出效果等进行设置，还可以单击“裁剪音频”按钮，在打开的“裁剪音频”对话框中对音频进行裁剪。

②插入视频。在幻灯片中插入视频的方法与插入音频的方法类似。单击“插入”选项卡中的“视频”下拉按钮，选择“嵌入视频”命令，打开“插入视频”对话框，在该对话框中找到所需的视频文件，单击“打开”按钮即可。此时，系统会将视频文件以静态图片的形式插入幻灯片，只有在进行幻灯片放映时，才能看到视频真实的动态效果。

(8)插入其他对象。

如同 WPS 文字一样，在 WPS 演示中，还可以插入形状、公式等对象。

4. 幻灯片中对象的定位与调整

(1)改变对象叠放层次。

添加对象时，它们将自动叠放在单独的层中。当对象重叠在一起时用户将看到叠放次序，上层对象会覆盖下层对象上的重叠部分。右击某一对象，在弹出的快捷菜单中选择“置于顶层”“置于底层”命令，可以调整该对象的叠放层次。也可以在选中对象后，在“绘图工具”上下文选项卡中选择“上移”“下移”下拉按钮，在下拉列表中选择相应的命令。

(2)对齐对象。

选取至少两个要排列的对象，单击“绘图工具”上下文选项卡中的“对齐”下拉按钮，在下拉列表中选择相应的命令。

(3)组合和取消组合对象。

用户可以将几个对象组合在一起，以便能够像使用一个对象一样地使用它们，也可以将组合中的所有对象作为一个对象来进行翻转、旋转、调整大小或缩放等操作，还可以同时更改组合中所有对象的属性。

①组合对象。选择要组合的对象(按住 Ctrl 键依次单击要选择的对象)，在“绘图工具”上下文选项卡中单击“组合”下拉按钮，在下拉列表中选择“组合”命令。

②取消组合对象。选择要取消组合的组，在“组合”下拉列表中选择“取消组合”命令。

5. 插入页眉和页脚

单击“插入”选项卡中的“页眉页脚”按钮，打开如图 3-2-48 所示的“页眉和页脚”对话框。

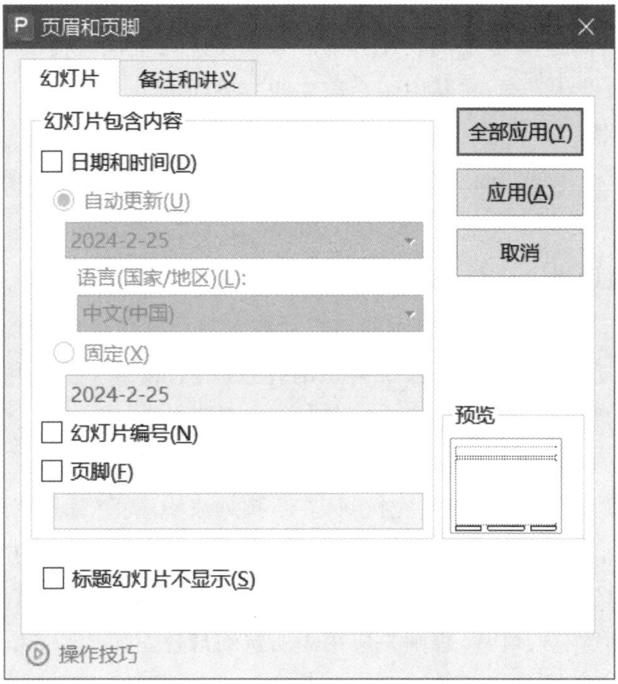

图 3-2-48 “页眉和页脚”对话框

(1)“幻灯片”选项卡。

“幻灯片包含内容”选项组用来定义每张幻灯片下方显示的日期、时间、幻灯片编号和页脚。其中，“日期和时间”复选框下包含两个单选按钮，如果选中“自动更新”单选按钮，则显示在幻灯片下方的时间随计算机当前时间自动变化；如果选中“固定”单选按钮，则可以输入一个固定的日期和时间。“标题幻灯片不显示”复选框用于控制是否在标题幻灯片中显示其上方所定义的内容。选择完毕，可单击“全部应用”按钮或“应用”按钮。

（2）“备注和讲义”选项卡。

“备注和讲义”选项卡主要用于设置供演讲者备注使用的页面包含内容，在此选项卡中设置的内容只有在幻灯片以备注和讲义的形式进行打印时才有效。

选择完毕，单击“全部应用”按钮，将设置的信息应用于当前演示文稿中的所有备注和讲义。

2.3.2 演示文稿外观设计

演示文稿内容编辑实现了幻灯片内容的输入以及幻灯片各种对象的插入，而通过使用幻灯片的设计方案设置、背景设置以及幻灯片母版设计等功能，可以对整个演示文稿进行统一的调整，从而快速制作出风格统一、画面精美的幻灯片。

1. 幻灯片的设计方案与配色方案设置

为幻灯片应用不同的设计方案，可以增强演示文稿的表现力。WPS 演示提供了大量的内置方案，必要时还可以自己设计背景颜色、字体搭配以及其他展示效果。

（1）应用设计方案。

打开“设计”选项卡，选择需要的设计方案。如果功能区中没有需要的方案，则单击“更多设计”按钮，弹出多种设计方案，在其中选择需要的方案即可。

（2）应用配色方案。

单击“设计”选项卡中的“配色方案”下拉按钮，在下拉列表中选择需要的方案，幻灯片上的对象会随之变化。

2. 幻灯片的背景设置

在 WPS 演示中，没有应用设计方案的幻灯片背景默认是白色的，为了丰富演示文稿的视觉效果，用户可以根据需要为幻灯片添加合适的背景颜色，设置不同的填充效果。WPS 演示提供了多种幻灯片的填充效果，包括渐变、纹理、图案和图片。

（1）设置幻灯片的背景颜色。

单击“设计”选项卡中的“背景”下拉按钮，在下拉列表中选择“背景填充”命令，或者在幻灯片空白处右击，在弹出的快捷菜单中选择“设置背景格式”命令，在打开的“对象属性”任务窗格中选中“纯色填充”单选按钮，单击“颜色”下拉按钮，在下拉列表中选择需要的颜色，单击“全部应用”按钮，则应用到所有幻灯片，否则只应用于所选幻灯片。

（2）设置幻灯片背景的填充效果。

①渐变填充。在“对象属性”任务窗格选中“渐变填充”单选按钮，可进行渐变样式、角度、色标颜色、位置、透明度、亮度等的设置。

②图片或纹理填充。在“对象属性”任务窗格选中“图片或纹理填充”单选按钮，可以选择图片或纹理来填充幻灯片。选择“图片填充”下拉列表中的“本地文件”命令，则可以插入文件作为填充图案；单击“纹理填充”下拉列表中的预设图片，则可以插入纹理填充图案。

如果要将设置的背景应用于演示文稿中所有的幻灯片，则单击“全部应用”按钮。

3. 幻灯片母版设计

演示文稿的每一张幻灯片都有两个部分，一个是幻灯片本身，另一个就是幻灯片母版，它们就像两张透明的胶片叠放在一起，上面的一张就是幻灯片本身，下面的一张就是母版。在幻灯片放映时，母版是固定的，更换的是上面的一张。WPS演示提供了三种母版，分别是幻灯片母版、讲义母版和备注母版。

(1)幻灯片母版。

幻灯片母版是所有母版的基础，通常用来统一整个演示文稿的幻灯片格式。它控制除标题幻灯片之外的所有幻灯片的默认外观，包括讲义和备注中的幻灯片外观。幻灯片母版用于控制文字格式、位置、项目符号的字符、配色方案以及图形项目。

单击“视图”选项卡中的“幻灯片母版”按钮，打开“幻灯片母版”视图，同时功能区显示出“幻灯片母版”上下文选项卡，可以在其中对幻灯片的母版进行修改和设置。默认的幻灯片母版有5个占位符，即标题区、对象区、日期区、页脚区和数字区。在标题区、对象区中添加的文本不在幻灯片中显示，在日期区、页脚区和数字区添加文本会给基于此母版的所有幻灯片添加这些文本。全部修改完成后，单击“幻灯片母版”上下文选项卡中的“关闭”按钮退出，幻灯片母版制作完成。

(2)讲义母版。

讲义母版用于控制幻灯片按讲义形式打印的格式，可设置一页中的幻灯片数量、页眉格式等。讲义只显示幻灯片而不包括相应的备注。

单击“视图”选项卡中的“讲义母版”按钮，打开“讲义母版”视图，同时显示出“讲义母版”上下文选项卡，可以在其中完成相关设置。

(3)备注母版。

每一张幻灯片都可以有相应的备注，用户可以为自己创建备注或为观众创建备注，还可以为每一张幻灯片打印备注。备注母版用于控制幻灯片按备注页形式打印的格式。单击“视图”选项卡中的“备注母版”按钮，打开“备注母版”视图，同时显示出“备注母版”上下文选项卡，可以在其中完成相关设置。

2.3.3 演示文稿放映设计

在幻灯片制作中，除了合理设计每一张幻灯片的内容和布局，还需要设置幻灯片的放映效果，使幻灯片放映过程既能突出重点，又能富有美感，吸引观众的注意力。

1. 动画设置

为了使幻灯片放映时更具视觉效果，在WPS演示中，可以给幻灯片中的文本、图形、图表及其他对象添加动画效果。

动画设置主要有两种情况：一是为幻灯片内的各种元素设置动画效果；二是设置幻灯片切换动画，即可以设置幻灯片之间的过渡动画。

(1)添加动画。

①为对象添加单个动画。先选中需要添加动画的对象，在“动画”选项卡中单击动画样式列表右下角的下拉按钮 ▾，在打开的可选动画列表中选择需要的动画效果。

选中动画以后，单击“动画”选项卡中的“预览效果”按钮可测试动画效果；单击“动画”选项卡“删除动画”下拉列表中的命令可以删除动画效果。

②为一个对象添加多个动画。先选中需要添加动画的对象，单击“动画”选项卡中的“动画窗格”按钮，在打开的任务窗格中单击“添加效果”下拉按钮，选择需要的动画效果，可以添加多个动画效果，如图 3-2-49 所示。单击“播放”按钮，可测试动画效果。

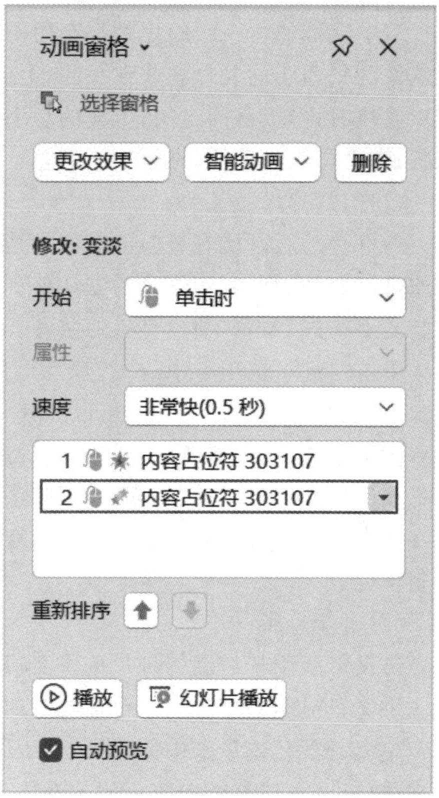

图 3-2-49　利用“动画窗格”任务窗格添加多个动画

要注意动画设置中“进入”“强调”“退出”选项的具体含义。进入某一张幻灯片后单击鼠标，对象以某种动画形式出现，这称为“进入”；再单击鼠标，对象再一次以某种动画形式变换一次，这称为“强调”；再单击鼠标，对象以某种动画形式从幻灯片中消失，这称为“退出”。

(2)动画效果的设置。

进行动画设置后，可以继续进行各种细节的效果设置。

①动画开始方式的设置。在“动画窗格”任务窗格中，单击“开始”下拉按钮或动画效果的下拉按钮 ▾ ，选择一种开始方式。

②动画的出场顺序设置。每个添加了动画效果的对象的左上角都有一个编号，表示幻灯片中各对象出现的顺序。如果要改变各动画的出场顺序，在“动画窗格”任务窗格中选中动画，单击“重新排序”按钮 ▾ 进行调整。

③效果选项设置。选择动画效果下拉列表中的“效果选项”命令，打开如图 3-2-50 所示的对话框，在“效果”选项卡中，可对其“方向”“声音”“动画播放后”等进行设置。

图 3-2-50　设置效果选项的对话框

在“计时”选项卡中，可对动画的时间进行详细设置，如图 3-2-51 所示。“延迟”是设置动画开始前的延时秒数，“速度”是设置动画将要运行的持续时间。

图 3-2-51 计时设置

(3)自定义动作路径。

可以通过自定义路径来设计对象的运动路线。

①绘制自定义路径。选中需要添加动画的对象，在“动画窗格”中单击“添加效果”按钮，根据需要选择“绘制自定义路径”中的任意效果。将光标移到幻灯片上，当光标变为“+”时，按住鼠标左键拖动出一个路径，到终点时双击，动画会按设置的路径预览一次。

注意：若设置动画的对象是形状时，在“绘制自定义路径”中选择“为自选图形指定路径”选项，则光标移动到形状对象时，单击即可设置。

②编辑自定义路径。右击定义好的动作路径，在弹出的快捷菜单中选择“编辑顶点”命令，路径中出现若干黑色顶点，拖动黑色顶点可以移动位置。

右击某一黑色顶点，在弹出的快捷菜单中选择相应的命令，可以对黑色顶点进行各种修改操作。

(4)通过触发器控制动画播放。

触发器的作用相当于一个按钮，用于控制幻灯片中已经设定的动画的执行。在演示文稿中设置好触发器功能后，单击触发器将会触发一个操作，该操作可以是播放动画、音频、视频等。操作步骤如下。

①制作一个作为触发器的对象，可以是文本、图片、文本框、艺术字、动作按钮等。

②为对象添加一个动画。

③在动画效果右边的下拉列表中选择“效果选项”命令。

④单击“计时”选项卡中的“触发器”按钮，选中“单击下列对象时启动效果”单选按钮及触发器对象，如图 3-2-52 所示。

⑤单击“确定”按钮。完成设置后，在幻灯片放映过程中，单击触发器时即可播放设置好的动画效果。

(5)幻灯片切换设置。

切换效果是指幻灯片放映时切换幻灯片的特殊效果。在 WPS 演示中，可以为每一张幻灯片设置不同的切换效果，使幻灯片放映更加生动形象，也可以为多张幻灯片设置相同的切换效果。

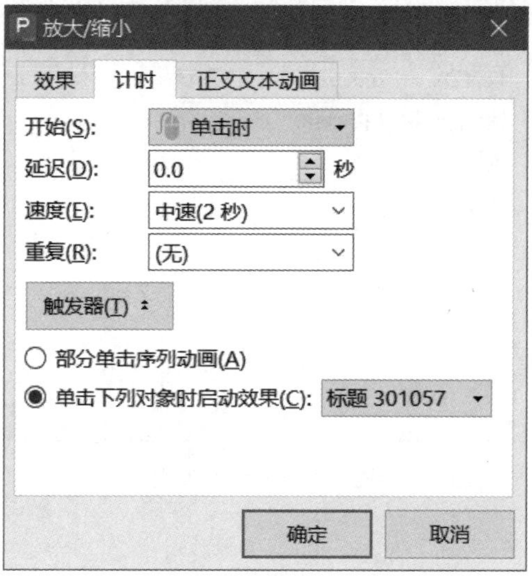

图 3-2-52　触发器设置

在幻灯片浏览视图或普通视图中，选择要添加切换效果的幻灯片。如果要选中多张幻灯片，可以按住 Ctrl 键进行选择。在“切换”选项卡中单击需要的切换效果。

如果需要更多切换效果，可以单击切换效果列表框右下角的下拉按钮▼，在下拉列表中选择需要的切换效果。如要进行进一步的设置，可以单击“切换”选项卡中的“效果选项”下拉按钮进行设置。

在“切换”选项卡中的“声音”下拉列表中选择合适的声音，勾选“单击鼠标时换片”或“自动换片”复选框。如果选择自动换片，则需要设置自动换片时间，即在上一幻灯片结束多长时间后自动换片。

如果希望以上设置对所有幻灯片有效，则单击“切换”选项卡中的“应用到全部”按钮即可。

2. 超链接与动作按钮设置

在 WPS 演示中，用户可以为幻灯片中的文本、图形和图片等对象添加超链接或动作按钮，从而在幻灯片放映时单击该对象以跳转到指定的幻灯片，增加演示文稿的交互性。

(1)创建超链接。

先选定要插入超链接的位置，在“插入”选项卡中单击“超链接”按钮，也可以在要创建超链接的对象上右击，在弹出的快捷菜单中选择“超链接”命令，打开“插入超链接”对话框，在左侧的“链接到”区域中选择链接的目标。

①原有文件或网页：超链接到本文档以外的文件或某个网页。

②本文档中的位置：超链接到所选定的幻灯片。

③电子邮件地址：超链接到某个邮箱地址。

在“插入超链接”对话框中单击“屏幕提示”按钮，输入提示文字内容，放映演示文稿时，在链接位置旁边会显示提示文字。

(2)编辑、删除超链接。

当用户对设置的超链接不满意时，可以通过编辑、删除超链接来进行修改。右击超链接对象，在弹出的快捷菜单中选择“超链接”→“编辑超链接”或“取消超链接”命令，进行编辑或删除。

(3)动作按钮设置。

先选中要插入动作按钮的幻灯片，单击“插入”选项卡中的“形状”下拉按钮，在下拉列表中单击“动作按钮”中的图形，这时鼠标指针变为“+”，拖动鼠标画出动作按钮，同时打开“动作设置”对话框，如图 3-2-53 所示。

图 3-2-53 “动作设置”对话框

在“动作设置”对话框中设置单击时的动作，然后单击“确定”按钮关闭对话框。

3. 幻灯片放映设置

制作演示文稿的最终目的是放映，因此设置演示文稿的放映是重要的步骤。

(1)设置放映时间。

在放映幻灯片时可以为幻灯片设置放映时间间隔，这样可以达到幻灯片自动播放的目的。用户可以手工设置幻灯片的放映时间，也可以通过排练计时进行设置。

①手工设置放映时间。在幻灯片浏览视图下，选中要设置放映时间的幻灯片，在“切换”选项卡中勾选“自动换片”复选框，在其后的文本框中输入自动换片时间。如果要将此时间应用于所有幻灯片，则单击“应用到全部”按钮，否则只应用于选定的幻灯片。

②排练计时。演示文稿的播放大多数情况下是由用户手动操作控制的，如果要让其自动播放，需要进行排练计时设置。设置排练计时时，首先应确定每张幻灯片需要停留的时间，它

可以根据演讲内容的长短来确定，然后进行以下操作。

切换到演示文稿的第一张幻灯片，单击“放映”选项卡中的“排练计时”按钮，进入演示文稿的放映视图中，同时打开“预演”工具栏，如图 3-2-54 所示。在该工具栏中，幻灯片放映时间框将会显示该幻灯片已经滞留的时间。如果对当前的幻灯片播放不满意，则单击“重复”按钮，重新播放和计时。单击左边的“下一项”按钮，播放下一张幻灯片。当放映到最后一张幻灯片后，系统会弹出排练时间提示框。该提示框显示整个演示文稿的总播放时间，并询问用户是否要使用这个时间。单击“是”按钮完成排练计时设置，则在幻灯片浏览视图下，会看到每张幻灯片下显示了播放时间；单击“否”按钮，则取消所设置的时间。

图 3-2-54 “预演”工具栏

(2)幻灯片的放映。

用户可以根据不同的需要采用不同的方式放映幻灯片，如果有必要，还可以自定义放映。

①设置放映方式。在“放映”选项卡中单击“放映设置”按钮，打开“设置放映方式”对话框，如图 3-2-55 所示。WPS 演示为用户提供了如下放映类型：“演讲者放映”用于演讲者自行播放演示文稿的情况，这是系统默认的放映方式；“展台自动循环放映”适用于使用了排练计时的情况，此时鼠标不起作用，按 Esc 键才能结束放映。在“放映选项”选项组中可以设置“循环放映，按 ESC 键终止”，在“放映幻灯片”选项组中可以设置幻灯片的放映范围。

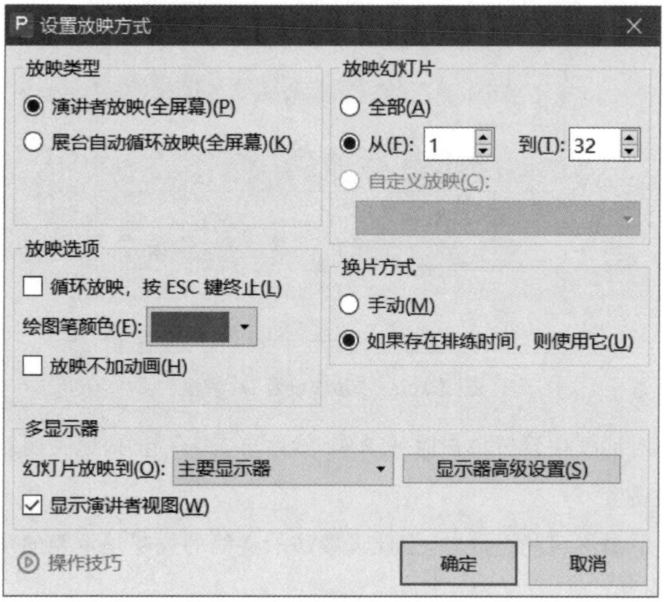

图 3-2-55 “设置放映方式”对话框

②自定义放映。默认情况下，播放演示文稿时幻灯片按照在演示文稿中的先后顺序从第一张向最后一张进行播放。WPS 演示提供了自定义放映的功能，使用户可以从演示文稿中挑选出若干张幻灯片进行放映，并自己定义幻灯片的播放顺序。

单击“放映”选项卡中的“自定义放映”按钮，打开“自定义放映”对话框，如图 3-2-56 所示。在该对话框中单击“新建”按钮，打开“定义自定义放映”对话框，如图 3-2-57 所示。

在“幻灯片放映名称”文本框中输入自定义放映的名称。“在演示文稿中的幻灯片”列表框中列出了当前演示文稿中的所有幻灯片的名称，选择其中要放映的幻灯片，单击“添加”按钮，将其添加到“在自定义放映中的幻灯片”列表框中。

图 3-2-56 “自定义放映”对话框

利用“在自定义放映中的幻灯片”列表框右侧的向上、向下箭头按钮可以调整幻灯片播放的先后顺序。如果要将幻灯片从“在自定义放映中的幻灯片”列表框中删除，则先选中该幻灯片，然后单击“删除”按钮即可。完成所有设置后，单击“确定”按钮，返回“自定义放映”对话框，此时新建的自定义放映的名称将出现在其中的列表中。用户可以同时定义多个自定义放映，并利用此对话框上的按钮对已有的自定义放映进行编辑、复制或修改。单击“放映”按钮，即可放映。

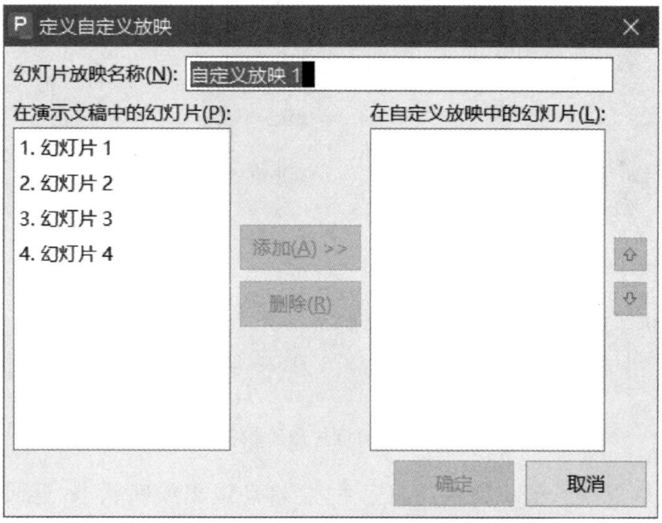

图 3-2-57 “定义自定义放映”对话框

③隐藏部分幻灯片。如果演示文稿中某些幻灯片只提供给特定的对象，不妨先将其隐藏起来。切换到幻灯片浏览视图下，右击需要隐藏的幻灯片，在弹出的快捷菜单中选择“隐藏幻灯片”命令，或者单击“放映”选项卡中的“隐藏幻灯片”按钮，播放时，该幻灯片将不显示。如果

要取消隐藏，只需要再执行一次上述操作。

④放映演示文稿。当演示文稿中所需幻灯片的各项播放设置完成后，就可以放映幻灯片，观看其放映效果了。

a. 启动演示文稿放映。启动演示文稿放映的方法有 4 种：单击“放映”选项卡中的“从头开始”或“当页开始”按钮；单击 WPS 演示窗口底部状态栏的幻灯片放映按钮 ；按 F5 功能键。

如果将幻灯片的切换方式设置为自动，则幻灯片按照事先设置好的顺序自动切换；如果将切换方式设置为手动，则需要用户单击鼠标或使用键盘上的相应键切换到下一张幻灯片。

b. 控制演示文稿放映。在放映演示文稿时，右击幻灯片，打开幻灯片放映快捷菜单，如图 3-2-58 所示。“墨迹画笔”子菜单用于设置演示过程中的标记，如设置笔、墨迹颜色、橡皮擦和有关箭头选项等。

图 3-2-58　幻灯片放映快捷菜单

c. 停止演示文稿放映。演示文稿播放完后，会自动退出放映状态，返回 WPS 演示的编辑窗口。如果希望在演示文稿放映过程中停止播放，有两种方法：在幻灯片放映过程中右击，在快捷菜单中选择“结束放映”命令；如果幻灯片的放映方式设置为“循环放映”，按 Esc 键退出放映。

⑤手机遥控播放。在联网状态下，可以通过手机借助 WPS 移动版遥控放映幻灯片。操作方法是：打开需要放映的演示文稿，单击“放映”选项卡中的“手机遥控”按钮，生成遥控二维

码；然后打开手机中的 WPS Office 移动端，选择“扫一扫”功能，扫描计算机上的二维码，这样在手机上就可以通过左右滑动屏幕来遥控幻灯片的播放。

4. 演示文稿的输出与打印

演示文稿制作完成后，为了能在没有安装 WPS 演示的环境下播放演示文稿，WPS 提供了多种方案。

(1)输出视频。

在 WPS 演示中，可以把演示文稿转换为 WebM 格式的视频，以便在没有安装 WPS 的环境下也可以观看。操作方法是：选择“文件”→“另存为”→“输出为视频”命令，在“另存文件”对话框中设置文件存放的位置和文件名，单击“保存”按钮。

(2)转换为放映格式。

如果将演示文稿转换为放映格式，则在打开文件时直接进入放映状态。操作方法是：选择“文件”→“另存为”→“WPS 演示文件(*.dps)”命令，在“另存文件”对话框中设置文件存放的位置和文件名，单击“保存”按钮。

(3)打包演示文稿。

打包演示文稿就是把演示文稿打包成一个文件夹，把整个文件夹转移到其他没有安装 WPS Office 软件的计算机上也能被打开。操作方法是：打开要打包的演示文稿，选择“文件”→“文件打包”→“将演示文档打包成压缩文件”命令，打开“演示文件打包”对话框，输入文件名和文件存放的位置，单击“确定”按钮。

(4)打印演示文稿。

在 WPS 演示中，演示文稿制作好以后，不仅可以在计算机上展示最终效果，还可以将演示文稿打印出来。演示文稿可以打印成幻灯片、讲义、备注页或大纲等形式。

在打印演示文稿之前，需要先进行幻灯片大小的设置。在“设计”选项卡中选择“幻灯片大小”下拉列表中的“自定义大小”命令，打开“页面设置”对话框。在该对话框中，可以设置幻灯片大小，分别针对幻灯片和备注、讲义和大纲设置打印方向，设置完成后单击“确定”按钮。

打印之前，如果需要对打印范围、打印内容进行设置，选择“文件”→“打印”→“打印”命令，打开“打印”对话框。选择要使用的打印机名称，设置打印范围、打印份数等，单击“确定”按钮即可开始打印。

2.4 操作练习

2.4.1 操作1——WPS 文字的文档编辑与排版

1. 操作目的

(1)熟悉 WPS 文字编辑窗口的组成要素。

(2)掌握 WPS 文字文档的创建和编辑操作。

(3)掌握 WPS 文字的各种格式编排。

2. 操作内容

(1)新建文档。

①启动 WPS Office 系统，单击“新建”按钮，在“新建”窗口的“Office 文档”区域单击“文

字”按钮，创建一个空白文档，并在文档中输入以下内容。

> 科技英语中专业术语的翻译
>
> 1. 意译：根据科技术语的含义，将其翻译成汉语里和它完全对等的名词就叫意译。对单个词语来说，意译也就是直译。意译法是最常用的翻译方法，它能使读者直接了解术语的含义。例如：
>
> ①firewall　防火墙
>
> ②data mining　数据挖掘
>
> ③automatic program control 自动程序控制
>
> 2. 音译：根据英语的发音翻译成汉语里相应的词。科技英语中某些由专有名词构成的术语、单位名称、新型材料的名称等，在翻译时都可采用音译法。例如：
>
> - gene　基因；quark　夸克；Pentium　奔腾
> - celluloid　赛璐璐；nylon　尼龙
> - Hertz(Hz)　赫兹(频率单位)；lumen　流明(光通量单位)
>
> 3. 形译：英语中有些科技术语的前半部分是表示该术语形象的字母或单词，翻译成汉语时可把这一部分翻译成表示具体形象的词，或保留原来的字母，这就叫形译。例如：
>
> I-bar　工字钢　工字条；O-ring　环形圈；twist-drill　麻花钻；X-ray　X 光；α-brass　α 黄铜[1]
>
> 4. 缩写词：英语首字母缩写词在科技新词中占有很大比重，这类词如译成汉语，就显得拖沓冗长，因此很多情况下干脆不翻译。例如：
>
> ❖ CPU：Central Processing Unit(中央处理器)
>
> ❖ ASCII：American Standard Code for Information Interchange(美国信息交换标准代码)
>
> ❖ ATM：Asynchronous Transfer Mode(异步传输模式)
>
> 一些国际组织的缩写也常采用这种方法。例如：
>
> WTO(世界贸易组织)；UNESCO(联合国教科文组织)；WHO(世界卫生组织)；IOC(国际奥委会)
>
> 注[1]：指含锌量≤35%的铜锌合金。

②选择“文件”→“保存”命令，或单击快速访问工具栏中的“保存”按钮，即打开“另存为”对话框，将其保存到 D 盘 firstdir 文件夹中，命名为“姓名学号_1. docx”。

③选择“文件”→“退出”命令退出该文档。

(2)文档的项目符号。

选中相应内容，在“开始”选项卡中单击“项目符号”下拉按钮，在打开的项目符号预设样式下拉列表中选择所需的项目符号即可。

(3)将“1. 意译”与“2. 音译”内容互换位置。

选中第 1 点的全部内容，利用“开始”选项卡中的“剪切”按钮(或按 Ctrl+X 组合键)和“粘贴”按钮(或按 Ctrl+V 组合键)，将其剪切到第 2 点后面，并修改序号。

(4)将文本中的“例如”改为“例子如下”。

①在“开始”选项卡中单击“查找替换”按钮，打开“查找和替换”对话框，并选择“替换”选项卡。

②在“查找和替换”对话框的“查找内容”文本框中输入“例如”，在“替换为”文本框中输入“例子如下”。

③单击“替换”按钮可以逐个查找并替换字符，直到文本末尾。单击“全部替换”按钮可以一次查找全文并替换所有的字符。

④选择"文件"→"另存为"命令,将其保存到D盘 firstdir 文件夹中,命名为"姓名学号_2.docx"。最后,关闭文档窗口。

(5)文档的字符格式化。

①打开已保存的"姓名学号_1.docx"文档,选中文档标题。

②在"开始"选项卡中单击"字体"对话框启动器按钮,在"字体"对话框中设置字体为黑体,字形加粗,字号为初号,颜色为红色,下面加着重号,设置"文本效果"中的阴影效果。

③将正文第一段文字选中,在"字体"对话框中设置字体为楷体,字号为四号,颜色为蓝色,再选择"字符间距"选项卡,将"间距"设置为1.5 pt。其余各段设置为字体为宋体,字号为小四号。

(6)文档的段落格式化。

①选中文档标题,在"开始"选项卡中单击"段落"对话框启动器按钮,在"段落"对话框内设置段前1行、段后1行间距,对齐方式为居中对齐。

②选中第一自然段,单击"开始"选项卡中的"边框"下拉按钮,在下拉列表中选择"边框和底纹"命令,打开"边框和底纹"对话框。选择其中的"底纹"选项卡,将"填充"色设为"黄色","应用于"设为"段落";选择其中的"边框"选项卡,选择1 pt 黑色线型;选择其中的"页面边框"选项卡,选择1 pt 绿色线型,然后单击"确定"按钮。

③选中第二自然段,在"段落"对话框中设置文本之前和文本之后各缩进3个字符,1.5倍行距,然后单击"确定"按钮。

④将正文除第一自然段外其他段的首行缩进设为两个汉字的位置,1.5倍行距,对齐方式为两端对齐。

(7)文档的分栏和首字下沉。

①选中第一自然段,在"页面"选项卡中单击"分栏"按钮,在"分栏"对话框内设置分两栏、加分隔线,然后单击"确定"按钮。

②将文档插入点移至最后一个自然段的第一个字符,在"插入"选项卡中单击"首字下沉"按钮,在"首字下沉"对话框中设置下沉3行,然后单击"确定"按钮。

(8)文档的页眉和页脚。

在"插入"选项卡中单击"页眉和页脚"按钮,使插入点出现在页眉中,输入文本"科技英语中专业术语的翻译",在"开始"选项卡中单击"居中对齐"按钮使其居中。使插入点出现在页脚中,在"页码"对话框中选择样式"第1页 共×页"为页脚插入页码,位置为"右侧",在文档空白处双击,完成页码的设置。

完成以上操作后,将文档另存为"姓名学号_3.docx"。

3. 操作思考

(1)文档的存盘(Save)和文档另存为(Save As)操作有何区别?

(2)在编辑文本时,有时输入的新内容将插入点处的原有内容覆盖了,出现这种现象的原因是什么?如何操作?

(3)使用标尺可以快速进行文档排版,但标尺有时没有显示出来,这时应如何操作?

(4)什么叫段落?有时需要文本另起一行,但又不想开始一个新的段落,如何操作?

(5)输入并编排如下文档。

①标题字体为隶书,字号为三号,颜色为红色。

②正文字体为宋体，字号为五号。

③将最后一句中“方石英强化瓷的市场前景非常广阔”的文字设置为：倾斜、加蓝色双下画线。

④为整篇文档设置任意底纹，设置页面边框为方框。

⑤设置文档的页边距为上、下各为 3 cm，左、右各为 2 cm，纸型为 A4，并预览排版效果。

> **方石英强化瓷的特点**
>
> 强化瓷因其机械性能好、釉面硬度高、抗热震性能好等优点而适合于机械洗涤、高温消毒、电冰箱低温储存食物及微波炉快速加热等现代化饮食业的要求。因此，强化瓷是国内外日用瓷发展的重要方向之一。
>
> 强化瓷的强化机制为强化相强化，如 α-Al_2O_3瓷就属于这一种。这种瓷的 Al_2O_3粉成本高，瓷透明度差，但它的烧成范围宽，生产容易控制。
>
> 舒尔兹预应力学说已经证实，α-方石英可增加瓷坯强度。当瓷件冷却时，由于方石英与玻璃相间有较大收缩差，使玻璃相产生压缩应力，从而阻止玻璃相中微裂纹的发展，并且能抵消部分外加于瓷件中的张力负载，总的效应是显著提高瓷件的抗折或抗张强度。
>
> 大家知道，石英是日用瓷三大组分之一，且原料充足，价格低廉。所以*方石英强化瓷的市场前景非常广阔*。

2.4.2 操作 2——WPS 文字的图文编排

1. 操作目的

(1)掌握艺术字的设置方法。

(2)掌握形状、图形的插入方法。

(3)掌握图文混排的操作方法。

(4)掌握文本框的设置方法。

2. 操作内容

(1)新建 WPS 文档。

新建一个 WPS 文档，输入以下内容，并将正文所有段落设置为首行缩进 2 个字符、单倍行距，段后间距设置为 0.5 行。

> 什么是人工智能
>
> 在计算机出现之前人们就幻想着一种机器可以模拟人类的思维，可以帮助人们解决问题，甚至比人类有更高的智能。自 20 世纪 40 年代计算机发明以来，计算速度飞速提高，从最初的科学计算演变到了现代的各种计算机应用领域，诸如数据库应用、多媒体应用、计算机辅助设计、自动控制等。人工智能是计算机科学的一个研究分支，是多年来计算机科学研究发展的结晶。
>
> 人工智能是一门基于计算机科学、生物学、心理学、神经科学、数学和哲学等学科的科学和技术。人工智能的一个主要推动力要开发与人类智能相关的计算机功能，例如推理、学习和解决问题的能力。
>
> 科学家认为，人工智能就是制造智能的机器，更特指制作人工智能的程序。人工智能模仿人类的思考方式使计算机能智能地思考问题，人工智能通过研究人类大脑的思考、学习和工作方式，然后将研究结果作为开发智能软件和系统的基础。

(2)插入艺术字。

选中标题“什么是人工智能”,在“开始”选项卡中单击“文字效果”下拉按钮A▾,在下拉列表中选择“艺术字”命令,或在“插入”选项卡中单击“艺术字”下拉按钮,在打开的艺术字预设下拉列表中选中“艺术字预设”中的第1行第3列,将标题转换成艺术字,字体为微软雅黑,字号为36号,居中对齐。

(3)插入形状。

①在“插入”选项卡中单击“形状”下拉按钮,打开形状预设下拉列表,单击“基本形状”→“笑脸”,此时光标为“+”形状,在文档中单击,或拖动至合适位置,松开鼠标左键,即完成图形的绘制。

②选中图形,按住鼠标左键拖动图形到第1段文字右侧,在“绘图工具”上下文选项卡中单击“环绕”下拉按钮,选择下拉列表中的“四周型环绕”命令。

(4)插入图片。

①在“插入”选项卡中单击“图片”下拉按钮,在下拉列表中选择“来自文件”命令,WPS文字自动打开“插入图片”对话框。

②单击任意一个图片,单击“打开”按钮,可将该图片插入文档。

③选中图片,单击“图片工具”上下文选项卡,单击“环绕”下拉按钮,选择下拉列表中的“四周型环绕”命令。

④选中图片,单击“图片工具”上下文选项卡,单击“大小和位置”组右下角的对话框启动器按钮,在打开的“布局”对话框中进行设置。

⑤在“大小”选项卡中,取消勾选“锁定纵横比”复选框,在“宽度”和“高度”文本框中分别输入2 cm和3 cm,单击“确定”按钮。

⑥拖动图片到第2段文字中间。

(5)插入文本框。

定位插入点在文档最后,在“插入”选项卡中单击“文本框”下拉按钮,选择下拉列表中的“横向”命令,在文档最后单击,将文档第3段内容赋值到文本框中。

(6)添加文字水印。

在“页面”选项卡中单击“水印”下拉按钮,选择“插入水印”命令,打开“水印”对话框。勾选“文字水印”复选框,内容设置为“人工智能”,字体为微软雅黑,颜色为标准色红色,版式为“倾斜”,其他保持默认设置,单击“确定”按钮。

(7)完成上述操作,保存文档。

3. 操作思考

(1)设置图片的大小时,如何分别设置高度和宽度?

(2)图形与周边文字混排的方式有哪几种?如何设置?

(3)文本框有何作用?如何设置其大小?

2.4.3 操作3——WPS文字的表格与公式编排

1. 操作目的

(1)掌握表格的插入与编辑方法。

(2)掌握文本与表格之间的转换方法。

(3)掌握公式的编排方法。

2. 操作内容

(1)创建表格。

①新建一个 WPS 文档,将光标移至需要插入表格的位置。

②创建如图 3-2-59 所示的课程表。单击“插入”选项卡中的“表格”下拉按钮,选择下拉列表中的“插入表格”命令,打开“插入表格”对话框,在“行数”“列数”文本框中分别输入表格的行数为 6、列数为 7,单击“确定”按钮。

星期 时间		星期一	星期二	星期三	星期四	星期五
上午	1					
	2					
	3					
	4					
午　休						
下午	5					
	6					
	7					
	8					

图 3-2-59　课程表

(2)设置表格属性。

右击表格,在弹出的快捷菜单中选择“表格属性”命令,打开“表格属性”对话框,在其中完成以下操作。

①改变行高或列宽:单击“行”选项卡,设置“指定高度”为 1.5 cm,并选择“行高值是”为“固定值”;单击“列”选项卡,设置“指定列宽”为 1.8 cm,单击“确定”按钮。

②表格在页面中的位置设置:单击“表格”选项卡,选中“居中”对齐方式,单击“确定”按钮。

③表格边框和底纹的设置:选中表格中需要加边框的单元格,在“表格样式”上下文选项卡中单击“边框”下拉按钮,在打开的下拉列表中选择相应的命令,即可直接进行简单的增减框线的操作。选定第 4 行,在“表格样式”上下文选项卡中单击“底纹”下拉按钮,在打开的下拉列表中选择“标准色”中的“黄色”命令。

(3)合并或拆分单元格。

①选中第 2 行第 2 列单元格,然后右击,在弹出的快捷菜单中选择“拆分单元格”命令,打开“拆分单元格”对话框,选择行数为 2,列数为 1,然后单击“确定”按钮。用同样的方法把第 3 行第 2 列、第 5 行第 2 列和第 6 行第 2 列都拆分为 2 行 1 列。

②选中第 1 行的第 1、2 列,然后右击,在弹出的快捷菜单中选择“合并单元格”命令。用同样的方法把第 1 列的第 2、3 行单元格,第 1 列的第 5、6 行单元格,第 4 行的所有单元格,分别合并。

(4)设置单元格中文本的对齐方式。

按图 3-2-59 输入文字，选定除了左上角的单元格外的所有单元格，在“表格工具”上下文选项卡中，单击“水平居中”按钮三。

(5)文本转换成表格。

①在上述表格下空一行，输入如下文本。

学号 姓名 语文 数学 英语

070103 张一 91 99 75

070102 张二 78 90 86

070101 张三 76 88 85

070104 李四 83 81 78

注意：输入数据时，同一行各数据用空格分隔。

②选定上述文本，在“插入”选项卡中单击“表格”下拉按钮，在打开的下拉列表中选择“文本转换成表格”命令，打开“将文字转换成表格”对话框。在该对话框中设置“行数”为 5，“列数”为 5，“文字分隔位置”为“空格”，单击“确定”按钮完成转换。

(6)设置表格样式。

选定表格，在“表格样式”上下文选项卡中单击表格样式下拉按钮▾，打开表格样式预设下拉列表，在其中选择表格样式。

(7)表格中数据的排序。

将光标置于表格任意单元格中。在“表格工具”上下文选项卡中单击“排序”按钮，打开“排序”对话框。选中“列表”选项组中的“有标题行”单选按钮，选择“主要关键字”为“数学”，排序类型为“数字”，排序方式为“降序”，单击“确定”按钮完成排序。

(8)插入、删除行或列。

①将光标放在最后一行，右击，在弹出的快捷菜单中选择“插入”→“在下方插入行”命令，在插入行的第 1 列输入“平均分”；将光标放在最后一列，右击，在弹出的快捷菜单中选择“插入”→“在右侧插入列”命令，在插入列的第 1 行输入“总分”。

②选定第 3 行，右击，在弹出的快捷菜单中选择“删除行”命令，即可删除表格中的第 3 行。

(9)表格中数据的计算。

①将插入点定位到“总分”列的第 2 行单元格中，在“表格工具”上下文选项卡中单击“公式”按钮，打开“公式”对话框。此时，在“公式”文本框中自动出现计算公式“=SUM(LEFT)”，把公式改为“=SUM(c2:e2)”，单击“确定”按钮，则在当前单元格中插入计算结果。利用同样的方法可以计算其他行的总分。

②将插入点定位到“平均分”行的第 3 列单元格中，在“表格工具”上下文选项卡中单击“公式”按钮，打开“公式”对话框。在“公式”文本框中输入“=AVERAGE(ABOVE)”，在“数字格式”中选择“0.00”，单击“确定”按钮，则在当前单元格中插入计算结果。将第 1 个平均分复制到其他 3 个空白单元格中，再次选择这 3 个单元格，按 F9 功能键更新域，系统可自动计算其他列的平均分。

(10)插入公式。

$$\begin{cases} x=\mathrm{e}^{-t/20}\cos t \\ y=\mathrm{e}^{-t/20}\sin t, 0\leqslant t\leqslant 2\pi \\ z=t \end{cases}$$

在上述表格的后面空一行，在“插入”选项卡中单击“公式”按钮，进入“在此键入公式。”编辑框，根据公式的需求，在“公式工具”上下文选项卡中寻找相同的版式，建立公式。

(11)保存文件。

选择“文件”→“另存为”命令，在“另存文件”对话框中，选择保存位置为 D 盘，输入文件名“表格. docx”，单击“保存”按钮。

3. 操作思考

(1)制作如图 3-2-60 所示的表格。

<table>
<tr><td>学　号</td><td colspan="2">20240121192</td><td>姓　名</td><td>王 DL</td><td rowspan="3">照片</td></tr>
<tr><td colspan="2">所在学院及班级</td><td colspan="2">计算机学院计算机 2 班</td><td></td></tr>
<tr><td colspan="2">奖励情况</td><td colspan="3">一等奖学金</td></tr>
</table>

图 3-2-60　表格制作

(2)编排下列数学公式：

$$\gamma = \frac{5\sin^2\varphi}{\cos\varphi}, -\frac{\pi}{3} \leqslant \varphi \leqslant \frac{\pi}{3}$$

2.4.4　操作 4——WPS 表格的编辑与操作

1. 操作目的

(1)掌握 WPS 表格的工作表的创建及基本操作。

(2)掌握在 WPS 表格的工作表中输入数据的方法。

(3)掌握公式的使用方法。

2. 操作内容

(1)新建工作簿。

启动 WPS Office 系统，单击“新建”按钮，在“新建”窗口的“Office 文档”区域单击“表格”按钮，创建 WPS 表格空白文档“工作簿 1”，在工作表 Sheet1 中输入如图 3-2-61 所示的成绩统计表。

(2)公式的使用。

①把光标移动到 G3 单元格中，然后在编辑栏中输入公式“=SUM(B3:F3)”，按 Enter 键后，计算结果会自动填入 G3 单元格。

②把光标放在 G3 单元格的右下角，当光标变成“+”时，按住鼠标左键向下拖曳，可利用 WPS 表格的自动填充功能计算出这一列中的所有总分。

③把光标移动到 B11 单元格中，然后在编辑栏中输入公式“=AVERAGE(B3:B10)”，按 Enter 键后，计算结果会自动填入 B11 单元格。

④把光标放在 B11 单元格的右下角，当光标变成“+”时，按住鼠标左键向右拖曳，可利用 WPS 表格的自动填充功能计算出这一行中的所有平均分。

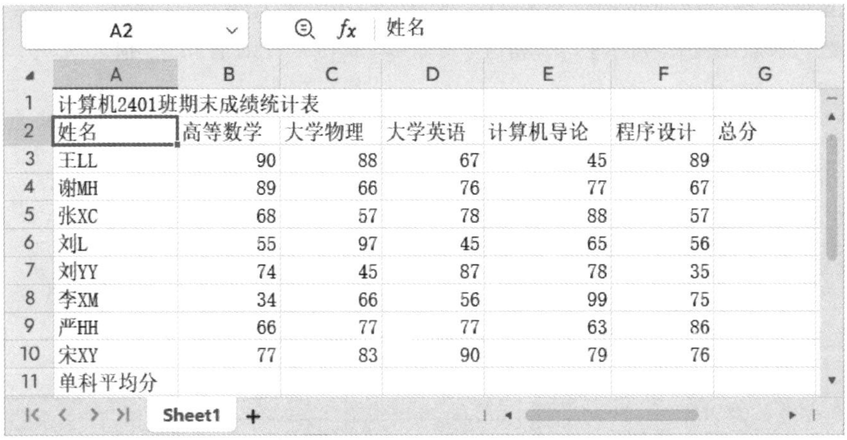

	A	B	C	D	E	F	G
1	计算机2401班期末成绩统计表						
2	姓名	高等数学	大学物理	大学英语	计算机导论	程序设计	总分
3	王LL	90	88	67	45	89	
4	谢MH	89	66	76	77	67	
5	张XC	68	57	78	88	57	
6	刘L	55	97	45	65	56	
7	刘YY	74	45	87	78	35	
8	李XM	34	66	56	99	75	
9	严HH	66	77	77	63	86	
10	宋XY	77	83	90	79	76	
11	单科平均分						

图 3-2-61 成绩统计表

(3)工作表的操作。

①插入工作表。单击工作表标签栏最右边的“新建工作表”按钮 + ,则在 Sheet1 后新添加了一个工作表,系统默认命名为 Sheet2。重复两次上述操作,插入另外两个新工作表,默认命名为 Sheet3、Sheet4。

②重命名工作表。右击 Sheet1 工作表标签,在弹出的快捷菜单中选择“重命名”命令,此时 Sheet1 标签成为编辑状态,在此状态下输入“学生成绩表”,完成重命名。将 Sheet2、Sheet3 分别重命名为“课程表”“工资表”。

③移动工作表。选中要移动的工作表“课程表”,右击“课程表”工作表标签,在弹出的快捷菜单中选择“移动”命令,打开“移动或复制工作表”对话框。在该对话框中选择移动后的插入位置“工资表”,单击“确定”按钮,完成移动。此时工作表已重新排序。

④复制工作表。选中要复制的工作表“学生成绩表”,右击“学生成绩表”工作表标签,在弹出的快捷菜单中选择“移动”命令,打开“移动或复制工作表”对话框。在该对话框中选择移动后的插入位置为“移至最后”,同时勾选“建立副本”复选框,单击“确定”按钮。此时完成了工作表“学生成绩表”的复制操作,并将其放在了最后。

⑤删除工作表。单击工作表标签 Sheet4,使该工作表成为当前工作表。此时该工作表名反白显示,右击 Sheet4 工作表标签,在弹出的快捷菜单中选择“删除工作表”命令,则该工作表被删除。

(4)保存工作簿。

选择“文件”→“保存”命令,打开“另存为”对话框,在该对话框中选择保存地址为 D 盘,输入文件名“成绩统计表. xlsx”,单击“保存”按钮。单击 WPS 窗口右上角的“关闭”按钮,退出 WPS Office。

3. 操作思考

(1)试比较 WPS 表格的编辑修改操作与 WPS 文字的编辑修改操作。

(2)WPS 文字的制表功能和 WPS 表格的表格功能有何区别?

(3)在 WPS 表格中使用公式时,单元格的引用有绝对引用和相对引用,它们的区别是什么?

(4)建立如图 3-2-62 所示的资金预算工作表，利用公式计算收入合计、支出合计和结余。利用 IF 函数，实现当结余为正时，在“备注”列输入“赢利”，否则输入“亏损”。

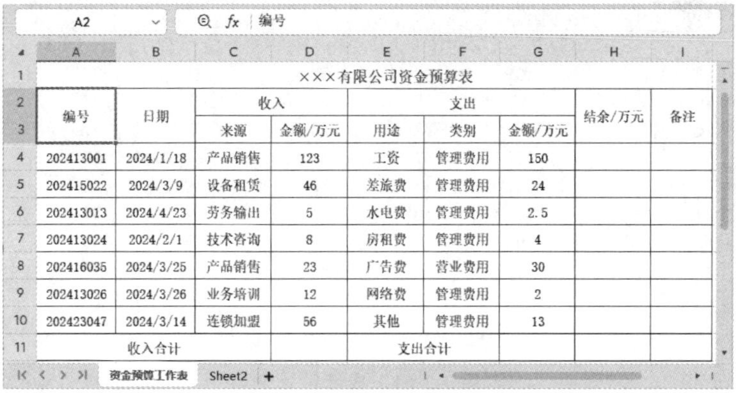

×××有限公司资金预算表								
编号	日期	收入		支出			结余/万元	备注
		来源	金额/万元	用途	类别	金额/万元		
202413001	2024/1/18	产品销售	123	工资	管理费用	150		
202415022	2024/3/9	设备租赁	46	差旅费	管理费用	24		
202413013	2024/4/23	劳务输出	5	水电费	管理费用	2.5		
202413024	2024/2/1	技术咨询	8	房租费	管理费用	4		
202416035	2024/3/25	产品销售	23	广告费	营业费用	30		
202413026	2024/3/26	业务培训	12	网络费	管理费用	2		
202423047	2024/3/14	连锁加盟	56	其他	管理费用	13		
收入合计				支出合计				

图 3-2-62　资金预算工作表

2.4.5　操作 5——WPS 表格的图表与数据分析

1. 操作目的

(1)掌握 WPS 表格图表的创建及基本操作。

(2)掌握 WPS 表格的数据分析方法。

2. 操作内容

(1)绘制图表。

①打开操作 4 中保存的文件“成绩统计表.xlsx”，选定“姓名”和“总分”两列数据，即选中 A3:A10 单元格区域和 G3:G10 单元格区域的数据。

②在“插入”选项卡中单击“插入柱形图”按钮，打开“簇状柱形图”对话框，在该对话框中单击“更多”按钮，选择“簇状”选项卡，“付费类型”选择“免费”选项。在出现的柱形图样例中选择一个，将图表标题改为“学生成绩总分表”，生成柱形图。

③把图表移动到表格下方。

(2)数据排序。

①单击“学生成绩表”中需要排序的任意单元格。

②在“数据”选项卡中单击“排序”下拉按钮，选择“自定义排序”命令，打开“排序”对话框。

③单击“添加条件”按钮，新出现“次要关键字”列，在“主要关键字”“次要关键字”下拉列表中选择排序时所需的关键字，然后选择是“升序”排列还是“降序”排列，单击“确定”按钮，完成操作。

(3)自动筛选。

①单击工作表中的任意一个单元格，在“数据”选项卡中单击“筛选”按钮，此时在工作表中每一个字段名旁边出现下拉按钮。

②单击字段名旁边的下拉按钮，打开筛选的下拉列表，在“数字筛选”的子菜单中进行选择，如“等于”“不等于”“大于”“小于”“介于”等。也可以在下拉列表中选择“自定义筛选”命令，在打开的“自定义自动筛选方式”对话框中可以进行多个条件的设置。

(4)分类汇总。

①对需要进行分类汇总的数据进行排序。这里按照“姓名”降序排列。

②单击数据清单中的任意一个单元格,打开“数据”选项卡,单击“分类汇总”按钮,打开“分类汇总”对话框。根据需要,设置“分类字段”“汇总方式”等选项,单击“确定”按钮,完成操作。

(5)存盘。

操作完成后,保存所做的修改,退出 WPS。

3. 操作思考

(1)给“学生成绩表”增加“性别”字段,然后根据性别对总分进行分类汇总。

(2)建立图表后,如果原数据表的内容发生变化,图表是否变化?试通过上机验证。

(3)建立如图 3-2-63 所示的“职工工资表”。

职工工资表

工号	姓名	基本工资	用电度数	加班时数	实发工资
E1209001	张XC	3500	45	45	
E1209002	严HH	3000	32	31	
E1209003	谢MH	3600	12	10	
E1209004	王LL	2500	45	0	
E1209005	宋XY	2550	23	10	
E1209006	刘YY	3500	9	20	
E1209007	刘L	4100	8	6	
E1209008	李XM	2500	14	19	
E1209009	张PY	2800	23	21	

图 3-2-63 职工工资表

①将标题设置为“跨列居中”,并按图 3-2-63 的格式加边框。

②实发工资=基本工资+加班费-电费,加班费为每小时 25 元,电费为每度 0.54 元,求每名职工的实发工资。

③按实发工资从高到低的顺序排序,求实发工资的平均值并将其放入 A14 单元格。

④用图表显示每名职工的实发工资占实发工资总数的比例。

2.4.6 操作 6——WPS 演示文稿的制作

1. 操作目的

(1)掌握 WPS 演示文稿的创建与编辑方法。

(2)掌握幻灯片的动画设置方法。

(3)掌握幻灯片的放映设置方法。

2. 操作内容

(1)创建 WPS 演示文稿。

①启动 WPS Office 系统,单击“新建”按钮,在“新建”窗口的“Office 文档”区域单击“演示”按钮,创建一个空白演示文稿。

②单击第 1 张幻灯片,在“开始”选项卡中单击“版式”下拉按钮,在弹出的下拉列表中单击“标题幻灯片”按钮。

③选择“文件”→“保存”命令,打开“另存为”对话框,选择保存位置为 D 盘,输入文件名

“静夜思.pptx”，单击“保存”按钮。

(2)输入主标题和副标题。

单击第1张幻灯片的“空白演示”占位符，输入“静夜思”；单击“单击此处输入副标题”占位符，输入“——李白”。

(3)插入幻灯片。

①选择第1张幻灯片，打开“开始”选项卡，单击“新建幻灯片”下拉按钮，打开“新建单页幻灯片”对话框，选择“版式”选项卡，单击第2个版式。

②单击幻灯片中的“单击此处添加标题”占位符，并输入“静夜思”。

③单击“单击此处添加文本”占位符并输入4行文本内容“床前明月光，疑是地上霜。举头望明月，低头思故乡。”。

在WPS演示文稿中，第1张幻灯片默认是“标题幻灯片”，其他幻灯片默认是“标题和内容”幻灯片。

④插入第3张幻灯片。选择第2张幻灯片，单击“开始”选项卡中的“新建幻灯片”按钮，则插入了与第2张幻灯片版式一样的幻灯片。若需要改变幻灯片版式，则在“开始”选项卡中单击“幻灯片版式”下拉按钮，在下拉列表中选择合适的版式，或者按照插入第2张幻灯片的方式操作。

在第3张幻灯片中单击“单击此处添加标题”占位符，输入“作者简介”；单击“单击此处添加文本”占位符，并分3行输入“字太白，号青莲居士”“伟大的浪漫诗人”“有‘诗仙’之称”；单击右边占位符中的“插入图片”按钮，打开“插入图片”对话框，找到“李白”图片文件，单击“打开”按钮。

⑤插入第4张幻灯片。在左侧的幻灯片缩略图区域，单击第3张幻灯片下面的空白处，按Enter键，插入新幻灯片。将幻灯片版式改为“空白”。打开“插入”选项卡，单击“文本框”下拉按钮，在下拉列表中选择“横向文本框”命令，然后按住鼠标左键在空白幻灯片上拖出一个矩形框并输入“Thank you!”，选择文本，设置字号为60。

(4)项目符号设置。

选中第2张幻灯片的文本，在“开始”选项卡中单击“项目符号”下拉按钮，选择项目符号“√”。

(5)插入日期和时间。

单击任意幻灯片的空白处，在“插入”选项卡中单击“页眉和页脚”按钮，打开“页眉和页脚”对话框，勾选“日期和时间”复选框，选中“自动更新”单选按钮，然后单击“应用”按钮。

(6)主题设置。

在“设计”选项卡中单击“全文美化”按钮，打开“全文美化”对话框，选择一种设计方案，单击“应用美化”按钮。

(7)背景设置。

①“渐变填充”背景设置。选中第4张幻灯片，在幻灯片空白处右击，在弹出的快捷菜单中选择“设置背景格式”命令，在弹出的“对象属性”窗格中选中“填充”下的“渐变填充”单选按钮，在下拉列表中选择一种“渐变填充”颜色。

②“图片或纹理填充”背景设置。在“对象属性”窗格中选中“图片或纹理填充”单选按钮，在“纹理填充”下拉列表中选择一种样式。

③“图案填充”背景设置。在“对象属性”窗格中选中“图案填充”单选按钮，在“图案填充”

下拉列表中选择一种图案。

(8)幻灯片大小设置。

在“设计”选项卡中单击“幻灯片大小”下拉按钮，选择“自定义大小”命令，打开“页面设置”对话框。在“幻灯片大小”设置区的“高度”栏中单击文本框右侧的微调按钮，将高度调整为22 cm，单击“确定”按钮，再单击“确保合适”按钮，退出设置。

(9)设置动画效果。

①对文本框设置动画效果。单击第 2 张幻灯片，选中文本框。在“动画”选项卡中单击“动画”下拉列表右下角的下拉按钮，打开“动画”下拉列表，在其中选择需要的动画效果。如果没有找到需要的动画效果，则单击“更多选项”按钮 ⌄ 。

②对图片设置动画效果。单击第 3 张幻灯片，选中图片，在“动画”下拉列表中选择需要的动画效果。如果没有找到需要的动画效果，则单击“更多选项”按钮。

(10)设置幻灯片的切换方式。

在“切换”选项卡中单击“切换”下拉列表的“百叶窗”按钮。单击“效果选项”下拉按钮，在下拉列表中选择“水平”命令。单击“应用到全部”按钮。

(11)设置超链接。

选择第 3 张幻灯片，右击图片，在快捷菜单中选择“超链接”命令，打开“插入超链接”对话框，在“地址”文本框中输入一个网址，单击“确定”按钮，退出设置。

(12)插入动作按钮。

单击第 5 张幻灯片，在“插入”选项卡中单击“形状”下拉按钮，在“动作按钮”中选择“后退或前一项”图形。此时，光标变为“＋”，拖动鼠标画出动作按钮，同时打开“动作设置”对话框。在“动作设置”对话框中，设置单击时的动作，然后单击“确定”按钮关闭对话框。

(13)存盘。

操作完成后，单击快速访问工具栏中的“保存”按钮存盘。

3. 操作思考

(1)如何在幻灯片中插入图片、声音和视频文件？

(2)如何在空白版式的幻灯片中输入文字？

(3)如何设置幻灯片中各对象的动画播放次序？

(4)设计一个演示文稿，以一个应聘者的身份向用人单位展示自己的专业领域、主要特长等内容。

(5)设计一个教学课件，要求有文本、图片、图表、声音等对象，包含动画和超链接。

第3章 数据库应用

Microsoft Access 是一个功能强大的关系数据库管理系统，具有界面友好、易学易用、开发简单、接口灵活等特点。本章先介绍将概念模型转换为关系模型的方法，再介绍 Access 2016 的基本操作。

学习目标

◇ 掌握从概念模型到关系模型的转换方法。
◇ 掌握创建 Access 数据库和表的方法。
◇ 掌握创建 SQL 查询的方法。

3.1 从概念模型到关系模型的转换

3.2 Access 2016 操作基础

3.3 数据库的建立和管理

3.4 创建选择查询

3.5 SQL 查询

第4章　Python程序设计进阶

理解顺序结构、选择结构、循环结构三种控制结构及其实现方法是Python程序设计的基础,也为利用计算机进行问题求解提供了基本的方法。但对于一些复杂问题,还需要用到其他的一些程序设计知识,包括字符串、列表、元组、字典与集合等复杂数据类型的操作,以及函数、面向对象程序设计、文件的操作等。

学习目标

◇ 掌握序列的基本操作。

◇ 掌握字典与集合的基本操作。

◇ 掌握函数的应用。

◇ 了解面向对象程序设计方法。

◇ 掌握文件的操作。

4.1　序　　列

在Python程序中,序列(sequence)包括字符串、列表和元组。序列中的每个元素都分别被分配一个序号,即元素的位置编号,也称为索引(index),可以通过索引或切片来访问一个或多个元素。字符串是由单个字符组成的序列,列表和元组是由任意类型的数据组成的序列。序列在很多操作上是一样的,最大的不同是字符串和元组是不可变的,而列表是可变的。

4.1.1　序列的共性操作

序列表示一系列有序的元素,存在一些共性操作,包括序列元素的访问与切片、序列的运算以及序列内置处理函数等。

1.序列元素的访问与切片

(1)序列元素的访问。

由于Python序列的元素是按顺序放置的,因此可以通过索引来访问某一个元素,序列的一般引用格式为

```
序列名[索引]
```

其中,索引要用方括号括起来。序列第1个元素的索引为0,第2个元素的索引为1,以此类推。

除了常见的正向索引,Python序列还支持反向索引,即负数索引,可以从最后一个元素开始计数,最后一个元素的索引是−1,倒数第2个元素的索引是−2,以此类推。使用负数索引,可以在不知道计算序列长度的前提下很方便地定位序列中的元素。

注意:索引必须为整数,否则会抛出TypeError异常。索引也不能超出范围(越界),否则会抛出IndexError异常。需要特别注意的是,Python序列的正向索引从0开始,第1个元素

的索引是 0,第 2 个元素的索引是 1,第 3 个元素的索引是 2,这和平时整数从 1 开始不一样。

(2)序列的切片。

切片(slice)就是取出序列中某一范围内的元素,从而得到一个新的序列。序列切片的一般格式为

```
序列名[开始索引:结束索引:步长]
```

其功能是提取从开始索引到结束索引(但不包括)按步长变化的所有元素组成的序列。如果省略开始索引,则默认从 0 开始;如果省略结束索引,则切片到最后一个元素;如果省略步长,则默认为 1。例如:

```
>>>s="Hello"
>>>print(s[0:5:2])          #与 print(s[::2])等价
Hlo
```

即取字符串 s 第 1 个字符(其索引为 0)、第 3 个字符(其索引为 2)、第 5 个字符(其索引为 4)。

2. 序列的运算

(1)序列连接。

Python 语言提供了一种序列的运算方式,称为连接运算,其运算符为+,表示将两个同类型的序列连接起来成为一个新的序列。例如:

```
>>>"Sub"+"string"
'Substring'
>>>[1,2,3]+[1,2,3,4,5]
[1, 2, 3, 1, 2, 3, 4, 5]
```

(2)序列的重复连接。

Python 语言提供乘法运算符(*),构建一个由其自身元素重复连接而成的序列。例如:

```
>>>"ABCD"*2
'ABCDABCD'
>>>3*[1,2,3]
[1, 2, 3, 1, 2, 3, 1, 2, 3]
>>>(42,)*5
(42, 42, 42, 42, 42)
```

3. 序列内置处理函数

(1)len()、min()和 max()函数。

①len(s):返回序列中包含的元素的个数,即序列长度。例如:

```
>>>len('abcd\n')       #\n 是一个转义字符
5
```

②min(s,key=func):返回序列中最小的元素。其中,key 指定一个函数,用于计算元素的值,默认按元素值比较。

③max(s,key=func):返回序列中最大的元素。例如:

```
>>>language=['Java','Python','Pascal','MATLAB','C++']
>>>max(language,key=len)          #返回最长的(第一个)字符串
'Python'
```

(2)sum()和 reduce()函数。

①sum(s):返回序列 s 中所有元素的和。要求元素必须为数值,否则会出现 TypeError 错误。

②reduce(f,s):reduce()函数把序列 s 的前两个元素作为参数传给函数 f(),返回的函数结果和序列的第 3 个元素重新作为 f()函数的参数,然后返回的结果和序列的第 4 个元素重新作为 f()函数的参数,以此类推,直到序列的最后一个元素。reduce()函数的返回值是函数 f()的返回值。

在 Python 3. x 中,reduce()函数存放在 functools 模块中,使用前要导入。

例 4-1 利用 reduce()函数实现序列元素求和。

```
import functools                #导入 functools 模块
functools.reduce(lambda x,y: x+y,[3,20,-43,48,12])
```

程序运行结果如下。

```
40
```

程序运行时,先处理列表的第 1 个和第 2 个元素,即做 3+20,函数返回 23;再处理第 1 步的结果和第 3 个元素,即做 23+(−43),函数返回 −20;再处理第 2 步的结果和第 4 个元素,即做(−20)+48,函数返回 28;最后处理第 3 步的结果和第 5 个元素,即做 28+12,函数返回 40。与 sum([3,20,−43,48,12])的结果相同。

对序列中元素的连续操作可以通过循环来实现,也可以用 reduce()函数实现。但在大多数情况下,利用循环实现的程序更有可读性。

(3)sorted()和 reversed()函数。

①sorted(iter,key=func,reverse=False):函数返回对可迭代对象 iter 中的元素进行排序后的列表,函数返回副本,原始输入不变;key 指定一个函数,这个函数用于计算排序的值,默认按元素值排序;reverse 代表排序规则,当 reverse 为 True 时按降序排列,当 reverse 为 False 时按升序排列,默认按升序排列。例如:

```
>>>x=(100,245,-203,-3234)
>>>sorted(x)                            #元组按升序排列
[-3234, -203, 100, 245]
>>>sorted(x,key=abs,reverse=True)       #元组按绝对值的降序排列
[-3234, 245, -203, 100]
```

②reversed(iter)：对可迭代对象 iter 的元素反转排列，返回一个新的可迭代对象。例如：

```
>>>x=(100,245,-203,-3234)
>>>reversed(x)
< reversed object at 0x000002097149F610>
>>>tuple(reversed(x))          #将 reversed 对象转换成元组
(-3234, -203, 245, 100)
```

(4)序列的通用方法。

下面的方法主要起查询功能，不改变序列本身，可用于表、元组和字符串。方法中 s 为序列，x 为元素值。

①s. count(x)：返回 x 在序列 s 中出现的次数。

②s. index(x)：返回 x 在 s 中第 1 次出现的索引编号。例如：

```
>>>s='Python is the most popular language used in various domains.'
>>>s.count('the')            #"the"出现 1 次
1
>>>s.index('the')            #"the"的索引是 10(索引从 0 开始)
10
>>>s.index('The')            #注意"The"不等于"the"
```

"The"在字符串 s 中不存在，语句执行后提示程序异常：ValueError: substring not found，意思是子字符串不存在。

4.1.2 字符串的常用方法

1. 字母大小写转换

(1)s. upper()：全部转换为大写字母。例如：

```
>>>'python program'.upper()
'PYTHON PROGRAM'
```

(2)s. lower()：全部转换为小写字母。

(3)s. swapcase()：字母大小写互换。例如：

```
>>>'Python Program'.swapcase()
'pYTHON pROGRAM'
```

(4)s. capitalize()：首字母大写，其余小写。

(5)s. title()：首字母大写。例如：

```
>>>'python program'.title()
'Python Program'
```

2. 字符串搜索

(1)s. find(substr,[start,[end]]):返回 s 中出现 substr 的第 1 个字符的编号,如果 s 中没有 substr,则返回−1。start 和 end 的作用就相当于在 s[start:end]中搜索。例如:

```
>>>'Python Program'.find('C++')
-1
```

(2)s. index(substr,[start,[end]]):与 find()函数的功能类似,只是在 s 中没有 substr 时,会返回一个运行时错误。

(3)s. count(substr,[start,[end]]):计算 substr 在 s 中出现的次数。例如:

```
>>>'Python Program'.count('r')
2
```

(4)s. startswith(prefix[,start[,end]]):判断 s 是否以 prefix 开头,若是,则返回 True,否则返回 False。

(5)s. endswith(suffix[,start[,end]]):判断 s 是否以 suffix 结尾,若是,则返回 True,否则返回 False。

3. 字符串替换

(1)s. replace(oldstr,newstr,[count]):把 s 中的 oldstr 替换为 newstr,count 为替换次数。这是替换的通用形式,还有一些函数进行特殊字符的替换。

(2)s. strip([chars]):把 s 前后出现的 chars 字符全部去掉,可以理解为把 s 前后的 chars 字符替换为 None。默认去掉 s 前后的空格。

4. 字符串的拆分与组合

(1)s. split([sep,[maxsplit]]):根据 sep 分隔符把字符串 s 拆分成一个列表。默认的分隔符为空格。maxsplit 表示拆分的次数,默认取−1,表示无限制拆分。例如:

```
>>>'78,65,98,89,85'.split(',')
['78', '65', '98', '89', '85']
```

(2)s. join(seq):把 seq 代表的序列组合成字符串,用 s 将序列各元素连接起来。字符串中的字符是不能修改的,如果要修改,通常的一种方法是使用语句 s=list(s)把字符串 s 变为以单个字符为成员的列表,再使用给列表成员赋值的方式改变值,最后使用语句 s="". join(s)将其还原成字符串。例如:

```
>>>s='Python Program'
>>>s=list(s)
>>>s[0:6]='C++'
>>>s="".join(s)
>>>s
'C++Program'
```

4.1.3 列表的操作

1. 修改列表元素

可以通过给列表元素赋值来修改列表元素，包括切片赋值。

(1)列表元素赋值。

使用索引编号来为某个特定的元素赋值，从而可以修改列表。例如：

```
>>>x=[1,1,1]
>>>x[1]=10
>>>x
[1, 10, 1]
```

(2)切片赋值。

使用切片赋值可以给列表的多个元素赋值。切片赋值要求赋的值也为列表，相当于将原列表中切片的元素删除，同时用新的列表元素代替切片位置的元素。例如：

```
>>>name=list('Perl')
>>>name[2:]=list('ar')                    #从 2 号位置开始替换 2 个元素
>>>name
['P', 'e', 'a', 'r']
```

2. 在列表中添加元素

在列表中添加元素是很常用的操作，可以使用 append()、extend()和 insert()方法实现。这三种方法都是列表原地操作，无返回值，不改变列表的 id。

(1)append()方法。

append()方法的调用格式为

```
s.append(x)
```

用于在列表 s 的末尾添加元素 x。例如，下面的程序段可以将输入的 10 个整数存放在一个列表中。

```
aList=[]                               #创建一个空列表
for i in range(10):
    aList.append(int(input()))         #将输入的整数添加到列表中
```

(2)extend()方法。

extend()方法的调用格式为

```
s.extend(s1)
```

用于在列表 s 的末尾添加列表 s1 的所有元素。

(3)insert()方法。

insert()方法的调用格式为

```
s.insert(i,x)
```

用于在列表s的i位置处插入对象x,如果i的值大于列表的长度,则插入列表最后。

3. 从列表中删除元素

删除列表元素可以使用del命令,也可以使用pop()、remove()和clear()方法。

(1)del命令。

使用del命令可以删除列表中指定位置的元素或整个列表。

(2)pop()方法。

pop()方法的调用格式为

```
s.pop([i])
```

用于删除并返回列表s中指定位置i的元素,默认是最后一个元素。若i的值超出列表长度,则抛出IndexError异常。

(3)remove()方法。

remove()方法的调用格式为

```
s.remove(x)
```

用于从列表s中删除元素x。若x不存在,则抛出ValueError异常。

(4)clear()方法。

clear()方法的调用格式为

```
s.clear()
```

用于清空列表s,即删除列表全部元素。

4. 列表元素的排序与反转

在实际应用中,常常需要调整列表元素的排列顺序,这时可以使用sort()和reverse()方法。

(1)sort()方法。

sort()方法的调用格式为

```
s.sort(key=func,reverse=False)
```

用于对列表s中的元素进行排序。在sort()方法中可以使用key、reverse参数,其用法与sorted()函数相同。例如:

```
>>>lst=[3,-78,3,43,7,9]
>>>lst.sort(reverse=True)                #按降序排
>>>lst
[43, 9, 7, 3, 3, -78]
```

(2)reverse()方法。

reverse()方法的调用格式为

```
s.reverse()
```

用于将列表 s 中的元素反转排列。

注意:sort()和 reverse()方法是原地对列表进行排序或反转,不会生成新的列表。如果不希望修改原列表,而生成一个新列表,可以使用 sorted()或 reversed()方法。

5. 列表推导式

列表推导式也称为列表解析式,是在一个序列的值上应用一个任意表达式,将其结果收集到一个新的列表中并返回。列表推导式的基本形式是一个方括号里面包含一个 for 循环,对一个可迭代对象进行迭代。例如,计算 1~10 每个数的平方,存放在列表中并输出,可以用 for 循环实现,也可以用以下列表推导式来实现,程序更加简洁。

```
squares=[i**2 for i in range(1,11)]
print(squares)
[1, 4, 9, 16, 25, 36, 49, 64, 81, 100]
```

在列表推导式中,可以增加测试语句和嵌套 for 循环,其一般格式为

```
[表达式 for 目标变量 1 in 序列对象 1[if 条件 1]… for 目标变量 n in 序列对象 n[if 条件 n]]
```

其中,表达式可以是任何运算表达式,目标变量是遍历序列对象获得的元素值。该语句的功能是计算每一个目标变量对应的表达式的值,生成一个列表对象。列表推导式可以嵌套任意数量的 for 循环及其同时关联的 if 测试语句,其中 if 测试语句是可选的。例如:

```
>>>[x for x in range(5) if x%2==0]          #x 取 0~4 之间的偶数
[0, 2, 4]
>>>[y for y in range(5) if y%2==1]          #y 取 0~4 之间的奇数
[1, 3]
>>>[(x,y) for x in range(5) if x%2==0 for y in range(5) if y%2==1]
[(0, 1), (0, 3), (2, 1), (2, 3), (4, 1), (4, 3)]
```

4.2 字典与集合

Python 语言中,字典是由"关键字:值"对组成的集合。集合是指无序的、不重复的元素集,类似于数学中集合的概念。作为抽象数据类型,字典和集合之间的主要区别在于它们的操作。字典主要关心其元素的检索、插入和删除;集合主要考虑集合之间的并、交和差。

4.2.1 字典的操作

1. 创建字典并赋值

创建字典并赋值的一般形式为

```
字典名={[关键字 1:值 1[,关键字 2:值 2,…,关键字 n:值 n]]}
```

其中,关键字与值之间用冒号(:)分隔,元素与元素之间用逗号(,)分隔,字典中的关键字必须是唯一的,而值可以不唯一。当"关键字:值"对都省略时,产生一个空字典。例如:

```
>>>d1={}
>>>d2={'name':'lucy','age':40}
>>>d1,d2
({}, {'name': 'lucy', 'age': 40})
```

2. dict()函数

可以用 dict()函数创建字典,各种应用形式举例如下。

(1)使用 dict()函数创建一个空字典并给变量赋值。例如:

```
>>>d4=dict()
>>>d4
{}
```

(2)使用列表或元组作为 dict()函数的参数。例如:

```
>>>d50=dict((['x',1],['y',2]))
>>>d50
{'x': 1, 'y': 2}
```

(3)将数据按"关键字=值"形式作为参数传递给 dict()函数。例如:

```
>>>d6=dict(name='allen',age=25)
>>>d6
{'name': 'allen', 'age':25}
```

3. 字典的访问

Python 语言通过关键字来访问字典的元素,一般格式为

```
字典名[关键字]
```

如果关键字不在字典中,会引发一个 KeyError 错误。各种应用形式举例如下。

(1)以关键字进行索引计算。例如:

```
>>>dict1={'name':'diege','age':18}
>>>dict1['age']
18
```

(2)字典嵌套字典的关键字索引。例如:

```
>>>dict2={'name':{'first':'diege','last':'wang'},'age':18}
>>>dict2['name']['first']
'diege'
```

(3)字典嵌套列表的关键字索引。例如:

```
>>>dict3={'name':{'Brenden'},'score':[76,89,98,65]}
>>>dict3['score'][0]
76
```

(4)字典嵌套元组的关键字索引。例如:

```
>>>dict4={'name':{'Brenden'},'score':(76,89,98,65)}
>>>dict4['score'][0]
76
```

4. 更新字典的值

更新字典的值的语句格式为

```
字典名[关键字]=值
```

如果关键字已经存在,则修改关键字对应的元素的值;如果关键字不存在,则在字典中增加一个新元素,即"关键字:值"对。例如:

```
>>>dict1={'name':'diege','age':18}
>>>dict1['name']='chen'                    #修改字典元素
>>>dict1['score']=[78,90,56,90]            #添加一个元素
>>>dict1
{'score': [78, 90, 56, 90], 'name': 'chen', 'age': 18}
```

显然,列表不能通过这样的方法来增加数据,当列表索引超出范围时会出现错误。列表只能通过 append()方法来追加元素,但列表也能通过给已存在元素赋值的方法来修改已存在的数据。

5. 删除字典元素

删除字典元素使用以下函数或方法。

(1)del 字典名[关键字]:删除关键字所对应的元素。

(2)del 字典名:删除整个字典。

6. 字典的长度和运算

len()函数用于获取字典所包含的"关键字:值"对的数目,即字典长度。虽然字典也支持 max()、min()、sum()和 sorted()函数,但针对字典的关键字进行计算,很多情况下没有实际意义。例如:

```
>>>dict1={'a':1,'b':2,'c':3}
>>>len(dict1)
3
>>>max(dict1)
'c'
```

7. 字典的常用方法

(1)fromkeys()方法。

d. fromkeys(序列[,值]):创建并返回一个新字典,以序列中的元素作为该字典的关键字,以指定的值作为该字典中所有关键字对应的初始值(默认为None)。例如:

```
>>>d7={}.fromkeys(('x','y'),-1)
>>>d7
{'x': -1, 'y': -1}
```

这样创建的字典的值是一样的,若不给定值,默认为None。例如:

```
>>>d8={}.fromkeys(['name','age'])
>>>d8
{'name': None, 'age': None}
```

上述语句创建了一个只有关键字没有值的字典。

(2)keys()、values()、items()方法。

①d. keys():返回一个包含字典所有关键字的列表。

②d. values():返回一个包含字典所有值的列表。

③d. items():返回一个包含所有"(关键字,值)"元组的列表。

看下面的例子。

```
>>>d={'name':'alex','sex':'man'}
>>>d.keys()
dict_keys(['sex', 'name'])
>>>d.values()
dict_values(['man', 'alex'])
>>>d.items()
dict_items([('sex', 'man'), ('name', 'alex')])
```

(3)get()方法。

d. get(关键字[,值]):用于判断关键字是否存在,存在时返回关键字对应的值,不存在时返回默认值None或设定的值。例如:

```
>>>dictS={'Name':'Kevin','Age':27}
>>>dictS.get('Age')
27
>>>dictS.get('age',20)
20
```

8. 字典的遍历

(1)遍历字典的关键字。

d. keys():返回一个包含字典所有关键字的列表,所以可以将对字典关键字的遍历转换为对列表的遍历。例如:

```
>>>d={'name':'jasmine','sex':'man'}
>>>for key in d.keys():print(key,d[key])
('name','jasmine')
('sex','man')
```

(2)遍历字典的值。

d. values():返回一个包含字典所有值的列表,所以可以将对字典值的遍历转换为对列表的遍历。例如:

```
>>>d={'name':'jasmine','sex':'man'}
>>>for value in d.values():print(value)
man
jasmine
```

(3)遍历字典的元素。

d. items():返回一个包含所有"(关键字,值)"元组的列表,所以可以将对字典元素的遍历转换为对列表的遍历。例如:

```
>>>d={'name':'jasmine','sex':'man'}
>>>for item in d.items():print(item)
('sex', 'man')
('name', 'jasmine')
```

4.2.2 集合的操作

1. 集合的创建

在 Python 语言中,创建集合有两种方式:一种是用一对花括号将多个用逗号分隔的数据括起来;另一种是使用 set()函数,该函数可以将字符串、列表、元组等类型的数据转换成集合类型的数据。例如:

```
>>>s1={1,2,3,4,5,6,7,8}
>>>s1
{1, 2, 3, 4, 5, 6, 7, 8}
>>>s2=set('abcdef')
>>>s2
{'b', 'c', 'e', 'd', 'a', 'f'}
```

在 Python 语言中，用花括号将集合元素括起来，这与字典的创建类似，但{}表示空字典，空集合用 set()表示。

集合中不能有相同的元素，如果在创建集合时有重复元素，Python 会自动删除重复的元素。例如：

```
>>>s5={1,2,2,2,3,3,4,4,4,4,5}
>>>s5
{1,2, 3, 4, 5}
```

集合的这个特性非常有用。例如，要删除列表中大量的重复元素，可以先用 set()函数将列表转换成集合，再用 list()函数将集合转换成列表，操作效率非常高。

2. 集合的常用运算

(1)传统的集合运算。

①s1|s2|…|sn：计算 s1,s2,…,sn 的并集。例如：

```
>>>s={1,2,3}|{3,4,5}|{'a','b'}
>>>s
{1, 2, 3, 4, 5, 'b', 'a'}
```

②s1 & s2 & … & sn：计算 s1,s2,…,sn 的交集。例如：

```
>>>s={1,2,3,4,5}&{1,2,3,4,5,6}&{2,3,4,5}&{2,4,6,8}
>>>s
{2, 4}
```

③s1－s2－…－sn：计算 s1,s2,…,sn 的差集。例如：

```
>>>s={1,2,3,4,5,6,7,8,9}-{1,2,3,4,5,6}-{2,3,4,5}-{2,4,6,8}
>>>s
{9, 7}
```

④s1^s2：计算 s1、s2 的对称差集，即求 s1 和 s2 中相异的元素。例如：

```
>>>s={1,2,3,4,5,6,7,8,9}^{5,6,7,8,9,10}
>>>s
{1, 2, 3, 4, 10}
```

(2)集合元素的并入。

s1|=s2:将 s2 的元素并入 s1 中。例如:

```
>>>s1={4,3,2,1}
>>>s2={7,8}
>>>s1|=s2
>>>s1
{1, 2, 3, 4, 7, 8}
```

(3)集合的遍历。

集合与 for 循环语句配合使用,可实现对集合各个元素的遍历。例如:

```
s={10,20,30,40}
t=0
for x in s:
    print(x,end='\t')
    t+=x
print(t)
```

程序对 s 集合的各个元素进行操作,输出各个元素并实现累加。程序输出结果如下:

```
40      10      20      30      100
```

4.3 函　　数

对于反复要用到的某些程序段,如果在需要时每次都重复书写,将是十分烦琐的,如果把这些程序段写成函数,当需要时直接调用就可以了,而不需要重新书写。在 Python 程序中,用户可以自己创建函数,这称为用户自定义函数。

4.3.1 函数的定义与调用

1. 函数的定义

Python 函数的定义包括对函数名、函数参数与函数功能的描述。一般形式为

```
def 函数名([形式参数表]):
    函数体
```

下面是一个简单的 Python 函数,该函数接收矩形的长和宽作为输入参数,返回矩形的面积。

```
def MyArea(x,y):
    s=x*y
    return s
```

2. 函数的调用

有了函数定义，只要是在需要实现该函数功能处，就可调用该函数。函数调用的一般形式为

```
函数名(实际参数表)
```

调用函数时，和形式参数对应的参数因为有值的概念，所以称为实际参数（actual parameter），简称实参。当有多个实际参数时，实际参数之间用逗号分隔。

如果调用的是无参数函数，则调用形式为

```
函数名()
```

其中，函数名之后的一对括号不能省略。

函数调用时提供的实际参数应与被调用函数的形式参数按顺序一一对应，而且参数类型要兼容。

例如，程序文件 ftest. py 的内容如下。

```
def MyArea(x,y):
    s=x*y
    return s
print(MyArea(10,5))
```

程序运行后得到结果 50。

4.3.2 两类特殊函数

Python 语言有两类特殊函数：匿名函数和递归函数。匿名函数是指没有函数名的简单函数，只能包含一个表达式，不允许包含其他复杂的语句，表达式的结果就是函数的返回值。递归函数是指直接或间接调用函数本身的函数。递归函数反映了一种逻辑思想，用它来解决某些问题时显得很简练，所以下面单独介绍。

1. 匿名函数的定义与调用

在 Python 语言中，可以使用 lambda 关键字在一行内定义函数，因为不用指定函数名，所以这个函数被称为匿名函数，也称为 lambda 函数，其定义格式为

```
lambda [参数 1[,参数 2,…,参数 n]]:表达式
```

关键字 lambda 表示匿名函数，冒号前面是函数参数，可以有多个函数参数，但只有一个返回值，所以只能有一个表达式，返回值就是该表达式的结果。匿名函数不能包含语句或多个表达式，不用写 return 语句。例如：

```
lambda x,y:x+y
```

该函数定义语句定义了一个函数，函数的参数为 x 和 y，函数返回的值为表达式 x+y 的值。

用匿名函数有个好处，因为函数没有名字，所以不必担心函数名冲突。

匿名函数也是一个函数对象，可以把匿名函数赋值给一个变量，再利用变量来调用该函数。例如：

```
>>>f=lambda x,y:x+y
>>>f(5,10)
15
```

2. 递归函数

Python 语言允许使用递归函数。递归函数是指一个函数的函数体中直接或间接地调用该函数本身的函数。如果函数 a()中又调用函数 a()自己，则称函数 a()为直接递归。如果函数 a()中先调用函数 b()，函数 b()中又调用函数 a()，则称函数 a()为间接递归。程序设计中常用的是直接递归。

例 4-2 用递归方法计算下列多项式函数的值。

$$p(x,n)=x-x^2+x^3-x^4+\cdots+(-1)^{n-1}x^n(n>0)$$

分析：函数的定义不是递归定义形式，对原来的定义进行如下数学变换。

$$\begin{aligned}p(x,n)&=x-x^2+x^3-x^4+\cdots(-1)^{n-1}x^n\\&=x\{1-[x-x^2+x^3-\cdots+(-1)^{n-2}x^{n-1}]\}\\&=x[1-p(x,n-1)]\end{aligned}$$

经变换后，可以将原来的非递归定义形式转化为等价的递归定义：

$$p(x,n)=\begin{cases}x & n=1\\ x[1-p(x,n-1)] & n>1\end{cases}$$

由此递归定义，可以确定递归算法和递归结束条件。

递归函数的程序如下。

```
def p(x,n):
  if n==1:
      return x
  else:
      return x*(1-p(x,n-1))
print(p(2,4))
```

程序运行结果如下。

```
-10
```

4.4 面向对象程序设计

在 Python 语言中采用面向对象程序设计，具有面向对象的基本特征，但 Python 语言的面向对象与一般程序设计语言(如 C++)的面向对象有一些差异。在 Python 语言中，一切都是对象，类本身是一个对象(类对象)，类的实例也是对象。Python 语言中的变量、函数都是对象。

4.4.1　类与对象

1. 类的定义

类是一种广义的数据类型，这种数据类型中的元素(或成员)既包含数据，也包含操作数据的函数。在 Python 语言中，通过 class 关键字来定义类。定义类的一般格式为

```
class 类名:
    类体
```

类的定义由类头和类体两部分组成。类头由关键字 class 开头，后面紧接着是类名。类名的命名规则与一般标识符的命名规则一致，其首字母一般采用大写。类名后面有个冒号，不能省略。类体包括类的所有细节，并向右缩进对齐。

类体定义类的成员，有两种类型的成员：一是数据成员，它描述问题的属性；二是成员函数，它描述问题的行为(方法)。这样就把数据和操作封装在一起，体现了类的封装性。

当一个类定义完之后，就产生了一个类对象。类对象支持两种操作：引用和实例化。引用操作是通过类对象去调用类中的属性或方法，而实例化是产生出一个类对象的实例，称为实例对象。例如，定义了一个 Person 类：

```
class Person:
    name='brenden'                    #定义了一个属性
    def printName(self):              #定义了一个方法
        print(self.name)
```

Person 类定义完成之后就产生了一个全局的类对象，可以通过类对象来访问类中的属性和方法。当通过 Person. name(至于为什么可以直接这样访问属性后面再解释，这里只要理解类对象这个概念就行了)来访问时，Person. name 中的 Person 称为类对象，这一点和 C＋＋中的类有所不同。

2. 对象的创建和使用

类是抽象的，要使用类定义的功能，就必须将类实例化，即创建类的对象。在 Python 语言中，用赋值的方式创建类的实例，一般格式为

```
对象名=类名(参数列表)
```

创建对象后，可以使用“. ”运算符，通过实例对象来访问这个类的属性和方法(函数)，一般格式为

```
对象名.属性名
对象名.函数名()
```

例如，可以对前面定义的 Person 类进行实例化操作，语句 p＝Person()产生了一个

Person 的实例对象，此时也可以通过实例对象 p 来访问属性或方法，用 p. name 来调用类的 name 属性。

4.4.2 属性和方法

在上面 Person 类的定义中，name 是一个属性，printName()是一个方法。与某个对象进行绑定的函数称为方法，一般在类里面定义的函数与类对象或实例对象绑定了，所以称为方法；在类外定义的函数一般没有与对象进行绑定，就称为函数。

1. 属性和方法的访问控制

(1)属性的访问控制。

在类中可以定义一些属性。例如：

```
class Person:
    name='Brenden'
    age=18
p=Person()
print(p.name,p.age)
```

上述语句定义了一个 Person 类，其中定义了 name 和 age 属性，默认值分别为 Brenden 和 18。在定义了类之后，就可以用来产生实例化对象了，语句 p=Person()实例化了一个对象 p，然后就可以通过 p 来读取属性了。这里的 name 和 age 都是公有的，可以直接在类外通过对象名访问。如果想定义成私有的，则需在前面加两条下画线(__)。例如：

```
class Person:
    __name='brenden'
    __age=18
p=Person()
print(p.__name,p.__age)
```

运行这段程序时会出现 AttributeError 错误：

```
AttributeError: 'Person' object has no attribute '__name'
```

提示找不到该属性，因为私有属性是不能在类外通过对象名来进行访问的。在 Python 语言中，没有像 C++语言中的 public 和 private 这些关键字来区别公有属性和私有属性，而是以属性命名方式来区分的。如果在属性名前面加两条下画线，则表明该属性是私有属性，否则为公有属性。方法也一样，如果在方法名前面加两条下画线，则表示该方法是私有的，否则为公有的。

(2)方法的访问控制。

在类中可以根据需要定义一些方法，定义方法采用 def 关键字，在类中定义的方法至少会有一个参数，一般以名为 self 的变量作为该参数(用其他名称也可以)，而且需要作为第一个参数。

2. 类属性和实例属性

(1)类属性。

类属性(class attribute)就是类对象所拥有的属性,它被所有类对象的实例对象所共有,在内存中只存在一个副本,这个和C++语言中类的静态成员变量有点类似。对于公有的类属性,在类外可以通过类对象和实例对象访问。例如:

```
class Person:
    name='brenden'                    #公有的类属性
    __age= 18                         #私有的类属性
p=Person()
print(p.name)                         #正确,但不提倡
print(Person.name)                    #正确
print(p.__age)                        #错误,不能在类外通过实例对象访问私有的类属性
print(Person.__age)                   #错误,不能在类外通过类对象访问私有的类属性
```

类属性是在类中方法之外定义的,它属于类,可以通过类访问。尽管也可以通过对象来访问类属性,但不建议这样做,因为这样做会造成类属性值的不一致。

类属性还可以在类定义结束之后通过类名增加。例如,下列语句给Person类增加了属性id。

```
Person.id='2100512'
```

再来看下面的语句。

```
p.pn='82100888'
```

在类外对类对象Person进行实例化之后,产生了一个实例对象p,然后通过上面的语句给p添加了一个实例属性pn,并赋值为'82100888'。这个实例属性是实例对象p所特有的。

注意:类对象Person并不拥有它,所以不能通过Person来访问pn属性。

(2)实例属性。

实例属性(instance attribute)不需要在类中显式定义,而需要在__init__构造函数中定义,定义时以self作为前缀。在其他方法中也可以随意添加新的实例属性,但并不提倡这么做,所有实例属性最好在__init__中给出。实例属性属于实例(对象),只能通过对象名访问。例如:

```
class Car:
    def __init__(self,c):
        self.color=c                  #定义实例对象属性
    def fun(self):
        self.length=1.83              #给实例添加属性,但不提倡
s=Car('Red')
print(s.color)                        #输出:Red
s.fun()
print(s.length)                       #输出:1.83
```

如果需要在类外修改类属性，必须通过类对象去引用，然后进行修改。如果通过实例对象去引用，会产生一个同名的实例属性，这种方式修改的是实例属性，不会影响到类属性，并且之后如果通过实例对象去引用该名称的属性，实例属性会强制屏蔽掉类属性，即引用的是实例属性，除非删除了该实例属性。例如：

```
class Person:
    place='Changsha'
print(Person.place)          #输出:Changsha
p=Person()
print(p.place)               #输出:Changsha
p.place='Shanghai'
print(p.place)               #实例属性会屏蔽掉同名的类属性,输出:Shanghai
print(Person.place)          #输出:Changsha
del p.place                  #删除实例属性
print(p.place)               #输出:Changsha
```

3. 类的方法

(1)类中内置的方法。

在 Python 语言中有一些内置的方法，这些方法的命名都有特殊的约定，其方法名以两条下画线开始和以两条下画线结束。类中最常用的就是构造方法和析构方法。

①构造方法。构造方法__init__(self,…)在生成对象时调用，可以用来进行一些属性初始化操作，不需要显式调用，系统会默认去执行。构造方法支持重载，如果用户自己没有重新定义构造方法，系统就自动执行默认的构造方法。

②析构方法。析构方法__del__(self)在释放对象时调用，支持重载，可以在其中进行一些释放资源的操作，不需要显式调用。

(2)类方法、实例方法和静态方法。

①类方法。类方法是类对象所拥有的方法，需要用修饰器@classmethod 来标识其为类方法。对于类方法，第 1 个参数必须是类对象，一般以 cls 作为第 1 个参数。当然可以用其他名称的变量作为其第 1 个参数，但是通常以 cls 作为第 1 个参数的名字。能够通过实例对象和类对象去访问类方法。

②实例方法。实例方法是类中最常定义的成员方法，它至少有一个参数，并且必须以实例对象作为其第 1 个参数，一般以名为 self 的变量作为第 1 个参数，当然也可以以其他名称的变量作为第 1 个参数。在类外，实例方法只能通过实例对象去调用，不能通过其他方式去调用。

③静态方法。静态方法需要通过修饰器@staticmethod 来进行修饰，静态方法不需要多定义参数。

例如：

```
class Person:
    place='Changsha'
    @ staticmethod
```

```
    def getPlace():                      #静态方法
        return Person.place
print(Person.getPlace())                 #输出:Changsha
```

对于类属性和实例属性,如果在类方法中引用某个属性,则该属性必定是类属性,而如果在实例方法中引用某个属性(不作更改),并且存在同名的类属性,此时若实例对象有该名称的实例属性,则实例属性会屏蔽类属性,即引用的是实例属性;若实例对象没有该名称的实例属性,则引用的是类属性。如果在实例方法中更改某个属性,并且存在同名的类属性,此时若实例对象有该名称的实例属性,则修改的是实例属性;若实例对象没有该名称的实例属性,则会创建一个同名称的实例属性。想要修改类属性,如果在类外,可以通过类对象修改,如果在类里面,只有在类方法中进行修改。

从类方法、实例方法以及静态方法的定义形式就可以看出,类方法的第 1 个参数是类对象 cls,那么通过 cls 引用的必定是类对象的属性和方法;而实例方法的第 1 个参数是实例对象 self,那么通过 self 引用的可能是类属性,也可能是实例属性,不过在存在相同名称的类属性和实例属性的情况下,实例属性优先级更高。静态方法中不需要额外定义参数,因此在静态方法中引用类属性时,必须通过类对象来引用。

4.4.3 继承和多态

1. 继承

面向对象程序设计带来的主要好处之一是代码的重用。一个新类从已有的类那里获得其已有特性,这种现象称为类的继承(inheritance)。通过继承,在定义一个新类时,先把已有类的功能包含进来,然后再给出新功能的定义或对已有类的某些功能进行重新定义,从而实现类的重用。从另一角度说,从已有类产生新类的过程就称为类的派生(derivation),即派生是继承的另一种说法,只是表述问题的角度不同而已。

在继承关系中,被继承的类称为父类或超类,也可以称作基类,继承的类称为子类。在 Python 语言中,类继承的定义形式为

```
class 子类名(父类名):
    类体
```

在定义一个类的时候,可以在类名后面紧跟一对圆括号,在圆括号中指定所继承的父类,如果有多个父类,多个父类名之间用逗号隔开。

2. 多重继承

前面所介绍的继承都属于单继承,即子类只有一个父类。实际上,常常有这样的情况:一个子类有两个或多个父类,子类从两个或多个父类中继承所需的属性。Python 支持多重继承,允许一个子类同时继承多个父类,这种行为称为多重继承(multiple inheritance)。

多重继承的定义形式为

```
class 子类名(父类名 1,父类名 2,…):
    类体
```

此时有一个问题就是，如果子类没有重新定义构造方法，它会自动调用哪个父类的构造方法？Python 2. x 采用的规则是深度优先，首先是第 1 个父类，其次是第 1 个父类的父类，以此类推。但 Python 3. x 不会进行深度搜索，而是搜索后面的父类。如果子类重新定义了构造方法，需要显式调用父类的构造方法，此时调用哪个父类的构造方法是由程序决定的。若子类没有重新定义构造方法，则只会执行第 1 个父类的构造方法，并且若父类 1、父类 2……中有同名的方法，通过子类的实例化对象去调用该方法时调用的是第 1 个父类中的方法。

对于普通的方法，其搜索规则和构造方法是一样的。

3. 多态

多态即多种形态，是指不同的对象收到同一种消息时会产生不同的行为。在程序中，消息就是调用函数，不同的行为就是指不同的实现方法，即执行不同的函数。

Python 语言中的多态和 C++、Java 语言中的多态不同，Python 语言中的变量是弱类型的，在定义时不用指明其类型，它会根据需要在运行时确定变量的类型。在运行时确定其状态，在编译阶段无法确定其类型，这就是多态的一种体现。此外，Python 语言本身是一种解释型语言，不进行编译，因此它只在运行时确定其状态，故也有人说 Python 是一种多态语言。在 Python 语言中，很多地方都可以体现多态的特性，如内置函数 len()，len() 函数不仅用于计算字符串的长度，还用于计算列表、元组等对象中的数据个数，这里在运行时通过参数类型确定其具体的计算过程，正是多态的一种体现。

4.5 文件操作

文件操作是一种基本的输入、输出方式，在实际问题求解过程中经常碰到。数据以文件的形式进行存储，操作系统以文件为单位对数据进行管理，文件系统仍是一般高级语言普遍采用的数据管理方式。

4.5.1 文件的打开与关闭

在对文件进行读写操作之前首先要打开文件，操作结束后应该关闭文件。Python 提供了文件对象，通过 open() 函数可以按指定的方式打开指定的文件并创建文件对象。

1. open() 函数

Python 语言提供了基本的函数和对文件进行操作的方法。要读取或写入文件，必须使用内置的 open() 函数来打开它。该函数创建一个文件对象，可以使用文件对象来完成各种文件操作。open() 函数的一般调用格式为

```
文件对象=open(文件说明符[,打开方式][,缓冲区])
```

其中，文件说明符指定打开的文件名，可以包含盘符、路径和文件名，它是一个字符串。注意，文件路径中的\要写成\\。例如，要打开 E:\MyPython 中的 test. dat 文件，文件说明符要写成 E:\\MyPython\\test. dat。打开方式指定打开文件后的操作方式，该参数是字符串，必须小写。文件操作方式是可选参数，默认为 r(只读操作)。文件操作方式用具有特定含义的符号表示，如表 3-4-1 所示。缓冲区设置表示文件操作是否使用缓冲存储方式。如果缓冲区参数

被设置为 0，则表示不使用缓冲存储；如果该参数被设置为 1，则表示使用缓冲存储；如果指定的缓冲区参数为大于 1 的整数，则使用缓冲存储，并且该参数指定了缓冲区的大小；如果缓冲区参数被指定为 −1，则使用缓冲存储，并且使用系统默认缓冲区的大小，这也是缓冲区参数的默认设置。文件操作方式如表 3-4-1 所示。

表 3-4-1　文件操作方式

打开方式	含　义	打开方式	含　义
r(只读)	为输入打开一个文本文件	r+(读写)	为读/写打开一个文本文件
w(只写)	为输出打开一个文本文件	w+(读写)	为读/写建立一个新的文本文件
a(追加)	向文本文件尾增加数据	a+(读写)	为读/写打开一个文本文件
rb(只读)	为输入打开一个二进制文件	rb+(读写)	为读/写打开一个二进制文件
wb(只写)	为输出打开一个二进制文件	wb+(读写)	为读/写建立一个新的二进制文件
ab(追加)	向二进制文件尾增加数据	ab+(读写)	为读/写打开一个二进制文件

open()函数以指定的方式打开指定的文件，文件操作方式符的含义如下。

(1)用 r 方式打开文件时，只能从文件向内存输入数据，而不能从内存向该文件写数据。以 r 方式打开的文件应该已经存在，不能用 r 方式打开一个并不存在的文件(输入文件)，否则将出现 FileNotFoundError 错误。这是默认的打开方式。

(2)用 w 方式打开文件时，只能从内存向该文件写数据，而不能从文件向内存输入数据。如果该文件原来不存在，则打开时建立一个以指定的文件名命名的文件；如果原来的文件已经存在，则打开时将文件删除，然后重新建立一个新文件。

(3)如果希望向一个已经存在的文件的尾部添加新数据(保留原文件中已有的数据)，则应用 a 方式打开。如果该文件不存在，则创建并写入新的文件。打开文件时，文件的位置指针在文件末尾。

(4)用 r+、w+、a+方式打开的文件可以写入和读取数据。用 r+方式打开文件时，该文件应该已经存在，这样才能对文件进行读/写操作。用 w+方式打开文件时，如果文件存在，则覆盖现有的文件；如果文件不存在，则创建新的文件并可进行读取和写入操作。用 a+方式打开文件时，保留文件中原有的数据，文件的位置指针在文件末尾，此时，可以进行追加或读取文件操作；如果该文件不存在，将创建新文件并可进行读取和写入操作。

2. 关闭文件

文件使用完毕后，应当关闭，这意味着释放文件对象以供别的程序使用，同时也可以避免文件中数据的丢失。用文件对象的 close()方法关闭文件，其调用格式为

```
close()
```

close()方法用于关闭已打开的文件，将缓冲区中尚未存盘的数据写入磁盘，并释放文件对象。此后，如果再想使用刚才的文件，则必须重新打开。应该养成在文件访问完之后及时关闭文件的习惯，一方面可以避免数据丢失，另一方面可以及时释放内存，减少系统资源的占用。

4.5.2 文本文件的操作

1. 文本文件的读取

Python 语言对文件的操作都是通过调用文件对象的方法来实现的，文件对象提供了 read()、readline()和 readlines()方法用于读取文本文件的内容。

(1)read()方法。

read()方法的格式为

```
变量=文件对象.read()
```

其功能是读取从当前位置直到文件末尾的内容，作为字符串返回并赋给变量。如果是刚打开的文件对象，则读取整个文件。read()方法通常将读取的文件内容存放到一个字符串变量中。

read()方法也可以带有参数，其格式为

```
变量=文件对象.read(count)
```

其功能是读取从文件当前位置开始的 count 个字符，作为字符串返回并赋给变量。如果文件结束，就读取到文件结束为止。如果 count 大于文件从当前位置到末尾的字符数，则仅返回这些字符。

用 Python 解释器或 Windows 记事本建立文本文件 data. txt，其内容如下。

```
Python is very useful.
Programming in Python is very easy.
```

看下列语句的执行结果。

```
>>>fo=open("data.txt","r")
>>>fo.read()
'Python is very useful.\nProgramming in Python is very easy.\n'
>>>fo=open("data.txt","r")
>>>fo.read(6)
'Python'
```

例 4-3 已经建立文本文件 data. txt，统计文件中元音字母出现的次数。

分析：先读取文件的全部内容，得到一个字符串，然后遍历字符串，统计元音字母的个数。

程序如下。

```
infile=open("data.txt","r")                 #打开文件，准备输出文本文件
s=infile.read()                             #读取文件全部字符
print(s)                                    #显示文件内容
n=0
```

```
for c in s:                        #遍历读取的字符串
    if c in 'aeiouAEIOU':n+=1
print(n)
infile.close()                     #关闭文件
```

程序运行结果如下。

```
Python is very useful.
Programming in Python is very easy.
(空一行)
15
```

(2)readline()方法。

readline()方法的格式为

```
变量=文件对象.readline()
```

其功能是读取从当前位置到行末(下一个换行符)的所有字符,作为字符串返回并赋值给变量。通常用此方法来读取文件的当前行,包括行结束符。如果当前处于文件末尾,则返回空字符串。

(3)readlines()方法。

readlines()方法的格式为

```
变量=文件对象.readlines()
```

其功能是读取从当前位置直到文件末尾的所有行,将这些行构成列表返回并赋值给变量。列表中的元素即为每一行构成的字符串。如果当前处于文件末尾,则返回空列表。

2. 文本文件的写入

当文件以写方式打开时,可以向文件写入文本内容。Python 文件对象提供两种写文件的方法:write()方法和 writelines()方法。

(1)write()方法。

write()方法的格式为

```
文件对象.write(字符串)
```

其功能是在文件当前位置写入字符串,并返回字符的个数。

例如:

```
>>>fo=open("file1.dat","w")
>>>fo.write("Python 语言")
8
>>>fo.write("Python 程序\n")
9
```

```
>>>fo.write("Python 程序设计")
10
>>>fo.close()
```

上面的语句执行后会创建 file1.dat 文件，并将给定的内容写在该文件中，最后关闭该文件。用编辑器查看该文件内容如下。

```
Python 语言 Python 程序
Python 程序设计
```

从执行结果可以看出，每次 write()方法执行完后并不换行。如果需要换行，则在字符串最后加换行符\n。

(2) writelines()方法。

writelines()方法的格式为

```
文件对象.writelines(字符串元素的列表)
```

其功能是在文件当前位置依次写入列表中的所有字符串。

参 考 文 献

[1] 教育部高等学校大学计算机课程教学指导委员会. 新时代大学计算机基础课程教学基本要求[M]. 北京:高等教育出版社,2023.
[2] 刘卫国. 大学计算机[M]. 5 版. 北京:高等教育出版社,2022.
[3] 严晖,刘卫国. 大学计算机学习与实验指导[M]. 5 版. 北京:高等教育出版社,2022.
[4] 刘卫国. Python 语言程序设计:含视频教学[M]. 2 版. 北京:电子工业出版社,2024.
[5] 兰坦根. 科学计算基础编程:Python 版:第五版[M]. 张春元,刘万伟,毛晓光,等,译. 北京:清华大学出版社,2020.
[6] 周海芳,周竞文,谭春娇,等. 大学计算机基础实验教程[M]. 2 版. 北京:清华大学出版社,2018.
[7] 刘卫国. 数据库基础与应用:Access 2016:含视频教学[M]. 2 版. 北京:电子工业出版社,2022.